YUANLIN MIAOPU YUMIAO SHOUCE

园林苗圃育苗手册

郑志新　主编
张俊平　翟金玲　副主编

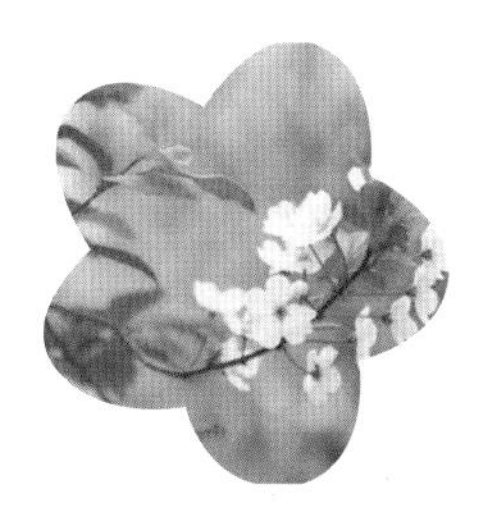

化学工业出版社
·北京·

图书在版编目（CIP）数据

园林苗圃育苗手册/郑志新主编. —北京：化学工业出版社，2019.1

ISBN 978-7-122-33362-9

Ⅰ.①园… Ⅱ.①郑… Ⅲ.①园林树木-育苗-手册

Ⅳ.①S723.1-62

中国版本图书馆 CIP 数据核字（2018）第 279954 号

责任编辑：邵桂林　　文字编辑：焦欣渝

责任校对：宋　夏　　装帧设计：韩　飞

出版发行：化学工业出版社（北京市东城区青年湖南街 13 号　邮政编码 100011）

印　　装：北京东方宝隆印刷有限公司

850mm×1168mm　1/32　印张 13　字数 385 千字

2019 年 5 月北京第 1 版第 1 次印刷

购书咨询：010-64518888　　售后服务：010-64518899

网　　址：http：//www.cip.com.cn

凡购买本书，如有缺损质量问题，本社销售中心负责调换。

定　　价：69.80 元

主　编　郑志新

副主编　张俊平　翟金玲

参　编　郑志新　张俊平　翟金玲　刘颖华
　　　　乔建军　张小红　潘庆杰

随着社会经济的迅速发展，城市园林建设的进程加快，居民对生活质量和环境提出了更高的要求，生态园林、生态城市的呼声日益高涨，从而极大地促进了园林植物产业化进程。越来越多的非专业人员，包括农民及企业家开始涉足园林苗木花卉产业。他们作为从业人员，专业的园林植物栽培及管理技术相对缺乏，为此我们编写了本书。

园林苗圃是园林苗木生产、经营单位。一个园林苗圃想在苗木市场占有一席之地，不仅得有自身的有利于苗木生长发育的环境条件，还要有一套繁殖、养护的技术工艺及生产管理办法与其配套。苗圃既要有能力生产出各种规格的优质园林苗木，又要有应对市场不断调整产品结构的能力。另外，配套的和绿化施工相对应的出圃苗木的规格、质量规范也是园林苗圃生产管理必不可少的。这也是编写此书的目的。

本书就目前我国北方，尤其是华北地区常见的园林绿化苗木的育苗、苗圃的建立与管理、生产现状及生产中的关键问题做了详细的介绍。首先对园林苗圃的特点及规划建立做了详细的介绍，然后对园林苗木的传统繁殖方法及育苗新技术做了说明，对苗木的出圃及质量评价等也做了介绍。在各论中，从学名、科属、形态特征及习性、繁殖育苗及栽培管埋技术四个方面对各类传统园林苗木、新优园林苗木共计 84 种（其中传统乔木树种 30 种，灌木 20 种，藤木 7 种；新优园林乔木 15 种，灌木 8 种，藤木 4 种）做了详细的介绍，内容丰富，语言简练，通俗易懂，图文并茂，一目了然。

本书各类配图近 700 幅，内容以口语化为主，技术实用，表达清晰，通俗易懂，图文并茂，具有极强的可操作性和可读性，适合园林苗木育苗技术人员、园林企业技术人员、苗木育种专业户等参考阅读，也是园林专业师生的良好读物。

本书由河北北方学院郑志新主编，河北北方学院张俊平、张家口市森林病虫害防治检疫站翟金玲、张家口市庞家堡林场乔建军、唐山市园林绿化管理局刘颖华、青岛职业技术学院潘庆杰参编，在本书的编写过程中，得到了许多业内同行、一线专家的大力支持，其中张小红、崔培雪、纪春明、张向东老师对本书的编写工作提出了许多宝贵的意见和建议，在此表示由衷的感谢。

由于水平所限，书中定有疏漏和不足之处，恳请广大读者批评指正。

编者
2019 年 2 月

目
录
CONTENTS

第一章 园林苗圃概述

引言

随着我国经济的迅速发展和人民生活水平的不断提高，人们对园林绿化的重视程度也越来越高，将绿化与现代化相联系，与改善投资环境相联系，与社会可持续发展相联系。同时人们对城市生态环境建设的要求越来越高，环境保护意识不断加强，城市园林绿化水平也已经成为评价城市物质文明和精神文明的重要标志。加快城镇园林绿化建设步伐，改善城市生态环境，美化居民生活环境，需要大量的园林树木、花卉、草坪等植物材料。这些园林植物不仅给人们美的享受，还能起到调节气候、防风固土、净化空气、减少城市噪声等作用，此外还能创造良好的生产、生活环境，促进人们身体健康，提高工作效率。园林树木、花卉、草坪及地被植物是城市园林绿化的重要材料，是园林绿化的物质基础，科学合理地培育园林植物，源源不断地为城市绿化提供多种多样的优质种苗，满足城市园林绿化的需要，已成为城市园林绿化建设非常迫切的重要任务。园林苗圃是培育各类园林苗木的重要基地，它为园林绿化提供各种规格的苗木，推动城市园林绿化的发展。

第一节
园林苗圃的概念与特点

一、园林苗圃的概念

园林苗圃是为城市绿化和生态建设培育各种园林绿化植物材料的重要基地，即以园林树木繁育为主，包括城市景观花卉、草坪及地被植物的生产，并从传统的露地生产和手工操作方式向设施化、智能化方向发展，成为园林植物的工厂。同时也是园林植物新品种引进、选育和繁殖的重要场所。

二、园林苗圃的分类与特点

（一）依据园林苗圃育苗种类分类

1. 园林苗木圃

园林苗木圃指以培育城镇园林绿化苗木为主要任务的苗圃。这类苗圃所培育的苗木种类繁多，但以园林绿化风景树、行道树、色块树为主。其主要特点是面积大，科技含量高，专业性强，市场竞争力强，经济效益好，但是相对地投资高，风险也大。

2. 景观花卉圃

景观花卉圃指以生产用于城镇绿化、美化的一二年生草本花卉、宿根花卉、球根花卉等草花为主的苗圃。这类苗圃一般位于城市近郊，靠近公路，便于销售和运输。该类苗圃大都配有实施育苗，对花卉品种、数量、花期及栽培技术有着相对较高的要求。

3. 草皮生产圃

草皮生产圃指为城镇园林绿化、交通设施、体育场等地提供草皮的苗圃。草皮圃一般应选择城镇周围、靠近公路、排灌条件较好、地势平坦的地块。

4. 种苗圃

种苗圃指引进和选育园林植物新品种以及进行种苗生产的苗圃。

主要任务是引进国内外一些园林植物新品种，进行驯化和筛选；采用较先进的设施和技术手段进行新品种的扩繁，为基层园林苗圃或育苗户提供优质种苗。

5. 综合性苗圃

综合性苗圃是具多种经营性质的苗圃。依据市场需求，既生产树木，也生产草花，还生产草皮和地被植物。

（二）依据园林苗圃面积划分

1. 大型苗圃

面积在20公顷以上。生产的苗木种类齐全，如乔木和花灌木大苗、露地草本花卉、地被植物和草坪，拥有先进设施和大型机械设备，技术力量强，常承担一定的科研和开发任务，生产技术和管理水平高，生产经营期限长。

2. 中型苗圃

面积在3～20公顷之间。生产苗木种类繁多，设施先进，生产技术和管理水平相对较高，生产经营期限长。

3. 小型苗圃

面积小于3公顷。生产苗木种类单一，规格一致，经营期限也不固定，往往根据变化的市场需求来调整苗木的生产种类和规模。

（三）依据育苗方式划分

1. 大田育苗苗圃

根据地方环境特点，不设置人为辅助设施，因地制宜地培育大规格苗木的苗圃，主要是希望外地引入苗木可以较好地适应当地的气候和土壤等条件。各地区的大田育苗苗圃都广泛存在（图1-1）。大田育苗是一种最广泛、最普遍存在的种苗培育方式。

2. 容器育苗苗圃

容器育苗是利用各种规格类型的容器装入培养基质进行苗木培育的一种育苗方式。与传统育苗方式相比，容器育苗可以节省种子，苗木的产量高、质量好、成活率高，管理简单方便。目前，容器育苗的发展极度不平衡，由于与传统育苗方式不同，在圃地（图1-2）设计

图 1-1 白皮松大田育苗苗圃

图 1-2 油松容器育苗苗圃

或应用时有很多问题需要注意。

3.保护地育苗苗圃

保护地育苗是人为创造适宜的环境条件，保证植物能够继续生长和度过不良环境条件的种苗培育方式，如温室育苗、塑料大棚育苗、小拱棚育苗、温床育苗等。该方式避免了不良气候条件的直接干扰，可以人为调节其内部的温、湿度等苗木生长影响因子。该种育苗方式在花卉生产上应用较多，在木本植物或者是观赏灌木上的应用相对较少。保护地育苗苗圃可以作为传统育苗苗圃的一部分存在，作为容器育苗或大田育苗的补充形式，发挥着重要作用。

4.工厂化育苗苗圃

工厂化育苗是随着现代农业的快速发展，农业规模化经营、专业化生产、机械化和自动化程度不断提高而出现的一项成熟的农业先进技术，是工厂化农业的重要组成部分。它是在人工创造的最佳环境条件下，采用科学化、机械化、自动化等技术措施和手段，进行批量生产优质秧苗的一种先进生产方式（图 1-3、图 1-4）。工厂化育苗技术与传统的育苗方式相比具有以下优点：用种量少，占地面积小；能够缩短苗龄，节省育苗时间；能够尽可能减少病虫害发生；提高育苗生产效率，降低成本；有利于统一管理，推广新技术；可以做到周年连续生产。工厂化育苗是一种先进的育苗方式，仅在相对规模较大的少数苗圃存在，对生产设施和条件要求都很高，如组织培养育苗、无土栽培育苗等。

图 1-3　设施工厂化育苗

图 1-4　红掌的工厂化育苗

第二节 园林苗圃在园林绿化、美化和环境保护中的地位和作用

城市园林绿化是城市公用事业、环境建设和国土绿化事业的重要组成部分。一座优美、清洁、文明的现代化城市，离不开绿化。运用城市绿化手段，借助绿色植物向城市输入自然因素，净化空气、涵养水源、防治污染，调节城市小气候，对于改善城市生态环境、美化生活环境、促进居民身心健康、加强城市物质文明和精神文明建设，具有十分重要的意义。城市绿化的水平和质量，已成为评价城市的环境质量、风貌特点、发达程度和文明水平的重要标志。园林苗圃是园林绿化苗木的生产基地，可为城市绿地建设提供大量的园林绿化苗木，是城市园林绿化建设事业的重要保障。

衡量城市绿化水平的主要指标有人均公共绿地面积、绿化覆盖率和绿地率。

一个地区的森林覆盖率至少应在30%以上，才能起到改善气候的作用。由于城市中工业和人口高度集中，从大气中氧气与二氧化碳的平衡问题考虑，城市居民人均公共绿地面积起码应达到30～40米^2，才能形成良好的生态环境和居民生存环境。联合国生物圈生态环境组织要求城市中人均公共绿地面积达到60米^2。国外不少城市已达到或接近这一要求，如华沙和堪培拉的人均公共绿地面积均超过

70 米^2。

知识链接：

人均公共绿地面积是指城市中居民平均每人占有的公共绿地的数量。

绿化覆盖率是指城市绿化种植中的乔木、灌木、草坪地被等所有植被的垂直投影面积占城市总面积的百分比。

绿地率是指城市中各类绿地面积占总建成面积的百分比。

知识链接：

我国许多城市的绿化条例中规定，要求城市的人均公共绿地面积大于 8 米^2，城区绿化覆盖率大于 30%，对于一些具体的地段或建设项目区的绿化覆盖率则有更高的要求。如 2008 年 1 月 1 日起施行的《广东省城市绿化条例》规定，建设项目必须安排配套绿化用地，高等院校、医院、疗养院和休养院的绿化用地面积占建设工程项目用地面积的比例不能低于 40%。据资料介绍，深圳、威海、珠海等城市绿化覆盖率已达 36% 以上，人均公共绿地面积大于 16.8 米^2。但我国其他许多城市的绿化覆盖率和人均公共绿地面积距园林城市标准还有很大差距，园林绿化事业的发展还有巨大潜力，对园林绿化材料的需求量很大。不少城市的绿化条例中明确指出，城市苗圃、花圃和草圃等城市生产绿地应当适应城市建设的需要，其用地面积不得低于城市区域建设面积的 2%，以实现城市绿化苗木的自我供应。

城市园林绿化既有地域特征，又有很强的艺术性。不同地域的气候相差悬殊，适生植物种类存在很大差别。城市园林绿化的骨干树种和基调树种多是城市所在地的特色树种，城市绿化的地方特征十分明显，因此，与城市所在地环境条件相对应的园林苗圃建设极为重要。此外，由于城市环境条件的特殊性，能够使一些外来植物种生存下来，因此，城市园林绿化中可以适当引进外来植物种，与当地植物种科学和艺术地进行配置。这就要求在园林苗圃中繁殖和培育引进的植物种，为当地城市提供园林绿化材料。尤其值得注意的是，绿化中不仅要尽可能地配置各种植物种，而且要选择多种多样的苗木类型和苗木造型，把城市装扮得更加美丽，创造更加宜人的生存环境。所有这些都需要有专门的园林苗圃，不断培育和提供丰富多样的满足各种要求的园林绿化材料。

城市绿地多种多样，各绿地常具有独特的小气候和土壤环境条件。同时城市绿化建设对各类绿地的绿化要求又有很大差别。这些独特性和差别，对园林绿化材料提出了更高要求，也使园林苗圃在园林绿化中的地位显得更为重要。城市园林绿化不仅要起到丰富城市景观、美化城市、给人以美的感受、促进人们的身心健康的作用，还要起到净化空气、减轻污染、改善城市生态环境的作用。1992 年 6 月国务院颁布的《城市绿化条例》将城市绿地大致分为六类。

知识链接：

六类绿地即：居住区公园、动物园、植物园、陵园、小游园及街道广场绿地等公共绿地；居住区除公园以外的其他绿地；机关、团体、部队、企业、事业单位管界内的单位附属绿地；用于城市环境、卫生、安全、防火等目的的防护绿地；具有一定景观价值，在城市整体风貌和环境中起作用，但尚未完善游览、休息和娱乐等设施的风景林地；以及为城市绿化提供苗木、花草、种子的苗圃、花圃和草圃等生产绿地。

不同类别的城市绿地，无论从生态环境条件方面，还是从绿化目的的具体要求方面，都需要丰富多样的绿化苗木。如形式多样的公园，有地形变化，也有水旱变化，形成了复杂多样的生态空间，可为多种多样的观赏植物提供生存环境。机关、学校、医院、陵园等不同性质的单位，对绿化苗木的观赏要求各不相同，需要用不同的苗木进行绿化。工厂绿地会因具体的产品类型和生产工艺对绿化植物种类提出抗粉尘、抗二氧化硫等不同要求。

由上可见，为了美化城市环境，不断调节和改善城市生态环境，城市园林绿化中不仅需要数量足够的园林苗木供应，而且需要丰富多样的苗木种类。园林苗圃是专门为城市园林绿化定向繁殖和培育各种各样的优质绿化材料的基地，是城市园林绿化的重要基础。园林苗圃可以通过培育苗木、引种、驯化苗木以及推广苗木等推动城市园林绿化的发展。同时，园林苗圃本身也是城市绿地系统的一部分，具有公园功能，可形成亮丽的风景线，丰富城市园林绿化内容。因而，园林苗圃在城市园林绿化、美化和保护环境中具有非常突出的重要地位和作用。

第二章 园林苗圃的规划设计与建立

第一节 园林苗圃的管理区划

一、苗圃的合理布局

园林苗圃是培育和繁殖苗木的基地，其任务是用先进的科学技术和手段，在相对较短的时间内，以较低的成本投入，有计划地培育出园林绿化美化所需要的乔、灌、草、花等各种类型、各种规格的苗木。因此在各个城市的园林绿化建设工作中，就必须对苗圃的数量、用地、布局等进行提前选择和规划。

一般园林苗圃尽可能地安排在城市城区的边缘地带，围绕城区分布在城市的东西南北四面八方。现许多苗圃建在交通主干线和公路的两旁，可起到很好的广告宣传作用，对于产品销售非常有利。

《城市园林育苗技术规程》规定：一个城市园林苗圃面积应该占建成区面积的2%～3%，不同规模的城市，可根据实际需要建立园林苗圃，对大中城市来说，园林苗圃的规划与布局显得更为重要。苗圃以距离市中心不超过20千米为宜，并在四周均匀分布。

园林苗圃的建立与发展是一项系统工程，要根据对树种种类和规格的规划选定不同规模和类型的苗圃来完成。随着我国苗木市场的繁荣，市场经济规律在苗圃布局中也发挥了越来越重要的作用。据中国花木网等苗木信息网的初步调查，我国苗圃的分布已经呈现出区域性集中分布的特点，分别围绕我国三大经济圈，即北京与渤海湾地区、上海与长江三角洲地区、珠江三角洲地区，形成了北方、东方、南方三大产区。经济发展与市场变化对苗圃布局的调节已然成为一种趋势，如何在合理规划布局当地苗圃的同时统筹兼顾异地资源，也是一个重要的课题，需要当地的政府部门、园林建设主管部门及从业人员调查研究。

二、园林苗圃用地划分及面积计算

园林苗圃用地一般包括生产用地和辅助用地两部分。

（一）生产用地

1. 面积

生产用地是指直接用于培育苗木的土地，包括播种繁殖区、营养繁殖区、苗木移植区、大苗培育区、设施育苗区、采种母树区、引种驯化区等所占用的土地及暂时未使用的轮作休闲地。

生产用地一般占苗圃总面积的75%～80%以上。大型苗圃生产用地所占比例较大，通常在80%以上。随着苗圃面积缩小，由于必需的辅助用地不可减少，所以生产用地比例一般会相应下降。

计算苗圃生产用地面积，应根据以下几个因素来考虑，即：每年生产苗木的种类和数量；某树种单位面积产苗量；育苗年限，也即苗木年龄；轮作制及每年苗木所占的轮作区数。

计算某树种育苗所需面积，按该树种苗木单位面积产量计算时，可用如下公式：

$$S=\frac{NA}{n}\times\frac{B}{C}$$

式中　S——某树种育苗所需面积；

N——每年计划生产该树种苗木数量；

n——该树种单位面积产苗量；

A——该树种的培育年限；

B——轮作区的总区数；

C——该树种每年育苗所占的轮作区数。

目前，我国一般不采用轮作制，而是以换茬种植为主，故 B/C 为 1，所以所需育苗地面积为 1 亩（1 亩＝666.67 米^2）。

这样按上述公式计算的结果是理论数字，在实际生产中因移植苗木、起苗、运苗、贮藏以及自然灾害等都会造成一定损失，因此还需将每个树种每年的计划产苗量增加 3%～5%，并相应增加用地面积，以确保如数完成育苗任务。

计算出各树种育苗用地面积之后，将各树种用地面积相加，再加上母树区、引种试验区、温室区等面积，即可得出生产用地总面积。

2. 生产用地的区划原则

（1）耕作区是苗圃中进行育苗的基本单位。

（2）耕作区的长度依机械化程度而异，完全机械化的以 200～300 米为宜，畜耕者以 50～100 米为好。耕作区的宽度依圃地的土壤质地和地形是否有利于排水而定，排水良好时可宽，排水不良时要窄，一般宽 40～100 米。

（3）耕作区的方向，应根据圃地的地形、地势、坡向、主风方向和圃地形状等因素综合考虑。坡度较大时，耕作区长边应与等高线平行。一般情况下，耕作区长边最好采用南北方向，可以使苗木受光均匀，有利于生长。

3. 各育苗区的配置

（1）播种区　播种区是播种育苗的生产区，是圃地完成观赏灌木苗木繁殖任务的关键区域。由于幼苗对不良环境的抵抗能力弱，对土壤条件及水肥条件的要求较高。应选择全圃自然条件和经营条件最好、最有利的地段作为插种区。要求其地势较高而平坦，坡度小于2°；接近水源，灌排方便；土质优良，深厚肥沃；背风向阳，便于防霜冻；且靠近管理区。

（2）营养繁殖区　是指在圃地中培育扦插苗、压条苗、分株苗和嫁接苗的地区，与播种区要求基本相同，应设在土层深厚、地下水位较高、灌排方便的地方。嫁接苗区要同播种区相同。扦插苗区可适当用较低洼的地方。珍贵树种扦插则应用最好的地方，且靠近管理区。

（3）移植区　即培育各种规格移植苗的区域。由播种区、营养繁殖区中繁殖出来的苗木，需要进一步培养成较大苗木时，则多移入移植区中进行培育。依规格要求和生长速度的不同，往往每隔 2～3 年还要再移几次，逐渐扩大株行距，增加营养面积。所以移植区占地面积相对较大，一般可设在土壤条件中等、地块大而整齐的地方，同时也要依苗木的不同习性进行合理安排。

（4）大苗区　大苗区是培育树龄较大、根系发达、经过整形有一定树形、能够直接用于园林绿化的各类大规格苗木的生产区。在大苗区培育的苗木，体型、苗龄均较大，出圃的不再进行移植，培育年限较长。大苗区的特点是株行距大，占地面积大，培育苗木大。一般选用土层较厚、地下水位较低而且地块整齐的地区。为了出圃时运输方便，最好能设在靠近苗圃的主干道或苗圃的外围运输方便处。

（5）母树区　在永久性苗圃中，为了获得优良的种子、插条、接穗、根蘖等繁殖材料，需设立采种、采条、挖蘖的母树区。本区占地面积小，可利用零散地，但要土壤深厚、肥沃及地下水位较低。对一些乡土树种可结合防护林带和沟边、渠旁、路边进行栽植。

（6）引种驯化与展示区　用于引入新的树种或品种，进而推广，丰富圃地苗木种类。其中的实验区和驯化区可单独设置，也可混合设置。在国外，很多的苗圃都将二者结合设置成展示区或展示园，把优质种质资源和苗木品种的展示结合在一起，效果良好（图 2-1）。

（7）温室和大棚区　通过必要的设施提高育苗效率或苗木质量，是苗圃在市场竞争中获得成功的主要措施。根据各苗圃的具体育苗任务和要求，可设立温室、大棚、温床、荫棚、喷灌与喷雾等设施，以适应环境调控育苗的要求。近年来在我国的苗圃逐渐增多，温室和大

图 2-1　苗圃展示区

图 2-2　温室栽培区

棚已成为新的育苗技术的主要方式。温室和大棚投资较大，但具有较高的生产率和经济效益。在北方可一年四季进行育苗。在南方温室和大棚可以提高苗木的质量，生产独特的苗木产品。该区要选择距离管理区较近、土壤条件好、比较高燥的地区（图 2-2）。

（二）辅助用地

1. 面积

辅助用地又称非生产用地，是指苗圃的管理区建筑用地和苗圃道路、排灌系统、防护林带、晾晒场、积肥场及仓储建筑等占用的土地。

苗圃辅助用地面积一般不超过总面积的 20%～25%，大型苗圃辅助用地一般占 15%～20%，中、小型苗圃一般占 18%～25%。依据适度规模经营原则，应减少小型苗圃建设数量，特别是不要建设综合性的小型苗圃，以提高土地利用效率。

2. 辅助用地的规划设置

苗圃的辅助用地主要包括道路系统、排灌系统、防护林带、管理区的房屋、场地等，这些用地是直接为生产苗木服务的，要求既要能满足生产需要，又要设计合理，减少用地。

（1）道路系统的设置　苗圃中的道路是连接各耕作区与开展育苗工作有关的各类设施的脉络（图 2-3、图 2-4）。一般设有一、二、三级道路和环路。一级路，也叫主干道，是苗圃内部和对外运输的主要道路，多以办公室、管理处为中心设置一条或相互垂直的两条路为主干道，通常宽 6～8 米，其标高应高于耕作区 20 厘米。二级路，通常

图 2-3　圃地主干道

图 2-4　园林苗圃工作道

与主干道相垂直，与各耕作区相连接，一般宽 4 米，其标高应高于耕作区 10 厘米。三级路，是沟通各耕作区的作业路，一般宽 2 米。环路是指在大型苗圃中，为了车辆、机具等机械回转方便，依需要设置的道路。在设计出圃道路时，要在保证管理和运输方便的前提下尽量节省用地。中小型苗圃可不设二级路，但主路不可过窄，一般苗圃中道路的占地面积不应超过苗圃总面积的 7%～10%。

（2）灌溉系统的设置　苗圃必须有完善的灌排水系统，以保证供给苗木充足的水分。灌溉系统包括水源、提水设备和引水设施三部分。常见的灌溉形式有渠道灌溉、管道灌溉和移动喷灌。

渠道灌溉，土渠流速慢、渗水快、蒸发量大、占地多，不能节约用水。现都采用水泥槽作水渠，既节水又经久耐用。水渠一般分三级：一级渠道是永久性大渠道，一般主渠顶宽 1.5～2.5 米；二级渠道一般顶宽 1～1.5 米；三级渠道是临时性小水渠，一般宽度为 1 米左右。一、二级渠道水槽底部应高出地面。三级渠（毛渠）应平于或略低于地面，以免把活沙冲入畦中，埋没幼苗。各级渠道的设置常与各级道路相配合，渠道方向与耕作区方向一致，各级渠道相互垂直。渠道还应有一定的坡降，以保证水流速度。

管道灌溉，主管和支管均埋入地下，其深度以不影响机械化耕作为度，开关设在地端使用方便。用高压水泵直接将水送入管道或先将水压入水池或水塔再流入灌水管道。出水口可直接灌溉，也可安装喷头进行喷灌或用滴管进行滴灌（图 2-5、图 2-6）。

图 2-5　苗圃地喷灌

图 2-6　苗圃地滴灌

移动喷灌，主水管和支管均在地表，可进行随意安装和移动（图 2-7）。按照喷射半径，以相互能重叠喷灌安装喷头，喷灌完一块地区的苗木后，再移动到另一地区。此方法一般节水20%～40%，节省耕地，不产生深层渗漏和地表径流，土壤不板结。并且，可结合施肥、喷药、防治病虫害等抚育措施，节省劳力，同时可调节小气候，增加空气湿度。这是今后园林苗木灌溉的发展方向。

图2-7 移动式加压滴灌

(3) 排水系统的设置 排水系统对地势低、地下水位高及降雨量集中的地区更为重要。排水系统由大小不同的排水沟组成。大排水沟应设在圃地最低处，直接通入河、湖或市区排水系统。中小排水沟通常设在路旁，耕作区的小排水沟与小区步道相结合。在地形、坡向一致时，排水沟和灌溉渠往往各居道路一侧，沟、路、渠并列。排水沟与路渠相交处应设涵洞或桥梁。一般大排水沟宽1米以上，深0.5～1.0米；耕作区内小排水沟宽0.3～1米，深0.3～0.6米。排水系统占地一般为苗圃面积的1%～5%。

(4) 防护林带的设置 在风沙危害地区，要设防风护林带（图2-8）。防风林带能降低风速，减少地面蒸发和苗木的蒸腾量，提高地面空气湿度，改善林带内的小气候；还能防止风蚀圃地表土；防止风吹、沙打和沙压苗木；在冬季有积雪的地区，防风林带能增加积雪，改善土壤墒情，并有保温作用。因此在风沙危害的地区，设置防风林带是提高苗木产量和质量的有效措施。防风林带的主林带与主风向垂直，宽度根据圃地面积大小和气候条件确定。

为防止野兽、家畜及人为侵入圃地，可在苗圃周围设置生篱或死篱。生篱要选生长快、萌芽力强、根系不太扩展并有刺的树种，如女贞、木槿、野蔷薇、侧柏等。死篱可用树干、木桩、竹枝等编制而成，有条件的地方可砌围墙。近年来，在国外为了节省用地和劳力，也有用塑料制成的防风网、防护网，占地少且耐用（图2-9）。

(5) 办公管理区的设置 该区域包括房屋建筑和圃地场院等部分。前者主要包括办公室、宿舍、食堂、仓库、工具房等，后者包括运动场、晒场、肥场等（图2-10、图2-11）。苗圃管理区应该设在交

图 2-8　苗圃防护林

图 2-9　圃地防护网

通方便，地势干燥，接近水源、电源，但不适于种苗种植的区域，可设在苗圃的中央区域以便于管理。在国外，可以在管理区周边结合绿化展示本圃的优良种苗，可以使前来购买的人马上看到景观效果或绿化效果，一箭双雕。

图 2-10　圃地办公区

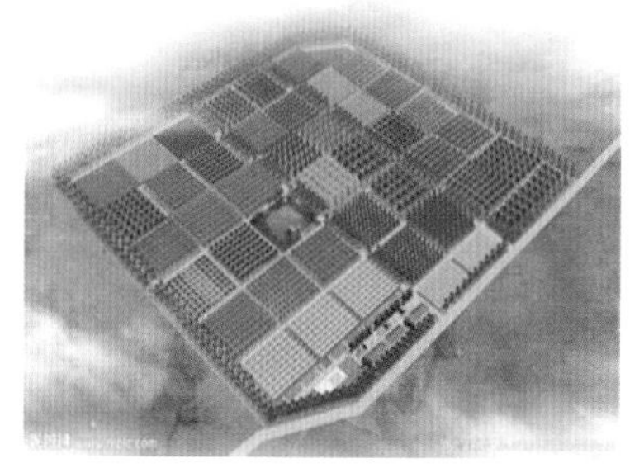

图 2-11　苗圃规划设计图

第二节 园林苗圃的选择

园林苗圃位置选择，直接关系到苗圃今后的生产及经营状况，必须慎重考虑，才能确定。在进行这项工作时，要考虑苗圃的经营条件和自然条件。

一、苗圃的自然条件

1. 地形、地势及坡向

苗圃地宜选择灌排良好、地势较高、地形平坦的开阔地带。坡度以1°～3°为宜，坡度过大易造成水土流失，降低土壤肥力，不便于机械操作与灌溉。南方多雨地区，为了便于排水，可选用3°～5°的坡地，坡度大小可根据不同地区的具体条件和育苗要求来决定，在较黏重的土壤上，坡度可适当大些，在沙性土壤上坡度宜小，以防冲刷。在坡度大的山地育苗需修梯田。积水洼地、重盐碱地、多冰雹地、寒流汇集地，如峡谷、风口、林中空地等日温差变化较大的地方，苗木易受冻害、风害、日灼等，都不宜选作苗圃。

在地形起伏相对较大的山区，不同的坡向直接影响光照、温度、水分和土层的厚薄等因素，对苗木生长影响很大。一般南坡光照强，受光时间长，温度高，湿度小，昼夜温差变化很大，对苗木生长发育不利；西坡则因我国冬季多西北寒风，易遭受冻害。可见，不同坡向各有利弊，必须依当地的具体自然条件及栽培条件，因地制宜地选择最合适的坡向。如在华北、西北地区，干旱寒冷和西北风危害是主要矛盾，故选用东南坡为最好；而南方温暖多雨，则常以东南、东北坡为佳，南坡和西南坡阳光直射，幼苗易受灼伤。如在一苗圃内必须有不同坡向的土地时，则应根据树种的不同习性，进行合理安排，以减轻不利因素对苗木的危害。如北坡培育耐寒、喜阴种类；南坡培育耐旱、喜光种类等。

2. 土壤

土壤的理化性质直接影响苗木的生长，因此，其与苗木的质量及产量都有着密切的关系。大多数苗木适宜生长在排水良好、具有一定肥力的沙质壤土或轻黏质壤土上，土壤过于黏重或沙性过大都不利于苗木的良好生长。土壤的酸碱性通常以中性、弱酸性或弱碱性为好。而实际生产中苗圃地的土壤条件都不是特别适合苗木的栽植或育苗，这就要求从业人员根据苗木的特性结合土壤的特点进行调节或改良。

3.水源及地下水位

苗木在培育过程中必须有充足的水分。有收无收在于水，多收少收在于肥，水分是苗木的生命线。因此水源和地下水位是苗圃地选择的重要条件之一。苗圃地应选设在江、河、湖、塘、水库等天然水源附近，以利于引水灌溉。这些天然水源水质好，有利于苗木的生长；同时也有利于使用喷灌、滴灌等现代化灌溉技术。如能自流灌溉则能降低育苗成本。若无天然水源，或水源不足，则应选择地下水源充足、可以打井提水灌溉的地方作为苗圃。苗圃灌溉用淡水，水中盐含量不超过1/1000，最高不得超过1.5/1000。对于易被水淹和冲击的地方不宜选作苗圃。

地下水位过高，土壤的通透性差，根系生长不良，地上部分易发生徒长现象，而秋季停止生长晚也易受冻害。当蒸发量大于降水量时会将土壤中的盐分带至地面，水走盐留，造成土壤盐渍化。在多雨时又易造成涝灾。地下水位过低，土壤易干旱，必须增加灌溉次数及灌溉水量，提高了育苗成本。在北方旱季，地下水位太深，无法提水的地方不宜建立苗圃。最合适的地下水位一般为沙土1～1.5米，沙壤土2.5米左右，黏性土壤4米左右。

4.病虫草害

在选择苗圃时，一般都应做专门的病虫草害调查，了解当地病虫草害情况及其感染程度。病虫草害过分严重的土地和附近大树病虫害感染严重的地方，不宜选作苗圃。金龟子、象鼻虫、蝼蛄、立枯病、多年生深根性杂草等危害严重的地方不宜选作苗圃。土生有害动物如鼠类过多的地方一般也不宜选作苗圃。

二、苗圃的经营条件

1.交通便捷

选择靠近铁路、公路、水路、机场的地方，以便于苗木和生产资料的运输。

2.劳力、电力有保证

设在靠近村镇的地方，便于解决劳力、电力问题。尤其在春秋苗圃工作繁忙的时候，可以补充临时性的劳动力。

3. 科研指导

若能将苗圃建立在相关的科研单位，如高校、科研院所等附近，则有利于获得及时有效的先进的技术指导，有利于先进技术的应用，从而提高苗木的科学技术含量。

4. 空间足够

在种苗培育期间，经常要进行一些抚育管理工作，这就要求在圃地选择时要有足够的活动空间。

5. 远离污染

如果可能，避免与空气污染、土壤污染和水污染等区域太过于接近，以免影响苗木的正常生长与发育。

第三节 园林苗圃的建立

苗木的产量、质量以及成本投入等都与苗圃所在地的环境条件密切相关。在建立苗圃时，要对圃地的各种环境条件进行全面调查、综合分析、归纳分析等，结合圃地类型、规模及培育目标苗木的特性等，对圃地的区划、育苗技术以及相关内容提出可行的方案，具体要以文字的形式提供，经过相关部门的论证和批准后方可建设。

一、苗圃建立的准备工作

根据上级部门或委托单位对拟建苗圃的要求和育苗任务，进行有关自然、经济和技术条件资料与图表的收集和整理，地形地貌踏勘及调查方案确定，为最终的规划设计打好基础。

（一）踏勘

由设计人员会同施工和经营人员到已确定的圃地范围内进行实地踏勘和调查访问工作，概括地了解圃地的现状、历史、地势、土壤、植被、水源、交通、病虫害、草害、有害动物、周围环境、自然村的情况等。

（二）测绘地形图

平面地形图是苗圃进行规划设计的依据。比例尺要求为1/2000～1/500，等高距为20～50厘米。与设计直接有关的山、丘、河、井、道路、桥、房屋等都应尽量绘入。对圃地的土壤分布和病虫害情况亦应标清。

（三）土壤调查

根据圃地的自然地形、地势及指示植物的分布，选定典型地区，分别挖取土壤剖面，观察和记载土壤厚度、机械组成、酸碱度、地下水位等，必要时可分层采样进行分析，弄清圃地内土壤的种类、分布、肥力状况和土壤改良的途径，并在地形图上绘出土壤分布图，以便合理使用土地。

（四）病虫害调查

主要调查圃地内的土壤地下害虫及有害动物，如金龟子、地老虎、蝼蛄、金针虫、有害鼠类等。一般采用抽样法，每公顷挖样方土坑10个，每个面积0.25厘米^2，深40厘米，统计害虫数目、种类。并且根据前作物和周围苗木的情况，了解病虫害的来源及感染程度，以便在后续工作中提出或实施防治措施。

（五）气象资料的收集

收集掌握当地的气象资料，如生长期、早霜朗、晚霜期、晚霜终止期、全年及各月平均气温、绝对最高和最低气温、土表最高温度、冻土层深度、年降雨量及各月分布情况、最大一次降雨量及降雨历时数、空气相对湿度、主风方向与风力等。此外还应了解圃地的特殊小气候等具体情况。

二、园林苗圃建立的主要内容

圃地的规划设计就是为了合理布局圃地，充分利用空间，便于生产和管理，以及实现经营与发展目标，对圃地按照功能区进行划分。

传统苗圃通常划分为生产用地和辅助用地。生产用地主要是指直接用来生产苗木的地块，应当包括播种区、营养繁殖区、移栽区、大苗区、母树区、实验区、特种育苗区等；辅助用地则包括圃地中非直接用于苗木生产的占地，包括道路、灌排系统、防护林区、办公区，甚至于还有展示区、生活福利区等。依据圃地的规格，辅助用地不能超过圃地总面积的25%。

三、园林苗圃设计图的绘制和设计说明的编写

（一）园林苗圃设计图的绘制

1.设计图绘制前的准备工作

在绘制设计图时，首先要明确园林苗圃的具体位置、边界、面积、育苗任务，还要了解育苗种类、培育的数量和出圃规格，确定园林苗圃的生产和灌溉方式，确定必要的建筑和设施设备以及园林苗圃工作人员的编制，同时应有建圃任务书、各有关的图面材料（如地形图、面图、土壤图、植被图），搜集其有关的自然条件、经营条件以及气象等资料和其他有关资料等。

2.园林苗圃设计图的绘制

在相关资料搜集完整后，应对具体条件全面综合，确定大的区划设计方案，在地形图上绘出主要建筑区建筑物的具体位置、形状、大小以及主要路、渠、沟、林带等的位置。再依其自然条件和机械化条件，确定最适宜的耕作区的大小、长宽和方向，然后根据各育苗要求和占地面积，安排出适当的育苗场地，绘出苗圃设计草图。经多方征求意见，进行修改，确定正式设计方案，即可绘制正式图。正式设计图，应依地形图的比例尺将建筑物、场地、路、沟、林带、耕作区、育苗区等按比例绘制。在图外应有图例、比例尺、指北方向等。同时各区各建筑物应加以编号或以文字注明（图2-12）。

（二）园林苗圃设计说明书的编写

设计说明书是园林苗圃规划设计的文字材料，它与设计图是苗圃设计不可缺少的两个组成部分。图纸上表达不出的内容，都必须在说明书中加以阐述。一般按总论和设计两个部分进行编写。

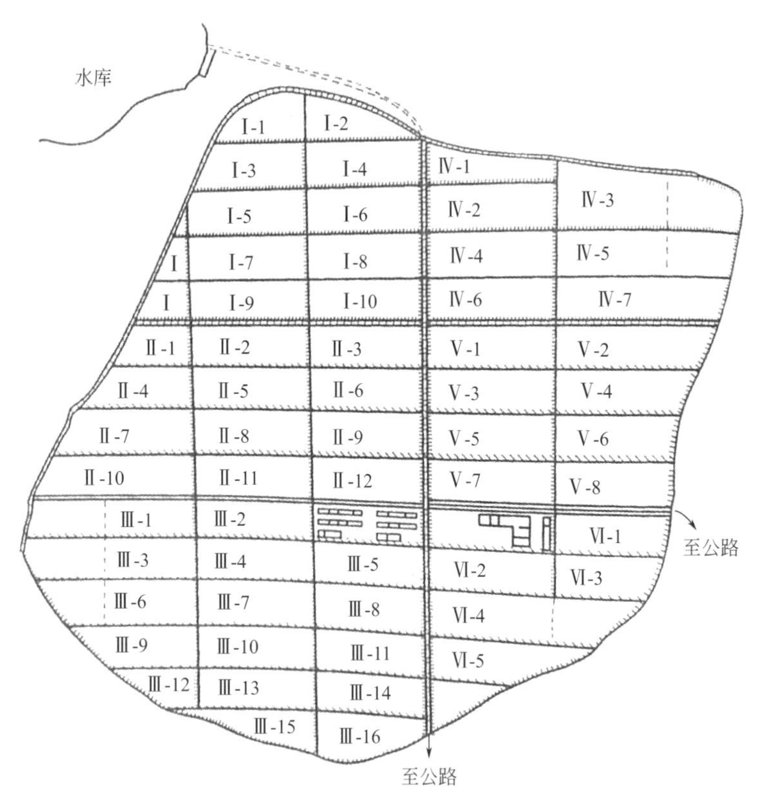

图 2-12　一个大型园艺种植园平面规划设计图示例

主路；引水干渠；小区，边界为支路；建筑物；作业道；主林带、干路与干渠；副林带、支路与支渠；Ⅰ，Ⅱ，Ⅲ，Ⅳ，Ⅴ，Ⅵ作业区号；Ⅰ-1，Ⅰ-2，…小区号

1. 总论

总论部分主要叙述该地区的经营条件和自然条件，并分析其对育苗工作的有利因素、不利因素以及相应的改造措施。

（1）经营条件

① 苗圃所处地理位置，当地居民的经济、生产、劳动力状况及对苗圃生产经营的影响。

② 苗圃的交通运输条件。

③ 水力、电力和机械化条件。

④ 苗圃成品苗木供给的区域范围、市场目标及发展展望。

(2) 自然条件

① 气候条件。

② 土壤条件。

③ 病虫草害及植被情况。

④ 地形特点。

⑤ 水源情况。

2. 设计

(1) 苗圃的面积计算

(2) 苗圃的区划说明

① 耕作区的大小。

② 各育苗区的配置。

③ 道路系统的设计。

④ 排灌系统的设计。

⑤ 防护林带及防护系统的设计。

⑥ 建筑区建筑物的设计。

⑦ 保护地大棚、温室、组培室等的设计。

四、园林苗圃的建立

园林苗圃的建立，主要指兴建苗圃的一些基本建设工作。其主要项目是房屋、温室、大棚、各级道路、沟、渠的修建，水电、通信的引入，土地平整和防护林带及防护设施的修建，房屋的建设和水电通信的引入应该在其他各项建设之前进行。

(一) 房屋建设和水电、通信引入

近年来为了节约土地，办公室、仓库、车库、机械库、种子库等尽量建成楼房，少占平地，多利用立体空间，最好集中在圃地的某一区域集中建设。水、电、通信是搞好基建的先行条件，当然应该最先安装引入。

(二) 圃路的施工

施工前先在设计图上选择两个明显的地物或两个已知点，定出主

干道的实际位置，再以主干道的中心线为基线，进行圃路系统的定点放线工作，然后方可进行修建（图 2-13）。圃路的种类很多，有土路、石子路、灰渣路、柏油路、水泥路等。一般苗圃的道路主要为土路，施工时由路两侧取土填于路中，形成中间高两侧低的抛物线形路面，路面应夯实，两侧取土处应修成整齐的排水沟。其他种类的路也应修成中间高的抛物线形路面。

图 2-13　苗圃的道路

图 2-14　圃地灌溉渠道

（三）灌水系统修筑

先打机井安装水泵，或泵引河水。引水渠道的修建最重要的是渠道的落差应符合设计要求，为此需用水准仪精确测定，并打桩标清。修筑明渠按设计的渠宽度、高度及渠底宽度和边坡的要求进行填土，分层夯实，筑成土堤（图 2-14）。当达到设计高度时，再在堤顶开渠，夯实即成。为了节约用水，现大都采用水泥渠作灌水渠。修建的方法是：先用修土渠的方法，按设计要求修成土渠，然后再在土渠沟中向下挖一定厚度的土出来，挖的土厚与水泥渠厚相同，在沟中放上钢筋网，浇筑水泥，抹成水泥渠，之后用木板压之即成。若条件再好的话，可用地下管道灌水或喷灌，开挖 1 米以下的深沟，铺设管道，与灌水渠路线相同。移动喷灌只要考虑控制全区的几个出水口即成。

（四）排水沟的挖掘

一般先挖向外排水的总排水沟。中排水沟与道路边沟相结合，修路时已挖掘修成。小区内的小排水沟可结合整地挖掘，也可用略低于地面的步道来代替。要注意排水沟的坡降和边坡都要符合设计要求（坡度0.3%～0.6%）。

（五）防护林的营建

一般在路、沟、桥完工后立即进行，以保证开圃后能尽快地起到防护的作用。用大苗交错成行栽植，株行距要按要求进行，基本上呈“品”字形交错排列。栽植后要给予及时的水肥管理，以保证所选大苗的成活，且注意日常的养护。

（六）土地平整

按整个苗圃土地总坡度进行削高填低，整成具有一定坡度的圃地。坡度不大的时候可以结合之前道路整修或沟渠挖掘进行。或者等待开圃后结合合理耕作逐年进行，这样可节省开圃时的施工投资，而使原有表土层不被破坏，有利于苗木生长；坡度过大必须修梯田，这是山地苗圃的主要工作项目。

（七）土壤改良

在圃地中如有盐碱土、沙土、重黏土或城市建筑墟地等，土壤不适合苗木生长时，应在苗圃建立时进行土壤改良工作。对盐碱地可采取开沟排水，引淡水冲碱、刮碱或扫碱等加以改良；轻度盐碱土可采用深翻晒土，多施有机肥料，灌冻水和雨后（灌水后）及时中耕除草等农业技术措施，逐年改良。对沙土，最好用掺入黏土和多施有机肥料的办法进行改良，并适当增设防护林带。对重黏土则应用混沙、深耕、多施有机肥料、种植绿肥和开沟排水等措施加以改良。对城市建筑废墟或城市撂荒地的改良，应以除去耕作层中的砖、石、木片、石灰等建筑废物为主，清除后进行平整、翻耕、施肥，即可进行育苗。

第三章 园林苗木的繁殖与培育

第一节 园林苗木的种子繁殖

一、播种繁殖的定义、特点及适用范围

1. 什么是播种繁殖

种子繁殖法即有性繁殖法，就是利用雌雄受粉相交而结成种子来繁殖后代的方法，一般繁殖多用此法，可有大量种子产生，可以繁殖较多的新苗，而今日所有名种名花，也多是利用有性繁殖的改良育种而来的。

2. 播种繁殖的特点

（1）优点

① 贮运方便。如果用切块的话，运输起来麻烦，对保存条件也有较高的要求。

② 播种方便。播种直接撒播或机播到地里，自然比一株株地移植要方便得多，也易成活。

（2）缺点

① 繁殖条件受限。必须要经过开花、结实、成熟、收获这样的漫长过程，繁殖速度慢，受到环境条件的影响。

② 遗传稳定性差。如果是杂交种的话，杂种优势不能保持。而且在制种过程中可能有混杂，使得种子纯度降低。

③ 生育期长。对于有些开花植物来说，实生植株从播种到开花结实需要一个童期，即无性生长期，才能分化出有性器官。而切块本身的分化程度高，开花结实较早，可以较早获得经济收益。

3. 播种繁殖的适用范围

种子在观赏植物的繁殖栽培中占有极其重要的地位，播种繁殖广泛适用于一、二年生草本花卉、园林树木、草坪植物以及部分仙人掌类及多肉植物，因此种子也是园林苗圃最为重要的商品之一。

二、种子的基本类型

种子具有广义和狭义的两种概念。农业上广义的种子指植物学意义上的种子以及所有类似种子或种子功能的器官或组织。狭义的种子仅指植物学意义上的种子。种子最基本的功能是繁殖后代、保持种质、躲避不良环境以及产生变异以促进植物进化。种子中储藏着可供胚长期维持生命活动与萌发生长的营养物质，其中主要是淀粉、脂质、蛋白质及其他含氮化合物，还有少量的维生素、酶、色素、矿物质和一些微量元素。

1. 依据有无胚乳划分

根据种子成熟后是否具有胚乳，将种子分为有胚乳种子和无胚乳种子两大类。

(1) 有胚乳种子　指种子在成熟后具有胚乳并占据了种子的大部分，胚相对较小。大多数单子叶植物和部分双子叶植物及裸子植物的种子是有胚乳种子。根据胚乳和子叶的发达程度及胚乳组织的来源，胚乳种子可划分为三类：内胚乳发达，胚只占种子的一小部分，其余大部分为内胚乳；内胚乳和外胚乳同时存在，这类植物很少；外胚乳发达，这类植物在种胚形成发育过程中，消耗了所有的内胚乳，由珠心层发育而成的外胚乳被保留下来。

(2) 无胚乳种子　指种子成熟时无胚乳，以肥厚的子叶储藏营养。

2. 依据种子形状划分

按照种子的形状常将种子分为球形种子（如图 3-1 所示紫茉莉种子）、卵形种子（如图 3-2 所示金鱼草种子）、椭圆形种子（如图 3-3 所示四季海棠种子）、肾形种子（如图 3-4 所示鸡冠花种子）以及线形种子、披针形种子、扁平状种子和舟形种子等。

图 3-1　紫茉莉球形种子

图 3-2　金鱼草卵形种子

图 3-3　四季海棠椭圆形种子

图 3-4　鸡冠花肾形种子

3. 依据粒径大小划分

观赏植物种类多样，不同物种间种子大小差异很大，有的种子直径不足 1 毫米，如矮牵牛，有的种子直径可达 10 毫米，如棕榈的种子。

知识链接：

大粒种子：粒径大于5.0毫米，如牵牛、牡丹、紫茉莉等的种子。

中粒种子：粒径大小为2.0～5.0毫米，如紫罗兰、凤仙花、一串红等的种子。

小粒种子：粒径大小为1.0～2.0毫米，如三色堇、鸡冠花等的种子。

微粒种子：粒径小于0.9毫米，如虞美人、金鱼草等的种子。

4.依据果实类型分类

（1）干果类种子　指果实为蒴果、荚果、角果等干果的植物种子（图3-5、图3-6）。这类果实成熟时自然干燥，开裂后散出种子，或者种子与干燥果实一同脱落。如：凤仙花、玉兰、含羞草、紫罗兰、菊花等。

图3-5　木棉的蒴果

图3-6　紫荆的荚果

（2）肉果类种子　指果实为浆果、核果、梨果等肉果的植物种子（图3-7、图3-8）。这类果实果皮含水多，一般不开裂，成熟后自母体脱落或逐渐腐烂。如：文竹、梅、西府海棠、金橘等。

（3）球果类种子　指果实为球果的植物种子。这类果实成熟时干燥开裂，大部分种子可自然脱落。如：针叶树类。

图 3-7　蓝莓的浆果

图 3-8　厚叶石斑的核果

三、园林植物种子的形成与发育

（一）园林植物的结实规律

对于一、二年生的草本花卉而言，在一个生长季即可开花结实，完成整个生活史，但对于多年生多次结实的观赏木本植物（包括观赏乔木和灌木），其结实的早晚、结实能力的强弱与植物个体发育的年龄时期有关。

以观赏树木为例，从卵细胞受精开始到种子形成，再经种子萌发、生长、发育直至死亡，要经过五个发育时期：种子时期（胚胎时期）、幼年时期、青年时期、成年时期和老年时期。不同树种每个发育时期开始的早晚和延续时间的长短不一样，同一树种在不同外界环境条件下，每个发育时期的长短也有一定差异。因此，树木开花结实的早晚除受遗传基因的影响外，还有一个重要因素是外界环境条件。温暖的气候和充足的光照会促使树木提早开花，土壤、水分、养分条件等良好的条件下树木结实早。

（二）种子的形成

种子的形成和发育过程是指从卵细胞受精成为合子开始，经过多次细胞分裂增殖和基本器官的分化成长，直到种子完全成熟所发生的一系列变化。种子的发育是植物个体发育的最初阶段，它的可塑性最强，对外界环境条件非常敏感。这一阶段发育的好坏，直接关系到种子本身的活力水平，同时也可能影响下一代的生长发育，有时也能使植物的遗传特性发生一定程度的改变。

知识链接：

常见的种子形成方式有三种。

1. 授粉受精

授粉是受精的前提，是有性生殖过程的重要环节。自然界中普遍存在着自花授粉、异花授粉和常异花授粉三种方式。

2. 人工授粉与杂交

在自然条件下，花卉是靠昆虫、风力等来传粉的。但在长期的人工驯化与栽培过程中，部分花卉由于形态发生变化和离开了原产地，已不能依靠风力和昆虫去完成授粉，必须人工授粉后才能结实。尤其在花卉或观赏花灌木新品种培育时，人工授粉与杂交就显得十分重要。

3. 无融合生殖

无融合生殖是不经过雌雄配子体结合而产生种子的繁殖方式。

（三）种子的发育与成熟

种子发育的核心是胚与胚乳（或子叶）的发育。胚的发育从受精卵开始，受精卵经过短期休眠后发生极度不等性横裂，形成基细胞和顶细胞，二者经过几次分裂分别形成胚柄和胚体构成原胚，原胚继续进行细胞分裂与分化形成完整的胚。

种子成熟主要包括生理成熟和形态成熟两个过程。

1. 生理成熟

种子发育初期，子房膨大，体积快速增长，种皮和果皮薄嫩，色泽浅淡，内部营养物质增加速度慢，水分多，多呈透明状液体。当种子发育到一定程度时，体积不再增加，种子在形态上表现出组织充实，木质化程度加强，而且内部营养物质积累速度加快，水分减少，浓度提高，由透明状液体变成混油的乳胶状态，并逐渐浓缩向固体状态过渡。最后种子内部几乎完全被硬化的合成作用产物所充满。种子的营养物质储藏到一定程度时，种胚形成，此时种子具有发芽能力，称为种子的生理成熟。

2. 形态成熟

当种子完成了种胚的发育过程，结束了营养物质的积累时，含水量逐渐降低，营养物质从易溶状态转化为难溶的脂肪、蛋白质和淀粉，种子本身的重量也不再增加或增加很少，呼吸作用也逐渐减弱，此时种子的外部形态完全呈现出成熟的特征，称为种子的形态成熟。种子致密、坚实、抗逆性强，进入休眠状态后更耐贮藏。

在种子从生理成熟到形态成熟的转化过程中，其内部进行着一系列的生物化学变化，从而为种子的休眠创造了一定的条件。

知识链接：

可以依据生理成熟和形态成熟的先后顺序对种子进行分类：

生理先熟：指形态发育尚未完全时，生理上已完全成熟的种子，禾本科的植物常表现为此类。

生理同熟：指生理成熟和形态成熟同步完成的种子。大多数观赏植物均属此类，如羽衣甘蓝、报春花等。

生理后熟：指形态已充分发育成熟，但生理上尚未成熟的种子，如蔷薇属、苹果属、李属植物，芍药、牡丹、银杏，以及百合属部分植物的种子等。

（四）种子的寿命与休眠

1. 种子的寿命

种子的寿命是指种子的生命力在一定环境条件下能保持的期限。当一个种子群体的发芽率降到50%左右时，那么从收获后到半数种子存活所经历的这段时间，就是该种子群体的寿命，也叫种子的半活期。

知识链接：

不同的种子寿命不同，从几天到几年不等。不同植物种类差异很大。依种子寿命可将其分为：短寿命种子、中寿命种子和长寿命种子。

(1) 短寿命种子　种子寿命一般在3年以内，种子内的主要营养成分为淀粉，而淀粉易分解，故种子的寿命较短。又可细分为三类：一类是保存期只有几天的种子，多是一些夏季成熟的种子，一般随采随播，如菊花、杨、榆、柳等的种子；一类是保存期达几个月的种子，水分含量较多，如栗、栎等，采用湿藏或采后当年秋季播种；再一类是保存期1年左右的种子，这些种子的外壳较为坚硬，故贮藏时间较长，如福禄考、地肤等。

(2) 中寿命种子　种子的寿命一般为3～15年，种子内的主要营养成分为脂肪和蛋白质，如针叶树的种子。

(3) 长寿命种子　种子寿命在15年以上，种子含水量低，种皮紧密，不易透水，主要为豆科植物的种子，如刺槐、合欢等，还包括一些种皮较硬的种子，如莲、美人蕉属及部分锦葵科植物的种子。

种子的寿命和农业生产上的种植是密切相关的。当种子的发芽率降到50%以下时，即使发芽表现正常，实际上种子的生活力也衰退了，也会影响后期的生长发育；播种后成苗率不高或生长不正常，生长势降低，最后影响花的数量及品质。因此，在生产上应根据种子的寿命选择生活力强的种子种植，经过长期贮藏后的种子，如果发芽率降到50%以下时，不宜作为生产用种。

这里说的种子寿命是指种子在自然条件下的寿命。实际生产中，因为种子采收时间、成熟度及贮藏条件等的差异，种子的寿命还会表现出较大的差异。

2. 种子的休眠

种子休眠是植物个体发育过程中的一种暂停现象，是植物经过长期演化获得的对环境条件季节性变化的生物学适应性，有利于种族的生存和繁衍，但这给园艺、园林生产造成了一定的不便。一般来说，种子休眠有两种：一是种子已具有发芽的能力，但因得不到发芽所必需的基本条件，而被迫处于静止状态，此种情况称为强迫休眠，也叫被动休眠，一旦外界条件具备，处于强迫休眠的种子即可萌发；二是种子本身还未完全通过生理成熟阶段，即使提供合适的发芽条件仍不能萌发，这种情况称为深休眠或生理休眠，也叫主动休眠。

（1）强迫休眠　也称为种皮限制性休眠，指种皮或果皮及其他附着物的不透性强迫种子休眠，通常是由胚以外的因素造成的。

（2）胚休眠　又叫生理休眠，主要是由于胚发育不成熟造成的。

（3）二次休眠　也称再度休眠，指原先能萌发的种子，在不适宜萌发的环境中重新进入休眠状态。原本不休眠的种子和部分休眠的种子均可发生二次休眠，产生的原因是由于不良外界条件使种子的代谢作用改变，影响到了种皮或胚的特性。二次休眠一旦发生，即使再将种子置于正常条件仍不能萌发。

3. 种子催芽

种子通过催芽可以解除休眠，使得幼苗出土整齐，适时出苗，从而提高苗圃发芽率，同时还可增强苗木的抗性。而催芽是以人为的方法，打破种子的休眠，促使其部分种子露出胚根或裂嘴的处理方法。

常用的种子催芽方法有以下几种：

（1）层积催芽　把种子与湿润物混合或分层放置，促进其达到发芽程度的方法称为层积催芽。层积催芽的方法广泛地应用于生产上，如山楂、海棠等都可以用这种方法。

种子在层积催芽的过程中恢复了细胞间的原生质联系，增加了原生质的膨胀性与渗透性，提高了水解酶的活性，将复杂的化合物转化为简单的可溶性化合物，促进新陈代谢，使种皮软化产生萌芽能力。另外，一些后熟的种子（形态休眠的种子）如银杏等树种，在层积的过程中胚明显长大，经过一段时间，胚长到应有的长度，完成了后熟过程，种子即可萌发。

处理种子多时可在室外挖坑（图 3-9）。一般选择地势高燥、排水良好的地方，坑的宽度以 1 米为好，不要太宽。长度随种子的多少而定，深度一般在地下水位以上、冻层以下，由于各地的气候条件不同，可根据当地的实际情况而定。坑底铺一些鹅卵石，其上铺 10 厘米的细沙，干种子要浸种、消毒，然后将种子与沙子按 1∶3 的比例混合放入坑内，或者一层种子、一层沙子放入坑内（注意沙子的湿度要合适），当沙与种子的混合物放至距坑沿 10～20 厘米时为止。然后盖上沙子，最后用土培成屋脊形，坑的两侧各挖一条排水沟。在坑中央直通到种子底层放一秸秆或木制通气孔，以流通空气。如果种子多，种坑很长，可隔一定距离放一个通气孔，以便检查种子坑的温度。

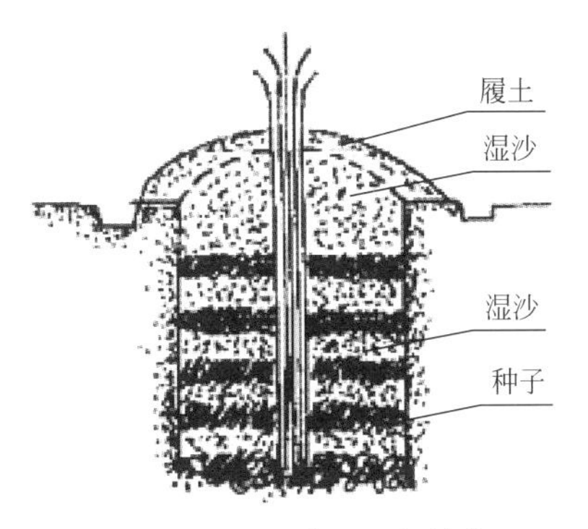

图 3-9　种子坑藏（层积催芽）

（2）水浸催芽　水浸的目的是促使种皮变软，种子吸水膨胀，有利于种子发芽。这种方法适用于大多数观赏树木的种子。

一般为使种子吸水快，多采用热水浸种，但水温不要太高，以免烫伤种子。树种不同浸种水温差异很大，如杨、柳、泡桐、榆等小粒种子，由于种皮薄，需要用 20～30℃的水浸种或用冷水浸种；对种皮坚硬的合欢等则要用 70℃的热水浸种；对含有硬粒的山楂种子应采取逐次增温浸种的方法，首先用 70℃的热水浸种，自然冷却一昼夜后，把已经膨胀的种子选出，进行催芽，然后再用 80℃的热水浸剩下的硬粒种子，同法再进行 1～2 次，这样逐次增温浸种，分批催芽，既节省了种子，又可使出苗整齐。

水温对种子的影响与种子和水的比例、种子受热均匀与否、浸种的时间等都有着密切的关系。浸种时种子与水的容积比一般以 1∶3 为宜，要注意边倒水边搅拌，水温要在 3～5 分钟内降下来。如果高于浸种温度应对凉水，然后使其自然冷却。浸种时间一般为 1～2 昼夜。种皮薄的小粒种子缩短为几个小时，种皮厚、坚硬的种子可延长浸种时间。经过水浸的种子，捞出放在温暖的地方催芽，每天要淘洗种子 2～3 次，直到种子发芽为止。也可以用沙藏层积催芽，将水浸的种子捞出，混以 3 倍湿沙，放在温湿的地方，为了保证湿度要在上面加盖草袋子或塑料布。无论采用哪种方法，在催芽过程中都要注意温度应保持在 20～25℃，且保证种子有足够的水分，有较好的通气条件，并经常检查种子的发芽情况，当种子有 30％裂嘴时即可播种。

(3) 药剂浸种催芽　有些灌木的种子外表有蜡质，有的种皮致密、坚硬，有的酸性或碱性大。为了消除这些妨碍种子发芽的不利因素，必须采用化学或机械的方法，以促使种子吸水萌动。如用草木灰或小苏打水溶液浸洗山楂等种子，对发芽有一定的效果。浓硫酸可以腐蚀皂角、栾树或青桐的种子，但药剂处理后要用清水冲洗干净后再沙藏。

另外，还可用微量元素如硼、锰、铜等药剂进行浸种，可以提高种子的发芽势和苗木的质量。植物激素如GA、IBA、NAA、2,4-D、KT、6-BA、苯基脲、KNO_3 等用于浸种也可以解除种子休眠。赤霉素、激动素、6-苄基腺嘌呤一般使用浓度为0.001%～0.1%。而苯基脲、KNO_3 为0.1%～1%或更高。处理时不仅要考虑浓度，而且要考虑溶液的数量，种皮的状况和温度条件等对处理效果也有较大的影响。

(4) 机械损伤催芽　用刀、锉或沙子磨损种皮、种壳，增加种子的吸水、透气能力，促使种子萌动，但应注意不应使种子受伤。机械处理后还需水浸或沙藏才能达到催芽的目的。

四、种子的采收与调制

(一) 种子的采收

多数观赏植物的采种是在种子完熟时进行的。种子的成熟通常从形态上来判断，成熟的标志是表现出本品种所具有的种子形态、大小、色泽。种子的成熟通常分为形态成熟与生理成熟（图3-10、图3-11），但有些种子具生理后熟期，在采收后尚需一段时间才能完全成熟。为了保证种子的质量，在理论上，采收的种子越成熟越好。但在实际中，尚需考虑种子特性和脱落等其他因素来决定采收时期。对于大粒种实，通常在果实开裂时，立即从植株上收集或脱落后由地面上收集；小粒、易于开裂的干果类和球果类种子，一经脱落则不易采集，且易遭鸟虫啄食，或因不能及时干燥而易在植株上萌发，从而导致品质下降，生产上一般在果实将开裂时，于清晨空气湿度较大时采收；对于开花结实期长，种子陆续成熟脱落的，宜分批采收（如一串红）；对于成熟后挂在植株上长期不开裂、亦不散落者，可在整株全

图 3-10　成熟的种子

图 3-11　未成熟的种子

部成熟后一次性采收。

采收各种花卉种子，必须等到籽粒充分成熟后才能采收。对少数容易爆裂飞散的种子，如凤仙花、三色堇等，容易落入水中的睡莲种子及成熟后易散落的一串红种子等，可套袋或提前采收以待后熟（图 3-12）。在同一株上，应选择早开花枝条所结的种子，其中以生在主干或主枝上的种子为好，对于晚开的花朵及柔弱侧枝上的花朵所结的种子，一般不宜留种。

图 3-12　套袋留种

（二）种子的调制

种子调制是指从采收的种实中，获取成熟种子的过程。大致包括种子的脱粒、干燥、去杂和分级等几个环节。种子采收后，往往带有一些杂质，如果皮、果肉、草籽等，不易贮藏，必须经过干燥、脱粒、净种、分级等步骤，才能符合贮藏、运输、商品化的要求。

1. 种子脱粒

种子脱粒要依据植物果实和种子的特性来决定采用不同的方法。对于干果类种子（如菊科花卉的种子）和球果类种子（如松柏种子）

通常采用在阳光下晒干后，待果实开裂后，收集种子；部分含水量高的应采用阴干的办法较好；肉果类（如茄科、仙人掌类果实）的果实含水量高，不宜暴晒，一般用清水浸泡数日，或经短期发酵后直接揉搓，取出种子。

图 3-13　种子风选

2. 净种与分级

种子的去杂是指将种子中夹杂的杂物，如种皮、果皮、枝叶、土块等杂质去除的过程，也称净种。常依种子或杂质的特性采用风选、水选和筛选（图 3-13）的办法。当种子去杂后，还需按一定的标准对种子进行分级，以保证生产中出苗、成株整齐，便于统一的管理。生产上常用种子和杂质重量不同、体积不同或相对密度不同的原理，除去种子中含有的杂质。

3. 种子的干燥

干燥是种子贮藏工作中的关键性措施。实践证明，经过充分干燥的种子，可以使种子的生命活动大大减弱，使生理代谢作用进行得非常缓慢，从而能较长时期地保持种子的优良品质。不仅如此，在种子进行干燥降水的过程中，还可以促进种子的后熟作用，使种子在贮藏期间更加稳定。另外，还能起到杀虫和抑制微生物的作用。

知识链接：

常见的种子干燥方法如下：

（1）自然干燥法　这种方法简单、成本低，经济安全，一般情况下种子不易丧失活力，有时往往受到气候条件的限制。晾晒时选择晴朗天气，把种子平摊在晒场上，一般小粒种子厚度不宜超过 3 厘米，中粒和大粒种子不宜超过 10 厘米。为提高干燥效果，一般每小时翻动一次，翻动要彻底，使底层的水分也能及时散发出去。晾晒干燥后的种子在冷却后应及时入库。

(2) 红外线干燥　利用红外线穿透力较强的特点，加热干燥种子。此法具有速度快、质量好等优点，而且成本低、省工省时。

4. 种子的贮藏

种子贮藏的目的为保存种子的生活力，延长种子的寿命，以满足生产及经营的需要，对于短寿命种子尤为重要。贮藏的基本原理是在低温、干燥的条件下，尽量降低种子的呼吸强度，减少营养消耗，从而保持种子的生命力。贮藏的适宜条件因不同的植物种类而异。但对于多数草本花卉种子而言，通常为低温（2～5℃）、干燥、密闭的条件。

常用的贮藏方法有干藏、湿藏和气调贮藏（图 3-14、图 3-15），依种子的不同特性，主要是依据种子的安全含水量的高低来选择。良好的种子贮藏环境是低温干燥，可最大限度地降低种子的生理活动，减少种子内的有机物消耗。对于不同的种子应采用不同的贮藏方法。

图 3-14　种子的超干贮藏

图 3-15　种子的超低温贮藏

五、播种前的种子处理和土壤处理

（一）播种前的种子处理

播种前的种子处理是为了提高场圃发芽率，促使苗木出土早而整齐、健壮，同时缩短育苗期，进而提高苗木的产量和质量。

1. 种子精选

播种前对种子进行精选，把种子中的夹杂物除去，再把种粒按大小进行分级，以便分别播种，使幼苗出土整齐一致，便于管理。

常用的精选方法有水选、风选和筛选。

2. 种子消毒

播种前要对种子进行消毒，因为种子表面有很多各种各样的病菌存在，圃地土壤中也有各种病菌存在。播种前对种子进行消毒，不仅可以杀死种子本身所带来的各种病害，而且可使种子在土壤中遭病虫危害时，起到消毒和防护的双重作用。常用的消毒剂和消毒方法有以下几种：

（1）甲醛（福尔马林）溶液浸种　在播种前1～2天将一份福尔马林（浓度40%）加266份水稀释成0.15%的溶液，把种子放入溶液中浸泡15～20分钟，取出后密闭2小时，再将种子摊开，阴干后即可播种。每千克溶液可消毒10千克种子。用福尔马林消毒过的种子，应马上播种，如果消毒后长期不播种会使种子发芽率和发芽势下降，因此用于长期沙藏的种子，不要用福尔马林进行种子消毒。

（2）硫酸铜及高锰酸钾溶液浸种　用硫酸铜溶液进行消毒，可用0.3%～1%的溶液，浸种4～6小时。若用高锰酸钾溶液消毒，则用0.5%溶液浸种2h，或用5%溶液浸种30分钟。但是对催过芽的种子或是胚根已经突破种皮的种子，不能用高锰酸钾消毒。

（3）敌克松拌种　用粉剂拌种，药量为种子重量的0.2%～0.5%。具体做法：将敌克松药剂与土壤按3∶1的体积比混合均匀，配成药土后进行拌种。这种方法对预防立枯病有很好的效果。

（4）温水浸种　对针叶树种，可用40～60℃温水浸种，用水量为种子体积的2倍。该法对种皮薄的或不耐较高水温的种子不适用。

（二）播种前的土壤处理

播种前土壤处理的目的是消灭土壤中的病菌和地下害虫。现将常用的消毒方法介绍如下：

1. 高温处理土壤

国内主要采取烧土法。具体做法是：在柴草方便的地方，可在圃地放柴草焚烧，对土壤耕作层加温，进行灭菌。这种方法能起到灭菌和提高土壤肥力的作用。另外，面积比较小的苗圃，也可以把土壤放在铁板上，在铁板底下加热，可起到消毒作用。

2.药剂处理

(1) 福尔马林（甲醛） 每平方米用福尔马林50毫升，加水6～12升，在播种前10～20天，洒在播种地上，用塑料布或草袋子遮盖。在播种前1周打开塑料布，等药味全部散失后播种。

(2) 五氯硝基苯与敌克松或代森锌的混合剂 其中五氯硝基苯占75%，敌克松或代森锌占25%，每平方米施用量4～6克。也可用1∶10的药土，在播种前撒入播种沟内，然后再播种。

(3) 硫酸亚铁 一般使用2%～3%的硫酸亚铁溶液，用喷壶浇灌苗床，每平方米用溶液9升后即可播种。

(4) 高锰酸钾 使用1%高锰酸钾对土壤进行消毒后播种。如有地下害虫，在耕地前可用敌百虫等药剂进行消毒，也可制成毒饵杀死地下害虫。

六、播种季节

园林植物播种时间的确定则要根据各种花木的生长发育特性、花木对环境的不同要求、计划供花时间、当地环境条件以及栽培设施而定。在自然条件下的播种时间，主要按下列原则处理：

（一）春季播种

大多数木本植物多在春季播种。一般北方在4月上旬至5月上旬，中原一带则在3月上旬至4月上旬，华南多在2月下旬至3月上旬播种。春播在土壤解冻后进行，在不受晚霜危害的前提下，尽量早播，可延长苗木的生长期，增强苗木的抗性。

（二）秋季播种

部分木本植物一般是在立秋以后播种，北方多在9月上中旬，南方多在9月中下旬和10月上旬播种。在冬季低温、湿润条件下起到层积作用，打破休眠，次年春天即可发芽。秋播可使种子在栽培地通过休眠期，完成播种前的催芽阶段，翌春幼苗出土早而整齐，苗木的生长期延长，幼苗生长健壮，成苗率高，抗寒能力增强。

（三）夏季播种

夏季气温高，土壤水分易蒸发，表土干燥，不利于种子的萌发，因此可在雨后进行播种或播前进行灌水，以利于种子的萌发，同时播后要加强管理，经常灌水，保持土壤湿润，降低地表温度，有利于幼苗生长。为使苗木在冬季来临前能充分木质化，以利于安全越冬，夏播应尽量提早进行。

（四）冬季播种

在我国南方，冬季气候温暖，雨量充沛，适宜冬播。冬季是我国南方的主要播种季节。如福建、两广地区的杉木、马尾松等，常在初冬种子成熟后随采随播，使种子发芽早，扎根深，幼苗的抗旱、抗寒、抗病等能力强，生长健壮。

（五）随采随播

种子含水量大、寿命短、不耐贮藏的植物种子应随采随播，如柳树、榆树、蜡梅等。

（六）周年播种

一些植物，只要温度、湿度调控适宜，一年四季都可以随时进行播种。

七、播种方法

常见的播种方法有床播、直播和盆播三种方式。

（一）床播

床播是指用专用的苗床（图 3-16、图 3-17）进行播种的方法。通常育苗使用这种方法，待苗长到特定大小后再上盆或定植，用于观赏植物种苗的大量商品化生产。

图 3-16 砌砖式苗床

图 3-17 集约化滚动育苗苗床

知识链接：

根据种子的大小、植物的种类，可采取点播（穴播）、条播和撒播（图 3-18～图 3-20）三种方式（三者区别见表 3-1）。

图 3-18 牧草种子的撒播

图 3-19 条播的萱草

图 3-20 点播田七种子

图 3-21 直播育苗

表 3-1　三种播种方式的比较

播种方式	播种方法	特点	应用
点播	挖栽植穴，每穴中播种子2～4粒	易操作、易管理，不间苗或少间苗，苗木通风透光，生长好，用种量少	多用于大粒种子和种子数量较少的情况
条播	按一定距离挖栽植沟，在沟中按一定距离播种	需要间苗或分苗，用种量中等	常用于中、小粒种子和种子量多的情况
撒播	在一定宽度的苗床上均匀地把种子撒开	不易操作，需间苗或分苗，苗木间距离小且分布不均，生长不整齐，管理不便，需种量大	适于小粒种子或种子量很多的情况

（二）直播

直播是指将花卉种子直接播种于应用处，不再移栽的方法（图3-23）。对于直播来说，选址很重要。要求光照充足，土壤疏松、通气、透水，至少30厘米厚的土层适合观赏植物根系生长的需要。一股采用点播或条播，以便于管理。参考成株的大小来确定种子的间隔，通常在出苗后间去弱苗，故播种时可适当密一些。

（三）盆播

盆播是指用专门的容器进行播种的方法，如应用花盆、苗钵、育苗盘（图3-22、图3-23）等容器进行播种。主要用于细小种子、名贵种子及温室花卉种子的精细播种。育苗盆也用于花卉种苗的商品化生产。

直播主要用于生长较快、管理简单或直根性、不适移栽的观赏植物种类。宜采用直播而不宜移栽的观赏植物种类有：矮牵牛、孔雀草、二月兰、虞美人、花菱草、牵牛、葛萝、霞草、矢车菊、银边翠、紫茉莉等。

图 3-22　营养钵育苗

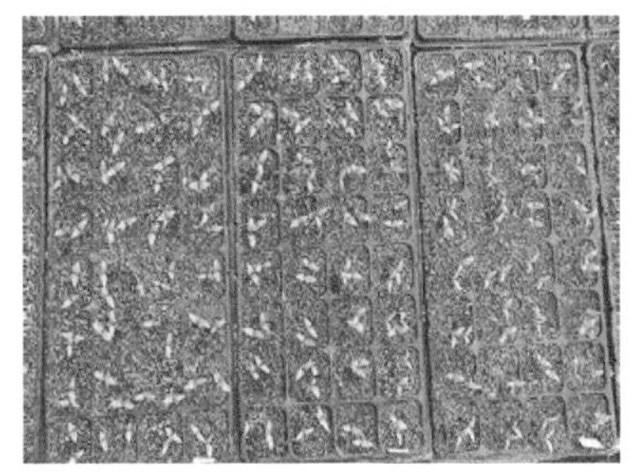

图 3-23　穴盘育苗

八、苗木密度与播种量计算

（一）苗木密度

苗木密度是单位面积（或单位长度）上苗木的数量，它对苗木的产量和质量起着极其重要的作用。苗木过密，每株苗木的营养面积小，苗木通风不好、光照不足，降低了苗木的光合作用，使光合作用的产物减少，表现在苗木上为苗木细弱，叶量少，根系不发达，侧根少，干物质重量小，顶芽不饱满，易受病虫危害，移植成活率偏低。而当苗木过稀时，不仅不能保证单位面积的苗木产量，而且苗木过稀，苗间空地过大，土地利用率低，易滋生杂草，增加土壤水分和养分的消耗，给管理工作带来不少的麻烦。因此，确定合理的苗木密度非常重要，合理的密度可以克服由于苗木过密或过稀出现的缺点，保证每株苗木在生长发育健壮的基础上获得单位面积（或单位长度）上最大限度的产苗量，从而获得苗木的优质高产。

要依据树种的生物学特性、生长的快慢、圃地的环境条件、育苗的年限以及育苗的技术要求等确定苗木密度。此外，要考虑育苗所使用的机器、机具的规格，来确定株行距。苗木密度的大小，取决于株行距，尤其是行距的大小。播种苗床一般行距为 8～25 厘米，大田育苗一般为 50～80 厘米。行距过小不利于通风透光，也不便于管理。

（二）播种量的计算

播种量，就是单位面积上播种的数量。播种量确定的原则，就是用最少的种子，达到最大的产苗量。播种量一定要适中，偏多会造成种子浪费，出苗过密，间苗费工，增加育苗成本；播种量太少，产量低。因此要掌握好播种量，提倡科学地计算播种量。

计算播种量的依据为：①单位面积（或单位长度）的产苗量；②种子品质指标，如种子纯度（净度）、千粒重、发芽势；③种苗的损耗系数。播种量可按下列公式计算：

$$X=C\times\frac{AW}{PG\times1000^2}$$

式中 X——单位长度（或单位面积）实际所需的播种量，千克；

A——单位长度（或面积）的产苗数；

W——种子的千粒重，克；

P——净度；

G——发芽势；

1000^2——常数；

C——损耗系数。

知识链接：

W：千粒重，是指种子在气干状态下，1000 粒纯净种子的重量。“千粒重”说明种子的大小和饱满程度，同一树种的“千粒重”越大，种粒越大，越饱满，用这样的种子育苗，苗木的抗性强，长势健壮。

P：净度，是纯净种重量占测定后样品各成分重量总和的百分比。净度是种子播种品质的重要指标之一。确定播种量首先要知道种子的净度。种子净度高，含夹杂物少，在种子催芽中不易发生霉烂现象；种子的净度低，含杂质多，在贮藏中不易保持发芽能力，使种子的寿命缩短。

G：发芽势，是指在发芽过程中日发芽种子数达到最高峰时，发芽的种子数占供测样品种子数的百分比，一般以发芽试验规定期限的最初1/3期间内的种子发芽数占供试验种子数的百分比为标准。

C：损耗系数。C值因树种、圃地的环境条件及育苗的技术水平而异，同一树种，在不同条件下的具体数值可能不同，各地可通过试验来确定。C值的变化范围大致如下：

① 用于大粒种子（千粒重在700克以上），$C=1$；

② 用于中、小粒种子（千粒重在3～700克），$1<C<2$，如油松种子；

③ 用于小粒种子（千粒重在3克以下），$C=10～20$，如杨树种子。

九、播种前的整地

播种前的整地，是指在做床做垄前，对土壤进行平整。这个工作做得越细，对播种后幼苗出土越有利，对场圃发芽率、苗木的产量和质量影响很大。整地要求如下：

（一）细致平坦

播种地要求无土块、石块和杂草根，在地表10厘米深度内没有较大的土块，其土块越小、土粒越细越好，以满足种子发芽后幼苗生长对土壤的要求，否则种子会落入土块缝隙中因吸不到水分而影响发芽，同时也会因发芽后幼苗根系不能和土壤密切结合而枯死。另外，播种地要求平坦，主要是为灌溉均匀，降雨时也不会因土地高低不平、洼地积水而影响苗木生长。

（二）上暄下实

播种地整好后，应上暄下实。上暄有利于幼苗出土，减少下层土壤水分的蒸发；下实可使种子与下层的湿土密切结合，保证了种子萌发时对土壤水分的要求。上暄下实给种子萌发创造了良好的土壤环境。因此，播种前松土的深度不宜过深，土壤过于疏松时，应进行适当的镇压。在春季或夏季播种，土壤表面过于干燥时，应在播前灌水或在播后进行喷水。

十、播种

播种是育苗工作的重要环节，播种工作做得好不好直接影响种子的场圃发芽率、出苗的快慢和整齐程度，对苗木的产量和质量有直接的影响。播种分人工播种和机械播种两种，目前采用最多的是人工播种。

1.人工播种

人工播种主要通过人把种子播在播种地上。主要技术要求是画线要直，目的是使播种行通直，便于抚育和起苗；开沟深浅要一致，沟底要平，沟的深度要根据种粒的大小来确定，粒大的种子要深些，粒极小的种子可不开沟，混沙直接播种。为保证种子与播种沟湿润，要做到边开沟，边播种，边覆土，一般覆土厚度应为种子直径的2～3倍。要做到下种均匀，覆土厚度适宜。覆土可用原床土，也可以用细沙土混些原床土，或用草炭、细沙、粪土混合组成覆土材料。覆土后，为使种子和土壤紧密结合，要进行镇压。如果土壤太湿或过于黏重，要等表土稍干后再镇压。

2.机械播种

使用机械播种，工作效率高，下种均匀，覆土厚度一致。开沟、播种、覆土镇压既节省了人力，也可做到幼苗出土整齐一致，是今后园林苗圃育苗的发展趋势（图3-24、图3-25）。

图3-24　机械播种（一）

图3-25　机械播种（二）

十一、播种苗的抚育管理

（一）出苗前播种地的管理

播种后为给种子发芽和幼苗出土创造良好的条件，对播种地要进行精心管理，以提高种子发芽率。主要措施有覆盖保墒、灌溉、松土、除草等。

1.覆盖

播种后为防止播种地表土干燥、板结，防止鸟害，对播种地要进行覆盖，特别是对于小粒种子、覆土厚度在1厘米左右的树种更应该加以覆盖。覆盖的材料应就地取材，以经济实惠、不给播种地带来杂草种子和病虫害为前提。另外，覆盖物不宜太重，否则容易压坏幼苗。常用的覆盖材料有稻草、麦草、竹帘子、苔藓、锯末、腐殖土以及松树的枝条等。覆盖物的厚度，要根据当地的气候条件、覆盖物的种类而定。如用草覆盖时，一般以使地面盖上一层，似见非见土为宜。播种后应及时覆盖，在种子发芽、幼苗大部分出土后，要分期、分批地将草撤掉，同时配合适当的灌水，以保证苗床中的水分。

近年来采用塑料薄膜进行床面覆盖的效果较好，不仅可以防止土壤水分蒸发，保持土壤湿润、疏松，又能增加地面温度，促进发芽。但在使用薄膜时要注意经常检查床面的温度，当苗床温度达到28℃以上时，要打开薄膜的两端，使其通风降温，也可以采用薄膜上遮苇帘来降温。等到幼苗出土，揭除薄膜后将苇帘维持一段时间，再将苇帘撤掉。这样既有利于幼苗生长，也可以起到防晚霜的作用。

2.灌溉

播种后由于气候条件的影响或因出苗时间较长，苗床仍会干燥，妨碍种子发芽，故在播种后出苗前，要适当地补充水分。不同的观赏灌木，覆土厚度不同，灌水的方法和数量也不同。一般在土壤水分不足的地区，对覆土厚度不到2厘米，又不加任何覆盖物的播种地，要进行灌溉。播种中、小粒种子，最好在播种前灌足底水，播种后在不影响种子发芽的情况下，尽量不灌水，以防降低土温和使土壤板结，如需灌水，应采用喷灌，避免种子被冲走或发生淤积的现象。

3. 松土、除草

在秋冬播种地的土壤变得坚实，对于秋冬播种的播种地在早春土壤刚化冻时，种子还未突破种皮时要进行松土，但不宜过深，这样可减少水分的蒸发，减弱幼苗出土时的机械障碍，使种子有良好的通气条件，有利于出苗。另外，当因进行灌溉而使土壤板结，妨碍幼苗出土时，也应进行松土。有些树木种子发芽迟缓，在种子发芽前滋生出许多杂草，为避免杂草与幼苗争夺水分、养分，应及时除杂草。一般除草与松土应结合进行，松土除草宜浅，以免影响种子萌发。

（二）苗期管理

苗期管理是从播种后幼苗出土，一直到冬季苗木生长结束为止，对苗木及土壤进行的管理有遮阴、间苗、截根、灌溉、施肥、中耕、除草等工作。这些育苗技术措施的好坏，对苗的质量和产量有着直接的影响，因此必须要根据各时期苗木生长的特点，采用相应的技术措施，以使苗木速生丰产。

1. 降温

观赏灌木在幼苗期组织幼嫩，不能忍受地面高温的灼热，易产生日灼现象，致使苗木死亡，因此要在高温时，采取降温措施。在生产中可以通过遮阴、覆草或者地面灌溉等方式，来降低地面或地上空气温度，达到为观赏灌木降温的目的。

2. 间苗

苗木密度过高，单位苗木所占有的各种空间及营养面积相对较小，苗木细弱，质量下降，容易发生病虫害。通过调整幼苗的疏密度，使达到苗木生长的合理密度，苗木可以健康生长，因此要对苗木进行间苗。间苗次数不宜太多，2～3 次为宜，具体的间苗时间和强度取决于苗木的生长速度，间弱留强。

3. 补苗

补苗是对于缺苗断垄的唯一措施。补苗时间越早越好，以减少对根系的损伤，早补不但成活率高，而且后期生长与原来苗木无显著差别。补苗工作可和间苗工作同时进行，最好选择阴天或傍晚进行，以减少日光的照射，防止萎蔫。必要时要进行遮阴，以保证成活。

4. 幼苗移植

对于幼苗生长快或者种子非常珍贵的观赏苗木，一般要先通过穴盘育苗或其他容器育苗的方法获得大量的幼苗，等长到一定程度或者规格再进行移植。移植一般都要结合间苗进行。移植应掌握适当的时期，一般在幼苗长出2～3片真叶后，结合间苗进行幼苗移植。移植应选在阴天进行，移植后要及时灌水并进行适当的遮阴。

5. 中耕与除草

中耕是在苗木生长期间对土壤进行的浅层耕作，可以疏松表土层，减少土壤水分的蒸发，促进土壤空气流通，有利于微生物的活动，提高土壤中有效养分的利用率，促进苗木生长。中耕和除草往往结合进行，这样可以取得双重的效果。中耕在苗期宜浅并要及时，每当灌溉或降雨后，当土壤表土稍干后就可以进行，以减少土壤水分的蒸发及避免土壤发生板结和龟裂。当苗木逐渐长大后，要根据苗木根系生长情况来确定中耕深度。

6. 灌溉与排水

水是植物生长的基本源泉，灌水与排水直接影响苗木的成活、生长和发育。在抚育管理中二者同等重要，缺一不可。特别是重黏土地、地下水位高的地区、低洼地、盐碱地等，灌水和排水设备配套工程尤为重要。

土壤水分在种子萌发和苗木生长发育的全过程中都具有重要的作用。土壤中有机物的分解速度与土壤水分具有相关性；根系从土壤吸收矿物质营养时，矿物质元素必须先溶于水；植物的蒸腾作用需要水；同时水分对根系生长的影响也很大，水分不足则苗根生长细长，水分适宜则吸收根多。因此，水分是壮苗丰产的必要条件之一。

知识链接：

如何合理灌溉？

灌水要适时适量，遵循“三看”，即看天、看地、看树苗，切忌“一刀切”的做法。

① 看天，就是要看当地的天气情况。

② 看地，就是看土壤墒情、土壤质地和地下水位高低。沙土或沙壤土保水力差，灌水次数和灌水量可适当增加；黏土地、低洼地应适当控制灌水次数；盐碱地切忌小水勤灌，浇水应浇足。决定一块地应否灌水，主要看土壤墒情，适合苗木生长的土壤湿度一般为15%～20%。

③ 看树苗，就是要根据不同树种的生物学特性、苗木的不同生长时期来确定灌水量。

7. 施肥

苗圃地施肥必须合理。有条件的地方可以通过土壤营养元素测定来确定施肥种类和数量。苗圃地应施足基肥。基肥可结合整地、做床时施用，以有机肥为主，也可加入部分化肥。施肥数量应按土壤肥瘠程度、肥料种类和不同的树种来确定。一般每亩施基肥5000千克左右。幼苗需肥多的树种要进行表层施肥，并加施速效肥料。为补充基肥的不足，可根据需要在苗木生长期适时追肥2～4次。追肥应使用速效肥料，一般苗木以氮肥为主，对生长旺盛的苗木在生长后期可适当追施钾肥。

8. 病虫害防治

防治观赏灌木病虫害是苗圃多育苗、育好苗的一项重要工作。要贯彻“预防为主，综合防治”的方针，加强调查研究，搞好病虫调查和预测预报工作，创造有利于苗木生长、抑制病虫发生的环境条件。本着“治早、治小、治了”的原则，及时防治，并对进圃苗木加强植物检疫工作。

第二节 园林苗木的扦插繁殖

一、扦插繁殖的定义、特点及适用范围

（一）扦插繁殖的定义

扦插繁殖是利用离体的植物营养器官，如根、茎、叶、芽等的一部分，在一定条件下，插入土、沙或其他基质中，经过人工培育使之发育成完整的新植株的繁殖方法。通过扦插繁殖所得的苗木称为扦插苗。用于再生的一部分营养体称为插条或插穗，提供插条的植株通常称为母株。

（二）扦插繁殖的特点

1. 优点

① 能够保持木本的优良性状；

② 成苗快，开花早；

③ 繁殖材料充足，产苗量大；

④ 繁殖容易，尤其是针对那些不易产生种子的园林植物。

2. 缺点

① 寿命短于实生苗、分株苗、嫁接苗；

② 根系较弱、浅；

③ 木本植物容易出现偏冠现象，影响后期树形。

（三）扦插繁殖的适用范围

扦插繁殖为观赏植物最常用的繁殖方法，如灌木、藤本、草本地被植物和少量的一、二年生草本花卉均可采用这种办法。一些彩叶或有斑纹的观赏植物，扦插繁殖时常会失去这些性状，最好采用分株或嫁接的方法来繁殖。

二、扦插生根的机理

扦插繁殖利用的是植物细胞所具有的细胞全能性。植物细胞具有全能性，每一个细胞都具有该品种的所有遗传信息，在适宜的环境条件下都有潜在的形成相同植株的能力。另外，植物的某些器官或组织具有再生功能，即当植物的某一部分受伤或被切除而使植物整体受到破坏时，能表现出修复损伤、再生出丢失器官的功能。

由于植物的全能性和再生机能，当根、茎、叶等从母体脱离后，根上会长出茎叶，茎上会长出根，叶上会长出茎根等。即枝条脱离母体后，创伤部位的创伤细胞能产生植物激素促进细胞分裂，产生出新的组织；另外，插条上的芽及叶等处也可产生生长素，从而使枝条内的形成层、次生韧皮部、维管纤维和髓部能形成根的原始体，发育生长成不定根。用根作插条时，根的皮层薄壁细胞分化出不定芽，进而产生茎叶发育成植株。

三、影响扦插成活的因素

不同园林植物其生物学特性不同，扦插成活的情况也不同，有难有易。即使是同一植物，不同品种其扦插生根的情况也有差异。这除与园林植物本身的生物学特性有关外，也与插条的选取以及温度、湿度、土壤等环境条件有关。

（一）影响园林植物插条生根的内在因素

1. 园林植物的生物学特性

不同园林植物由于其遗传特性的差异，其形态构造、组织结构、生长发育规律和对外界环境的同化及适应能力等都可能有差别。因此，在扦插过程中生根难易程度不同，有的扦插后很容易生根，有的稍难，有的干脆不生根。现将收集到的部分扦插繁殖园林植物，按生根难易程度归纳为四大类。

（1）极易生根的园林植物　紫穗槐、柽柳、连翘、月季、栀子花、常春藤、木槿、小叶黄杨、南天竹、葡萄、无花果等。

（2）较易生根的植物　山茶、野蔷薇、夹竹桃、杜鹃、猕猴桃、石榴等（图 3-26）。

(3) 较难生根的植物　木兰、海棠、米兰等。

(4) 极难生根的植物　大部分的松科（图 3-27）、杨梅科植物等。

图 3-26　石榴扦插生根

图 3-27　思茅松扦插生根

2. 母树及枝条的生理年龄

采穗母株及其上不同枝条的生理年龄对于插穗的扦插成活有着影响。通常随着园林植物生理年龄越老，其生活力越低，再生能力越差，生根能力越差。同时，生理年龄过高，则插穗体内抑制生长物质增多，也会影响扦插的成活率。所以采插穗多从幼龄母株上采取，一般选用 1～3 年生的实生苗上的枝条作插穗较好。如油橄榄 1 年生树的枝条作插穗，生根率可达 100%；枣树用根蘖苗枝条比成龄大树枝条作插穗，成活率大大提高。

而插穗多采用 1～2 年或当年生枝条，绿枝扦插用的当年生枝条再生能力最强，这是因为嫩枝内源生长素含量高，细胞分生能力强，有利于不定根的形成。因此，采用半木质化的嫩枝作插穗，在现代间歇喷雾的条件下，可使大批难生根的树种扦插成活。

为了获得来自幼龄母株上的插穗，生产上可采用以下方法：

(1) 绿篱化采穗　即将准备采条的母树进行强剪，不使其向上生长，而萌发许多新生枝条。

(2) 连续扦插繁殖　连续扦插 2～3 次，新枝生根能力急剧增加，生根率可提高 40%～50%。

(3) 用幼龄砧木连续嫁接繁殖　即把采自老龄母树上的接穗嫁接到幼龄砧木上，反复连续嫁接 2～3 次，使其“返老还童”，再采其枝条或针叶束进行扦插。

（4）用基部萌芽条作插穗　即将老龄树干锯断，使幼年（童）区产生新的萌芽枝用于扦插。

3. 枝条部位和发育状况

插穗在枝条上的部位与扦插成活有关。试验证明，硬枝扦插时，同一质量枝条上剪取的插穗，从基部到梢部，生根能力逐渐降低。采取母株树冠外围的枝条作插穗，容易生根。母株主轴上的枝条生长健壮，储藏的有机营养多，扦插容易生根。绿枝扦插时，要求插穗半木质化，因此，夏季扦插时，枝条成熟较差，枝条基部和中部达到半木质化，作插穗成活率较高；秋季扦插时，枝条成熟较好，枝条上部达到半木质化，作插穗成活率较高，而基部此时木质化程度高，作插穗成活率反而降低。

当发育阶段和枝龄相同时，插穗的发育状况和成活率关系很大。插穗发育充实，养分储存丰富，能供应扦插后生根及初期生长的主要营养物质，特别是碳水化合物（糖类）含量与扦插成活有密切关系。为了保持插穗含有较高的碳水化合物和适量的氮素营养，生产上常通过对植物施用适量氮肥，以及使植物生长在充足的阳光下而获得良好的营养状态。在采取插穗时，应选取朝阳面的外围枝和针叶树主轴上的枝条。对难生根的树种进行环剥或绞缢，都能使枝条处理部位以上积累较多的碳水化合物和生长素，有利于扦插生根。一般木本植物的休眠枝组织充实，扦插成活率高。因此，大多数木本植物多在秋末冬初、营养状况好的情况下采条，经贮藏后翌春再扦插。

4. 插穗的粗细与长短

插穗的粗细与长短对于成活率、苗木生长有一定的影响。大多数树种长插条根原基数量多，储藏的营养多，有利于插条生根。一般落叶树硬枝插穗 10～25 厘米；常绿树种 10～35 厘米。粗插穗所含的营养物质多，对生根有利。插穗的适宜粗细因树种而异，多数针叶树种直径为 0.3～1 厘米；阔叶树种直径为 0.5～2 厘米。生产实践中，应根据需要和可能，采用适当长度和粗细的插穗，合理利用枝条，应掌握“粗枝短截，细枝长留”的原则。

5. 插穗的叶和芽

插穗上的芽是形成茎、干的基础。芽和叶能供给插穗生根所必需的营养物质和生长激素等，对生根有利，对嫩枝扦插及针叶树种、常绿树种的扦插更重要。插穗一般留叶2～4片，若有喷雾装置定时保湿，可留较多的叶片，以便加速生根（图3-28、图3-29）。

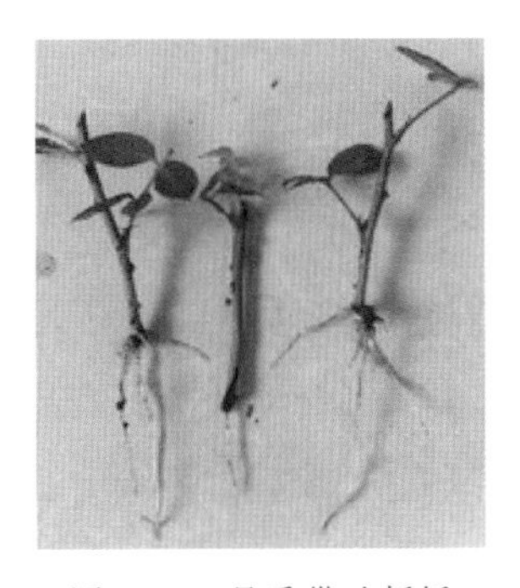

图3-28　月季带叶扦插

图3-29　金叶榆硬枝扦插

（二）影响园林植物插条生根的外在因素

1. 温度

温度对插穗生根的影响表现在气温和地温两个方面，插穗生根要求的地温因园林植物种类而异。落叶类园林植物能在较低的地温下（10℃左右）生根，而常绿园林植物的插条生根则要求较高的地温（23～25℃），大多数树种的最适生根地温是15～25℃。气温主要是满足芽的活动和叶的光合作用，叶、芽的生理活动虽有利于营养物质的积累和促进生根，但气温升高，使叶部蒸腾加速，往往引起插穗失水枯萎，所以在插穗生根期间最好能创造地温略高于气温的环境。一般在夏季嫩枝扦插时，地温能得到保证，春季硬枝扦插时地温较低，可在扦插基质下铺20～50厘米厚的马粪以增加插壤温度，促进插穗生根。在温室或塑料大棚中，可在插床内铺设电热丝，以控制适宜的地温。

2. 湿度

在插穗不定根的形成过程中，空气的湿度、基质的湿度以及枝条本身的含水量是扦插成败的关键，尤其是嫩枝扦插，湿度更为重要。

知识链接：

(1) 空气的相对湿度　在插条生根的过程中，保持较高的空气湿度是扦插生根的重要条件，尤其是对一些难生根的植物，湿度更为重要。

(2) 基质湿度　扦插时除了要求一定的空气湿度外，基质的湿度同样也是影响插穗成活的一个重要因素。一般基质湿度保持在干土重量的20%～25%即可。

(3) 插穗自身的含水量　插穗内的水分含量直接影响扦插成活。因为插穗内的水分保持着插穗自身活力，可使插条易于生根，而且还能加强叶组织的光合作用。插穗的光合作用愈强，则不定根形成得愈快。当插穗含水量减少时，叶组织内的光合强度就会显著降低，因而直接影响不定根的形成。

因此，在进行扦插繁殖时，一定要注意保持插穗的自身水分含量、适宜的基质湿度和空气的相对湿度，最大限度地保持插条活力，以达到促进生根的目的。

全光照嫩枝喷雾扦插育苗技术简介：

全光照喷雾嫩枝扦插是近年来发展最为迅速的先进育苗技术，它与传统的硬枝扦插繁殖相比，具有扦插生根容易、成苗率高、育苗周期短和穗条来源丰富等优点。它与先进的组培技术相结合，能彼此相互补充，可大规模化生产，使育苗成本大幅度下降。

采用全光照喷雾嫩枝扦插育苗技术及其设备，不仅可为植物插穗生根提供最适宜的生根场地和环境，而且可成功地利用植物插穗自身的生理功能和遗传特性，经过内源生长素等物质的合成和生理作用，以内源物质效应来促进不定根的形成，使一大批过去扦插难生根的植物进入容易生根的行列，并有效地应用到生产上，这是无性繁殖技术的一大发展和进步（图3-30）。

图 3-30 通过喷雾形式来提高空气湿度

3. 光照

光照对嫩枝扦插很重要。适宜的光照能保证一定的光合强度，提高插条生根所需要的碳水化合物，同时可以补充利用枝条本身合成的内源生长素，使之缩短生根时间，提高生根率。但光照太强，会增大插穗及叶片的蒸腾强度，加速水分的损失，引起插穗水分失调而枯萎。因此，最好采用全光喷雾的方法，既能调节空气的相对湿度，又能保证光照，利于生根。

4. 扦插基质

插穗的生根成活与扦插基质的水分、通气条件关系十分密切。插条从母树切离之后，由于吸水能力降低，蒸腾仍在旺盛进行，水分供需矛盾相当突出。扦插后未生根的插穗和生长在土壤中的有根植株不同，仅能从切口或表皮在很局限的范围内利用水分。因此，扦插后水分的及时补充十分重要，要求基质保持湿润。同时，插穗生根一般都落后于地上部分萌发，未生根插穗如过量蒸腾，就会失水萎蔫致死，这种现象称为假活。假活时间的长短因观赏灌木种类而异。

插穗在生根期间，要求基质有较好的通气性，以保证氧气供给和二氧化碳排出。因此，要避免因过量灌溉造成基质过湿及通气不良而使插穗腐烂死亡。一般扦插苗圃地宜选择结构疏松且排水通气良好的沙土，如有条件，可采用通透性好且持水排水的蛭石、珍珠岩等人工基质，扦插效果则更好（图 3-31、图 3-32）。

图 3-31　月季的河沙扦插

图 3-32　混合基质扦插

四、促进扦插生根的方法

（一）机械处理

在植物生长季节，将枝条环剥、刻伤或用铁丝、麻绳、尼龙绳等捆扎，阻止枝条上部的碳水化合物和生长素向下运输，使其储存养分。到生长后期再将枝条剪下进行扦插，能显著地促进生根（图 3-33）。

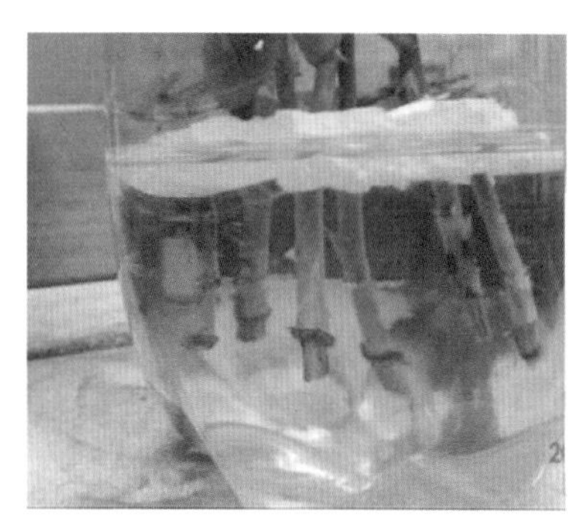
图 3-33　插穗环剥促进生根

（二）黄化处理

黄化处理即在生长季前期用黑色的塑料袋将要作插穗的枝条罩住，使其在黑暗的条件下生长，待其枝叶长到一定程度后，剪下进行扦插。黄化处理对一些难生根的树种，效果很好。由于枝叶在黑暗的条件下，受到无光的刺激，激发了激素的活性，加速了代谢活动，并使组织幼嫩，因而为生根创造了有利的条件。黄化处理观赏灌木枝条，一般需要 20 天左右，效果较好。

（三）加温处理

春天由于气温高于地温，在露地扦插时，易形成先抽芽展叶后生根的效果，以致降低扦插成活率。如果采取措施，人工创造一个地温高于气温的条件，就可以改变上述局面，使插条先生根后抽芽展叶。为此，可采用电热温床法（在插床内铺设电热线）或火炕加温法（图 3-34、图 3-35），使插床基质温度达到 20～25℃，并保持适当的湿度，以提高扦插成活率。

图 3-34　通过加热系统给苗床加温

图 3-35　通过电热线温床加温

（四）洗脱处理

洗脱处理对除去插穗中的抑制物质效果很好，不仅能降低枝条内抑制物质的含量，同时还能增加枝条内水分的含量。

知识链接：

常见洗脱方法如下：

（1）温水洗脱处理　将插条放入温水（一般为 30～35℃）中浸泡数小时或更长时间，具体时间因树种不同而异。温水洗脱处理对含单宁高的植物较好（图 3-36）。

（2）流水洗脱处理　将插条放入流动的水中，浸泡数小时，具体时间也因观赏灌木种类不同而异，多数在 24 小时以内，也有的可达 72 小时，甚至有的更长。

（3）酒精洗脱处理　用酒精处理也可有效地除去插穗中的抑制物质，大大提高生根率。一般使用浓度为1%～3%，或者用1%的酒精和1%的乙醚混合液，浸泡6小时左右，如杜鹃类插穗可采用此法。

图3-36　柳树硬枝水浸处理

（五）生长素及生根促进剂处理

1. 生长素处理

插穗生根的难易程度与生长素含量的多少相关。适当增加生长素含量，可加强淀粉和脂肪的水解，提高过氧化氢酶的活性，增强新陈代谢作用，提高吸收水分的能力，促进可溶性化合物向枝条下部运输和积累，从而促进插穗生根。但浓度过大时，生长素的刺激作用将转变为抑制作用，使插穗内的生理过程遭受破坏，甚至引起中毒死亡。因此，在应用生长激素时，要因树制宜，严格控制浓度和处理时间。

在扦插育苗中，刺激生根效果显著的生长素有萘乙酸、吲哚乙酸、吲哚丁酸、2,4-D等。处理方法是用溶液浸泡插穗下端，或用湿的插穗下端蘸粉立即扦插。最适浓度因生长素种类、浸泡时间、母树年龄和木质化程度等不同而有差别。以萘乙酸为例，对大多数树种的适宜浓度，一般为0.005%～0.01%，将插穗基部2厘米浸泡于溶液中16～24小时。处理插穗时也可采用高浓度溶液（如0.03%～

0.05%）快浸的方法，只要把插穗下端2厘米浸入浓溶液中2～5秒，取出后即可扦插。浸过的溶液还可利用一次，但再次利用时，应适当延长处理时间。

2. 生根促进剂处理

图 3-37　ABT 生根粉

对于难生根的植物，单一的生长素是很难起到促生根作用的。随着对扦插繁殖研究的不断深入，很多综合性的生根促进剂应运而生。ABT 生根粉（图 3-37）即是中国林科院王涛院士于20世纪80年代初研制成功的一种广谱高效生根促进剂。用示踪原子测定及液相色谱分析表明，ABT 生根粉处理插穗，能参与插穗不定根形成的整个生理过程，具有补充外源激素与促进植物内源激素合成的双重功效。

 知识链接：

（1）ABT 生根粉的特点

① 促进爆发性生根，一个根原基上能形成多个根尖。

② 愈合生根快，缩短了生根时间。

③ 提高了扦插生根率。

（2）ABT 生根粉的使用方法　ABT 生根粉处理插穗时通常配成一定浓度的溶液浸泡插穗下切口。多数观赏灌木的适宜浓度为0.005%、0.01%、0.02%。每克生根粉能浸插穗3000～6000个。浸泡插穗的时间，嫩枝为0.5～1小时，1年生休眠枝为1～2小时，多年生的休眠枝为4～6小时。浸泡插穗深度距下切口2～3厘米。

（六）化学药剂处理

醋酸、磷酸、高锰酸钾、硫酸锰、硫酸镁等化学药剂的溶液在一定程度上都可以促进插穗的生根或者成活。生产中用0.1%醋酸水溶液浸泡卫矛、丁香等插条，能显著地促进生根。用0.05%～0.1%高锰酸钾溶液浸插穗12小时，除能促进生根外，还能抑制细菌发育，起消毒作用。

（七）营养处理

用维生素、糖类及其他氮素处理插条，也是促进生根的措施之一。用5%～10%的蔗糖溶液处理雪松、龙柏、水杉等树种的插穗12～24小时，对促进生根效果很显著。若用糖类与植物生长素并用，则效果更佳。在嫩枝扦插时在叶片上喷洒尿素，也是营养处理的一种。

五、扦插时间的选择

1. 春季扦插

春季扦插适宜大多数植物。利用前一年生休眠枝或经冬季低温贮藏后扦插，又称硬枝扦插，其枝条内的生根抑制物质已经转化，营养物质丰富。春季扦插宜早，要创造条件先打破枝条下部的休眠，保持上部休眠，待不定根形成后芽再萌发生长。扦插育苗的技术关键是采取措施提高地温。生产上采用的方法有大田露地扦插和塑料小棚保护地扦插。

2. 夏季扦插

夏季扦插是选用半木质化处于生长期的新梢带叶扦插。嫩枝的再生能力较已全木质化的枝条强，且嫩枝体内薄壁细胞组织多，转变为分生组织的能力强，可溶性糖、氨基酸含量高，酶活性强，幼叶和新芽或顶端生长点生长素含量高，有利于生根，这个时期的插穗要随采随插。这个时期主要进行嫩枝扦插、叶插。要注意插穗的空气湿度，通常可以通过遮阴和遮光来解决。

3. 秋季扦插

秋季扦插插穗采用的是已停止生长的当年生木质化枝条。扦插要在休眠期前进行，此时枝条的营养液还未回流，碳水化合物含量高，芽体饱满，易形成愈伤组织和发生不定根。秋插利用发育充实、营养物质丰富、生长已停止但未进入休眠期的枝条进行扦插。枝条内抑制物质含量未达到最高峰，可促进愈伤组织提早形成，有利于生根。秋插宜早，以利于物质转化完全，安全越冬。扦插育苗的技术关键是采取措施提高地温。采用的方法为塑料小棚保护地扦插育苗，北方还可采用阳畦扦插育苗。

4. 冬季扦插

冬季扦插是利用打破休眠的休眠枝进行温床扦插。北方应在塑料棚或温室进行，在基质内铺上电热线，以提高扦插基质的温度。南方则可直接在苗圃地扦插。

六、扦插的技术与方法

很多植物通过不同的扦插方法均可以繁殖后代，方法的选择主要取决于植株个体本身的环境条件，通常选择成本低、操作简便的方法。

对于易生根的多年生木本植物，可以采用木质化枝插法繁殖，在户外养护，操作简便，成本低；对于大多数草本植物和难繁殖的植物，需要采取精确调控的环境促使插穗生根。插条一般多采用枝条，有些植物采用根插效果很好，但难以获得大量的根插材料。

（一）硬枝扦插

1. 插穗的采集与制作

通常采集插穗的母株年龄不同，插穗的成活率存在差异。生理年龄越小的母株，插穗成活率越高。因此，应该选择树龄较年轻的幼龄母树，采集母株树冠外围的1～2年生枝、当年生枝或一年生萌芽条，要求枝条发育健壮、芽体饱满、生长旺盛、无病虫害等。

常用的插穗剪取方法是在枝条上选择中段的壮实部分，剪取长约10～20厘米的枝条，每根插穗上保留2～3个充实的芽，芽间距离不宜太长。插穗的切口要光滑，上端切口在芽上约0.5～1厘米处，一般呈斜面，斜面的方向是长芽的一方高，背芽的一方低，以免扦插后切面积水，较细的插穗则剪成平面也可。下端切口在靠近芽的下方。下切口有几种切法：平切、斜切和双面切。双面切又有对等双面切、高低双面切和直斜双面切。一般平切养分分布均匀，根系呈环状均匀分布；斜切，根多生于斜口一端，易形成偏根，但能扩大与插壤的接触面积，利于吸收水分和养分；双面切与插壤的接触面积更大，在生

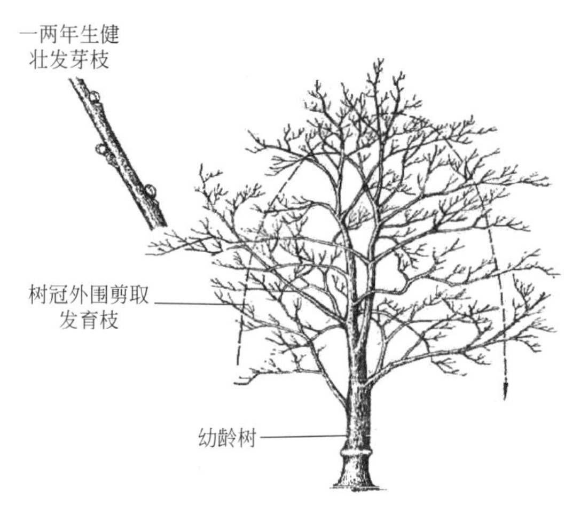

图 3-38　插穗的采集

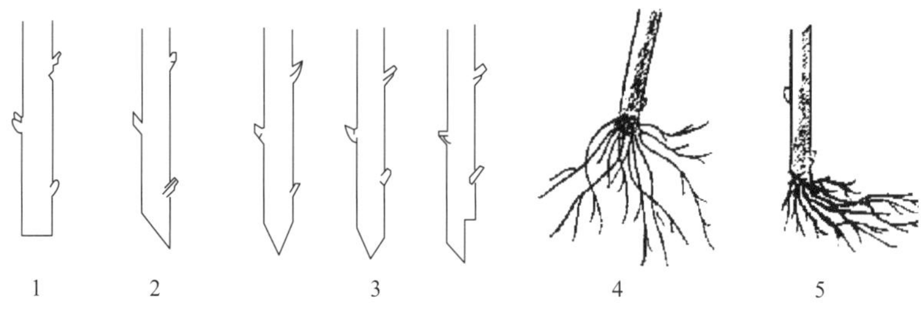

图 3-39　插穗的切口和形状

1—平切；2—斜切；3—双面切；4—下切口平切；5—下切口斜切

根较难的植物上应用较多（图 3-38、图 3-39）。

图 3-40　红叶石楠的硬枝扦插

2. 扦插方法

扦插时直插、斜插均可，但倾斜不能过大，扦插深度约为插穗长度的 1/2～2/3。干旱地区、沙质土壤可适当深些。注意不要碰伤芽眼，插入土壤时不要左右晃动，并用手将周围土壤压实（见图 3-40）。

（二）嫩枝扦插

嫩枝扦插是在生长期中选用半木质化的绿色枝条进行扦插育苗的方法，也叫软材扦插或绿枝扦插。有些观赏灌木用硬枝扦插不易成活，如紫玉兰、蜡梅等，此时可以用嫩枝进行扦插，效果较好。但是对环境条件的要求相对较高，需要更为细致的管理措施。

1. 采条时间

采条时间要掌握适宜。过早由于枝条幼嫩容易腐烂；过迟生长素减少，生长抑制物质含量增加，不利于生根。大部分观赏灌木的采条适期在 5～9 月，具体时间因树种和气候条件而异。在早晨采条较好，为防止枝条干燥，避免在中午采条。一般是随采随插，不宜贮藏。

2. 选择母树及枝条

采条时应选择生长健壮而无病虫害的幼年母树，对难生根的植物，年龄越小越好。试验表明：水杉 3 年生母树所获得的插穗比 1 年生母树的插穗成活率低很多。

3. 插穗的截制

插穗一般要保留 3～4 个芽，长度 5～15 厘米，插穗下切口为平口或斜口，剪口应位于叶或腋芽之下，插穗带叶，阔叶树一般保留 2～3 个叶片，针叶树的针叶可不去掉，下部可带叶插入基质中。在制穗过程中要注意保湿，随时注意用湿润物覆盖或浸入水中。

4. 扦插方法

软枝扦插因其枝条柔嫩，扦插用地更需整理精细，要求疏松。扦插常在插床上进行。插穗一端垂直插入土中，扦插深度应根据树种和插穗长短而定，一般为插条总长的 1/3～1/2。扦插密度以两插穗叶片相接为宜（图 3-41～图 3-43）。

（三）根插

根插是利用一些植物的根能形成不定芽、不定根的特性，用根作

图 3-41 红松嫩枝扦插

图 3-42 金叶女贞嫩枝扦插

图 3-43 仙人掌嫩枝扦插

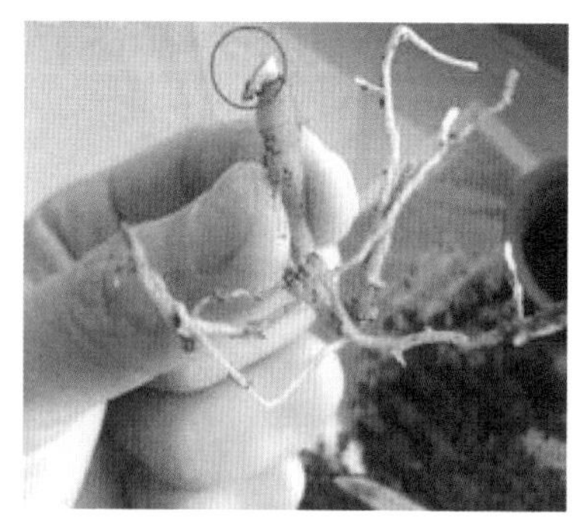

图 3-44 根插形成的不定芽

为扦插材料来繁育苗木的技术。根插可在露地进行，也可在温室内进行。采根的母株最好为幼龄植株或生长健壮的 1～2 年生幼苗。木本植物插根一般直径要大于 3 厘米，过细，储藏营养少，成苗率低，不宜采用。插根根段长 10～20 厘米，草本植物根较细，但要大于 5 毫米，长度 5～10 厘米。根段上口剪平，下口斜剪。插根前，先在苗床上开深为 5～6 厘米的沟，将插穗斜插或平埋在沟内，注意根段的极性。根插一般在春季进行，尤其是北方地区。插条上端要高出土面 2～3 厘米，入土部分就会生根，不入土部分发芽（有些品种全都埋入土中也会发芽），芽一般都由剪口处发出（图 3-44）。根插后要保持盆土湿润，不用遮阴。有些品种 15～20 天即能发芽，如榆树；有些品种可能需要 2 个月左右，如紫薇等，所以要有一定的耐心。

适用于根插的园林花木有：泡桐、楸树、牡丹、刺槐、毛白杨、樱桃、山楂、核桃、海棠、紫玉兰、蜡梅等。可利用苗木出圃残留的下根段进行根插。

（四）草本扦插

草本插条一般长 7～12 厘米，保留上部叶片或者不带叶片。因其生根容易，大部分草本植物都可采用此法繁殖（图 3-45）。草本插穗生根条件和嫩枝插穗生根条件一样，但是需要较高的湿度，提高插穗基部温度也利于生根。草本插穗一般不用生根剂，为了使插穗生根一致、大根系发育一致，也可以使用生根剂处理。有些草本植物产生伤口后，容易流出黏液，如天堂葵、凤梨和仙人掌等，插穗在栽入生根基质中之前，晾干几小时再扦插可以防止组织腐烂。

图 3-45　草本扦插生根

图 3-46　丽格海棠叶片扦插生根

（五）叶插

利用叶脉和叶柄能长出不定根、不定芽的再生机能的特性，以叶片为插穗来繁殖新个体的方法，称为叶插法，如秋海棠类、夹竹桃等。叶插法一般都在温室内进行，所需环境条件与嫩枝扦插相同，属于无性繁殖的一种，生产中应用较少（图 3-46）。

叶插又分为全叶插和片叶插，全叶插是用完整叶片作插穗的扦插方法。剪取发育充分的叶子，切去叶柄，再将叶片铺在基质上，使叶片紧贴在基质上，给予适合生根的条件，在其切伤处就能长出不定根并发芽，分离后即成新植株。还可以带叶柄进行直插，叶片需带叶柄插入基质，以后于叶柄基部形成小球并发根生芽，形成新的个体。全叶插分为两种方式，即平置叶插和直插叶插。

（六）叶芽插

插穗由叶片、叶柄和带腋芽的一短段茎组成。不定根从插穗所带的叶片上产生，叶柄基部的腋芽产生不定芽（图 3-47、图 3-48）。很多种植物都可以用此法来繁殖，如黑悬钩子、柠檬、茶花和杜鹃花等。

图 3-47　橡皮树单芽插生根

图 3-48　菊花单芽插生根

叶芽插主要用于叶插易生根、不易长芽的植物种类，如菊花、八仙化、山茶花、橡皮树、龟背竹、春羽等。叶芽插由于使用的是茎的一部分，所以更加像是茎插，由于只带一个芽，又称单芽插。单芽插比普通茎插更节省插条，但成苗较慢。

七、扦插苗的管理

（一）塑料薄膜覆盖插床

在遮光育苗室或温室中，保持室温在 17～20℃，用聚乙烯塑料薄膜紧贴插穗覆盖，为生根提供良好的环境，使插穗保持较高的湿度。还可用塑料薄膜密封室外的全光照露地生根苗床。

（二）通风高湿度繁殖

在繁殖室安装使空气流通的系统，将增湿器安置在空气流中，以产生雾状的湿气。增湿器最好用振荡增湿器，它可以产生大量的

20～30 微米的雾滴。增湿需在有光照的时间段进行。

（三）插穗生根期间的养护管理

在室外进行的硬枝扦插和根插，诱导插穗生根期间只需常规的养护即可，如保持充足的土壤湿度、控制杂草竞争与病虫害的发生等。插床最好设在向阳、没有树木遮阴的场所。带叶嫩枝插穗、半木质化插穗以及叶芽插和叶插在整个生根期间要注意保持环境具有较高的湿度，不能使之萎蔫。用玻璃覆盖插穗可以保湿，但如果暴露在强光下几个小时，在玻璃下面聚集大量的热量将产生十分有害的高温。因此，用玻璃覆盖时可以采用以布覆盖或用白色涂料涂抹玻璃等方法降低光照强度。

在阳光充足的地区，可采用全光照自动间歇喷雾装置进行扦插育苗，即利用白天充足的阳光进行扦插，以自动间歇喷雾装置来满足插穗生根对空气湿度的要求，保证插穗不萎蔫又有利于生根。使用这种方法对松柏类、常绿阔叶树以及各类花木的硬枝扦插和软枝扦插均可获得较高的生根成活率。但扦插所使用的基质必须是排水良好的蛭石、珍珠岩和粗沙等。目前这种扦插育苗技术在生产上已得到全面推广，并且获得了较好的效果。

第三节 园林苗木的嫁接繁殖

一、嫁接繁殖的定义、特点及适用范围

（一）嫁接繁殖的定义

嫁接繁殖就是将欲繁殖园林苗木的枝条或芽接在另一种植物的茎或根上，使两者结合成为一体，形成一个独立新植株的繁殖方法。通过嫁接繁殖所得的苗木称为“嫁接苗”，它是一个由两部分组成的共生体。供嫁接用的枝或芽称为“接穗”，而承受穗带根的植物部分称为“砧木”。用枝条作接穗的称为“枝接”，用芽作接穗的称为“芽

接”（图 3-49）。

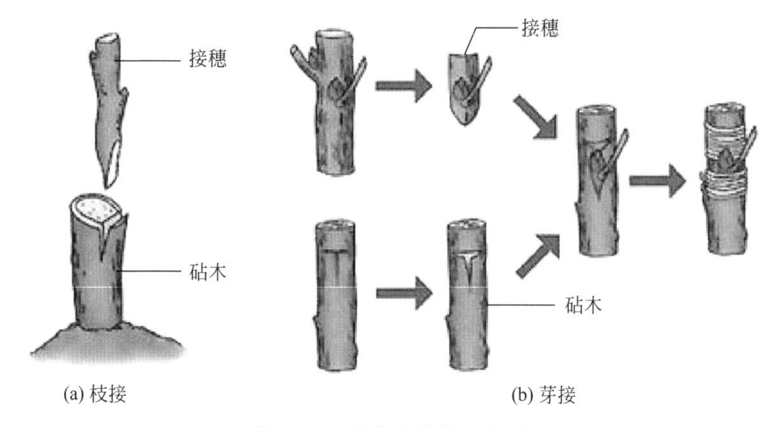

图 3-49　枝接和芽接示意图

（二）嫁接繁殖的特点

1. 嫁接繁殖的优点

（1）克服某些植物不易繁殖的缺点　扦插或压条不易成活的优良品种均可采用嫁接来繁殖后代。

（2）保持原品种优良性状　接穗的繁殖体性状稳定，能保持植株的优良性状，而砧木一般不会对接穗的遗传性产生影响。播种繁殖不能保持优良特性的植物均可以用嫁接繁殖，如矮化观赏碧桃、重瓣梅花等。

（3）能提高接穗品种的抗性　嫁接用的砧木有很多优良特性，提高了接穗的抗病虫害、抗寒性、抗旱性和耐瘠薄性。如牡丹嫁接在芍药上，菊花嫁接在白蒿或青蒿上，西鹃嫁接在毛白杜鹃上等，均提高了接穗的适应能力。

（4）提前开花结实　接穗嫁接时已处于成熟阶段，砧木强大的根系能提供充足的营养，因而接穗生长旺盛，积累了充足的养分。因此，嫁接苗比实生苗或扦插苗生长茁壮，可提早开花结实。

（5）改变植株造型　通过选用砧木可培育出特殊观赏效果的苗木。如利用矮化砧寿星桃嫁接碧桃，利用乔化砧嫁接龙爪柳，利用蔷薇嫁接月季，可以生产出树形月季等。

(6) 成苗快　砧木比较容易获得，且接穗只用一小段枝条或一个芽，因此繁殖期短，可以大量出苗。

(7) 提高观赏性和促进变异　对于仙人掌类植物，嫁接后，砧木和接穗互相影响，接穗的形态比母株更具有观赏性。有些嫁接种类由于遗传物质相互影响，发生了变异，产生了新种。如著名的龙凤牡丹，就是绯牡丹嫁接在量天尺上发生的变异品种。

2. 嫁接繁殖的缺点

(1) 局限性　嫁接主要适合于双子叶植物，单子叶植物嫁接较难成活，即使成活，寿命也较短。

(2) 费工费时　嫁接和管理需要一定的人力和时间，而且砧木的培育也耗费一定的人力资源。

(3) 技术性强　嫁接是一项技术性较强的工作，需要培养熟练的技术工人。

(三) 嫁接繁殖的适用范围

在园林植物种苗生产实践中，嫁接主要用于不能或不易用播种、分生、扦插等方法进行繁殖的植物类型。如月季、桂花、山茶等的苗木生产；不含叶绿素的紫色、红色、粉色、黄色等仙人掌类品种的生产，必须依赖绿色砧木才能生存；适应性差、生长势弱但观赏价值较高品种的保存或扩繁；需要进行特殊造型的植物，如以黄蒿作砧木进行塔菊（大立菊）的培养；在直立砧木上嫁接垂枝柳、垂枝桃、龙爪槐、蟹爪兰、仙人指等创造下垂造型；在同一砧木上嫁接不同花形或花色的花，实现特殊的观赏需求；嫁接还用于园林树种进行品种更换或对古树名木的树形、树势进行恢复补救等。

(四) 嫁接繁殖的历史

嫁接起源于自然界，在自然界中常常可以看到自然嫁接的现象，即树木的枝条交错生长，由于风吹，枝条相互摩擦而受伤，其受伤面自然愈合在一起，形成了人们常说的“连理树”或“连理枝”，两棵树木的根靠近生长，长期也会形成“连理根”。这种连理现象即天然的靠接，观察发现，形成连理枝或连理根的植株，一般都生长旺盛。

人们从“连理枝”上得到启发，人为地把树木的两个枝条割伤表皮后靠在一起，就产生了嫁接技术。由此可知，是先有靠接以后才发展出多种其他嫁接方法的。我国是世界上最早应用嫁接（枝接）技术的国家，最早的有关嫁接的记载见《尚书·禹贡》：“橘逾淮北而为枳。”据推论，橘是嫁接在枳上的，移到淮北，由枳发育的橘不耐冷而冻死，耐寒的枳又萌发，橘又变成枳了。我国的嫁接技术有三千年的历史，是据此推测的。我国明确记载嫁接技术见于公元前1世纪氾胜之所著《氾胜之书》，书中有用靠接法生产大瓢的详细记述。到5世纪我国嫁接技术已发展到相当水平，北魏时贾思勰在《齐民要术》中已有梨、柿的嫁接方法，南宋《陈旉农书》中有桑树嫁接，欧阳修在《洛阳牡丹记》中有牡丹嫁接，以后《王祯农书》《群芳谱》《花镜》中的嫁接方法已非常详细，很多技术到现在一直沿用着。

二、嫁接繁殖的生理基础

园林苗木嫁接能否成活，取决于砧木和接穗二者的削面，特别是形成层间能否互相密接产生愈伤组织，并进一步分化产生新的输导组织而相互连接。愈合是嫁接成活的首要条件，而形成层和薄壁细胞的活动，对嫁接愈合成活具有决定性作用。

嫁接时，砧木和接穗接触面上的破碎细胞与空气接触，其残壁和内含物即被氧化，原生质被破坏，产生凝聚现象，形成隔离层，它是在伤口的部分表面上的一层褐色的坏死组织。隔离层形成后，由于愈伤激素的作用，使伤口周围的细胞生长和分裂，形成层细胞也加强活动，并使隔离层破裂形成愈伤组织（图3-50）。如果砧木和接穗的形成层配合很好，那么它们产生的愈伤组织可以很快连接，并会加速新形成层的形成。嫁接成活的关键在于尽量扩大砧木和接穗形成层的接触面。接触面愈大，接触愈紧密，输导组织沟通愈容易，成活率也愈高。

三、嫁接成活的影响因素

（一）内因

1.嫁接亲和力

嫁接亲和力是指砧木和接穗两者接合后愈合生长的能力。具体地

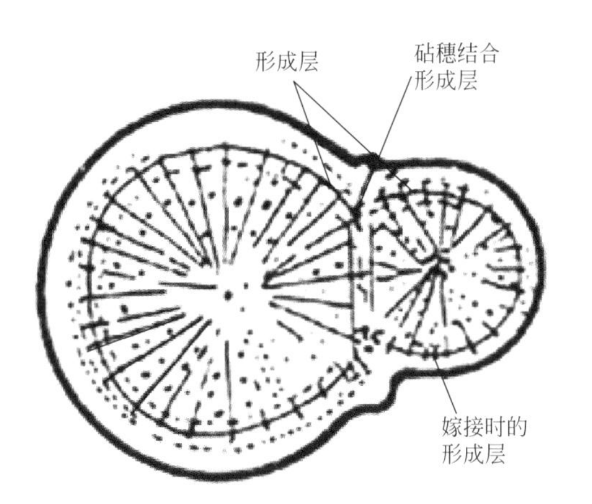

图 3-50　嫁接的愈合过程

说，就是砧木和接穗在内部的组织结构、生理和遗传特性上彼此相同或相似，从而能互相结合在一起的能力。嫁接亲和力是嫁接成活的关键，不亲和的组合，再熟练的嫁接技术和适宜的外界环境条件也不能成活。一般说来，影响嫁接亲和力大小的主要因素是接穗、砧木之间的亲缘关系。如同品种之间进行嫁接（称为共砧），亲和力最强；同树种不同品种之间嫁接，亲和力稍差；同属异种则更次之；同科异属的，一般来说其亲和力更弱。但也有些树种，异属之间的嫁接成活率也是较高的，如桂花嫁接在女贞上，贴梗海棠嫁接在杜梨上，都能成活。因此，嫁接亲和力不一定完全取决于亲缘关系，也有其他遗传性状支配的情况。

2. 砧木和接穗的生长特性

砧木生长健壮，体内储藏物质丰富，形成层细胞分裂活跃，嫁接成活率就高。砧木和接穗在物候期上的差别与嫁接成活也有关，凡砧木较接穗萌动早，能及时供应接穗水分和养分的，嫁接成活率较高；相反，如果接穗比砧木萌动早，易导致失水枯萎，嫁接不易成活。此外，有时由于砧木、接穗在代谢过程中产生树胶、单宁或其他有毒物质，也会阻碍愈合。例如，山桃、山杏为砧木进行芽接时常常流出树液，而使砧、穗产生隔离；在嫁接核桃、柿子时常因有单宁而影响成活。

（二）外因

1. 温度

嫁接后砧木和接穗要在一定的温度下才能愈合。不同园林植物的愈合对温度要求也不一样。一般园林植物愈伤组织生长的最适温度在25℃左右，不同园林植物愈伤组织生长的最适温度与该园林植物萌发、生长所需的最适温度密切相关。物候期早的如连翘、榆叶梅等愈伤组织生长最适温度相对较低，20℃左右即有利于其成活，物候期中等的如海棠等则在20～25℃时有利于愈伤组织的形成和嫁接成活，物候期稍晚的如珍珠梅等愈合需要的温度则更高，可以达到25℃以上。所以，在春季进行枝接时，各园林植物进行的次序，主要依此来确定。夏、秋季芽接时，温度都能满足愈伤组织的生长，先后次序不很严格，主要是依砧木、接穗停止生长时间的早晚或是依产生抑制物质（单宁、树胶等）多少来确定芽接的早晚。

2. 湿度

湿度对嫁接成活的影响很大。空气湿度接近饱和，对愈伤组织形成最为适宜。砧木因根系能吸收水分，通常能形成愈伤组织，但接穗是离体的愈伤组织，因薄壁组织嫩弱，不耐干燥，湿度低于饱和点，会使细胞干燥，时间一久，引起死亡。水分饱满的细胞比萎蔫细胞更有利于愈伤组织增殖。因此，生产上用接蜡或塑料薄膜保持接穗的水分，有利于组织愈合，土壤湿度、地下水的供给也很重要。嫁接时，如若土壤干旱，应先灌水增加土壤湿度，一般土壤含水量在14.0%～17.5%时最适宜。

3. 空气

在接合部内产生愈伤组织时需要氧气，因为细胞迅速分裂和生长往往伴随着较高的呼吸作用。空气中的氧气在12%以下或20%以上都会妨碍呼吸作用的进行。在生产实践中往往湿度的保持和空气的供应成为对立的矛盾，因此，在嫁接后保湿时，要注意土壤含水量不宜过高，或以土壤含水量的高低来调节培土的多少，保证愈伤组织生长所要求的空气和湿度条件。

4. 光线

光线对愈伤组织生长起着抑制作用，黑暗的条件下，接口处愈伤组织生长多且嫩、颜色白，愈合效果好，光照条件下，愈伤组织生长少且硬、色深，易造成砧、穗不易愈合。因此，在生产中，嫁接后创造黑暗条件，有利于愈伤组织的生长，可促进嫁接成活。

5. 嫁接技术

此外，嫁接技术人员的嫁接技术对嫁接成活也有着非常重要的影响。生产上对工作人员常要求“紧、净、齐、快、平”。

 知识链接：

快：即砧木、接穗制作要快。

齐：砧木和接穗的形成层要对齐。

净：即砧木和接穗形成的削面要干净，没有脏东西。

平：即砧木和接穗的削面要平整。

紧：砧木和接穗的形成层对齐以后，要绑扎紧，以免动摇。

图 3-51 为影响嫁接成活的诸因素间的相互关系。

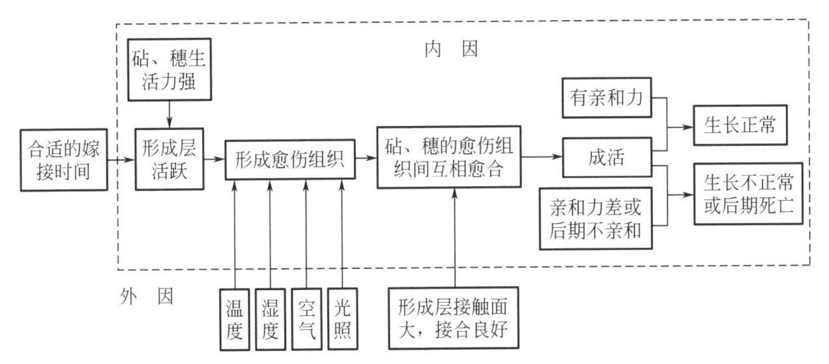

图 3-51 影响嫁接成活的诸因素间的相互关系图

（引自丁彦芬《园林苗圃学》）

四、砧木和接穗的相互影响和选择

（一）砧木和接穗的相互影响

1. 砧木对接穗的影响

一般砧木都具有较强和广泛的适应能力，如抗旱、抗寒、抗涝、抗盐碱、抗病虫等，因此能增加嫁接苗的抗性。如用海棠作苹果的砧木，可增加苹果的抗旱和抗涝性，同时也可增加对黄叶病的抵抗能力；枫杨作核桃的砧木，能增加核桃的耐涝和耐瘠薄性。有些砧木能控制接穗长成植株的大小，使其乔化或矮化。能使嫁接苗生长旺盛、高大的砧木称为乔化砧，如山桃、山杏是梅花、碧桃的“乔化砧”；相反，有些砧木能使嫁接苗生长势变弱、植株矮小，称为“矮化砧”，如寿星桃是桃和碧桃的矮化砧。一般乔化砧能推迟嫁接苗的开花、结果期，延长植株的寿命；矮化砧则能促进嫁接苗提前开花、结实，缩短植株的寿命。

2. 接穗对砧木的影响

嫁接后砧木根系的生长靠接穗所制造的养分，因此接穗对砧木也会有一定的影响。例如杜梨嫁接成梨后，其根系分布较浅，且易发生根蘖。

（二）砧木和接穗的选择

1. 砧木的选择

选择性状优异的砧木是培育优良园林树木的重要环节。选择砧木的条件是：

① 与接穗亲和力强。

② 对接穗的生长和开花有良好的影响，并且生长健壮、丰产、花艳、寿命长。

③ 对栽培地区的环境条件有较强的适应性。

④ 容易繁殖。

⑤ 对病虫害抵抗力强。

砧木的培育，多以播种的实生苗为好，实生苗根系深、抗性强、寿命长且易于大量繁殖。但对于种子来源少或不易进行种子繁殖的树种也可采用扦插、分株、压条等营养繁殖苗作为砧木。

砧木的大小、粗细、年龄与嫁接成活和接后的生长有密切关系。实践证明：一般花木和果树所用的砧木，粗度以 1～3 厘米为宜；生长快而枝条粗壮的核桃等，砧木宜粗；而小灌木及生长慢的观赏灌木如山茶、桂花等，砧木可稍细。砧木的年龄以 1～2 年生者为最佳，生长慢的树种也可用 3 年以上的苗木作砧木，甚至可用大树进行高接换头，但在嫁接方法和接后管理上应做相应的调整和加强。

2. 接穗的选择

接穗应选自性状优良、生长健壮、观赏价值或经济价值高、无病虫害的成年树。

五、嫁接时期

嫁接的时期与各树种的生物学特性、物候期和选用的嫁接方法有密切关系，掌握树种的生物学特性，选用适当的嫁接方法，在适当的嫁接时期进行嫁接是保证嫁接成活率的关键。凡是生长季节都可进行嫁接，只是在不同的时期所采用的方法不同。也有在休眠期的冬季进行嫁接的，实际上是把接穗贮存在砧木上，但不便管理，一般不常采用。

目前在生产实践中，枝接一般在春季3～4月，芽接一般在夏秋季6～8月，但也有在春季用带木质部芽接或夏季用嫩枝枝接的，都能成活。加上冬季可以进行室内嫁接，所以说嫁接一年四季都能进行，但一般以表3-2所列时间最为适宜。

表3-2　不同嫁接方法适宜的嫁接时期

嫁接方法	适宜时期
芽接	6月下旬至8月上旬,砧木接穗均离皮
带木质部芽接	3月下旬至4月上中旬,砧木接穗不离皮
枝接	3月下旬至4月上中旬,砧木接穗不离皮
插皮接与插皮舌接	4月下旬至5月中旬,砧木接穗均离皮

六、嫁接前的准备工作

在选好适宜的砧木和采集好接穗后，主要进行嫁接工具、包扎和覆盖材料的准备工作。

（一）用具、用品的准备

1. 劈接刀

劈接刀用来劈开砧木切口。其刀刃用以劈砧木，其楔部用以撬开砧木的劈口（图3-52）。

图 3-52　劈接刀

2. 手锯

手锯用来锯较粗的砧木（图 3-53）。

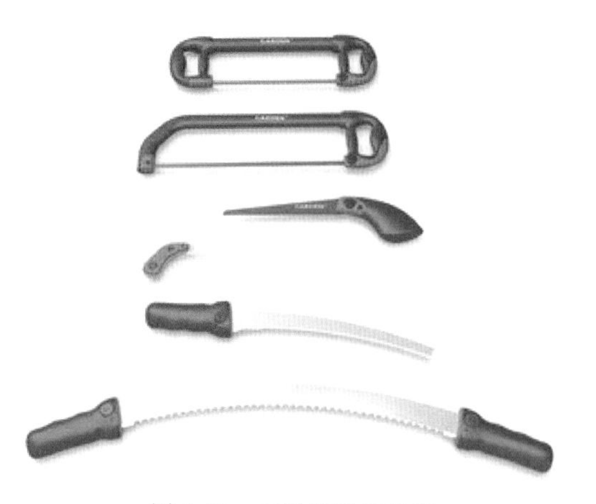

图 3-53　不同类型的手锯

3. 枝剪

枝剪用来剪接穗和较细的砧木（图 3-54）。

4. 芽接刀

芽接时用芽接刀来削接芽和撬开芽接切口。芽接刀的刀柄有角质片，在用它撬开切口时，不会与树皮内的单宁发生化学变化（图 3-55）。

5. 铅笔刀或刀片

铅笔刀或刀片用来切削草本植物的砧木和接穗。

图 3-54　枝剪

图 3-55　芽接刀

6. 水罐和湿布

水罐和湿布用来盛放和包裹接穗。

7. 绑缚材料

绑缚材料用来绑缚嫁接部位，以防止水分蒸发，使砧木、接穗能够密接紧贴。常用的绑缚材料有塑料条带、马蔺、蒲草、棉线、橡皮筋等。

8. 接蜡

接蜡用来涂盖芽接的接口，以防止水分蒸发和雨水浸入接口。接蜡有固体和液体两种。

(1) 固体接蜡　其原料为松香 4 份、黄蜡 2 份、动物油（或植物油）1 份。配制时，先将动物油加热熔化，再将松香、黄蜡倒入，并加以搅拌，至充分溶化即成。固体接蜡平时结成硬块，用时需加热熔化。

(2) 液体接蜡　其原料为松香 8 份、酒精 1 份、动物油 3 份、松节油 0.5 份。配制时，先将松香和动物油放入锅内加热，至全部熔化后，稍稍放冷，将酒精和松节油慢慢注入其中，并加以搅拌即成。使用时，用毛笔蘸取涂抹接口，见风即干。

上述用具、用品中，各种刀剪在使用前应磨得十分锋利。这和嫁接成活率有密切关系，必须十分重视。

七、嫁接方法

嫁接方法很多，多数情况下根据所用的接穗的木质化程度等分成枝接和芽接，下面分别介绍。

知识链接：

嫁接一般分四步：
① 削接穗，不同嫁接方法其接穗具有不同的要求和形状；
② 断砧木，在不同的高度和位置处理砧木；
③ 嫁接，形成层对齐；
④ 绑扎，牢固，使其愈合生长。

（一）枝接

凡是以带芽的枝条为接穗的嫁接方法统称为枝接。其优点是嫁接苗生长较快，在嫁接时间上不受树木离皮与否的限制，春季可及早进行，嫁接苗当年萌发，秋季可出圃。但不如芽接节省接穗，嫁接技术也较复杂。常用的枝接方法主要有以下几种：

1. 切接法

切接法是枝接中最常用的方法，适用于大多数观赏灌木（见图3-56）。砧木宜选用切口直径1～2厘米粗的幼苗，在距地面一定高度处断砧，削平切面后，在砧木一侧垂直下刀（略带木质部，在横断面上约为直径的1/5～1/4），深达2～3厘米。砧木切好后，再剪取接穗，以保留2～3个芽为原则，长度10～15厘米。把接穗正面削一刀长约3厘米的斜切面，在长削面背面再削一短切面，长1厘米，接穗上端的第一个芽应在小切面的一边。将削好的接穗插入砧木切口处，使形成层对准，砧、穗的削面紧密结合，再用塑料条等捆扎物捆好，必要时可在接口处涂上接蜡或泥土，以减少水分蒸发。一般接后都采用埋土办法来保持湿度。

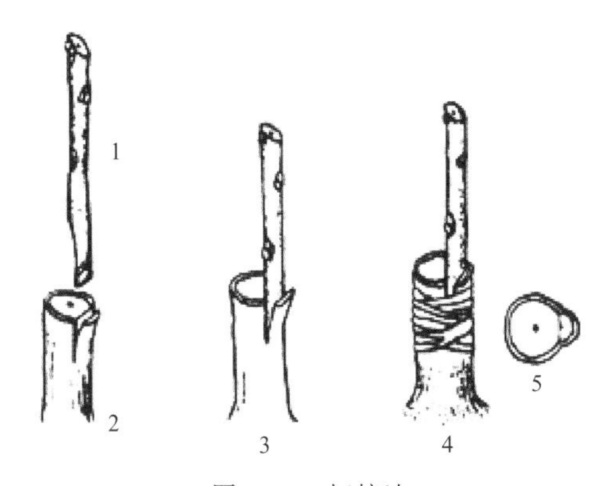

图 3-56　切接法

1—削接穗；2—削砧木；3—接合；4—绑扎；5—愈合表现

2. 劈接法

劈接法又称割接法，接法与切接略同，适用于大部分观赏灌木，尤其是落叶灌木。要求选用砧木的粗度为接穗粗度的 2～5 倍。砧木自地面一定高度处截断后，在其横切面上的中央垂直下切，劈开砧木，切口长达 2～3 厘米。接穗下端则两侧切削，呈一楔形，切口长 2～3 厘米。将接穗插于砧木中，靠在一侧，使形成层对准，砧木粗时可同时插入多个接穗，用绑扎物捆紧。由于切口较大，要注意埋土，防止水分蒸发影响成活（见图 3-57）。

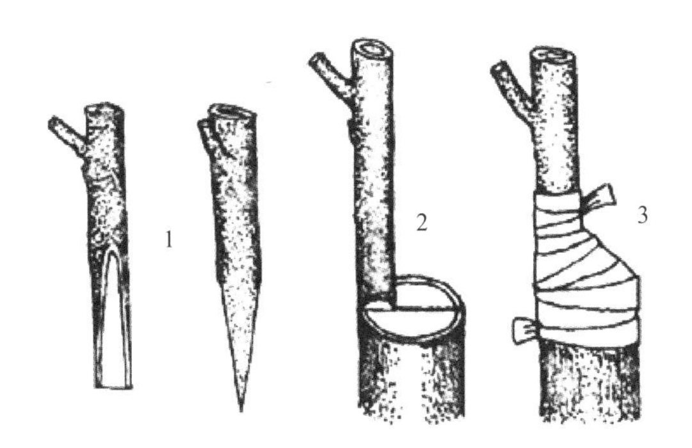

图 3-57　劈接法

1—削接穗；2—切砧木嫁接；3—绑扎

3. 插皮接

插皮接是枝接中最易掌握、成活率最高、应用也较广泛的一种方法。但要在砧木容易离皮的情况下才能进行，适用于径较粗的砧木，砧木太细不可用插皮接。在观赏苗木生产上用此法高接和低接的都有。一般在距地面5～8厘米处断砧，削平断面，选平滑顺直处，将砧木皮层垂直切一小口，长度比接穗切面略短。接穗下端削成长3～5厘米的斜面，厚0.3～0.5厘米，背面末端削一0.5～0.8厘米的小斜面，削好后的接穗上应保留2～3个芽。嫁接时，将削好的接穗在砧木切口处沿木质部与韧皮部中间插入，长削面朝向木质部，并使接穗背面对准砧木切口正中，削面上部也要“留白”0.3～0.4厘米。如果砧木较粗或皮层韧性较好，砧木也可不切口，直接将削好的接穗插入皮层即可，最后用塑料薄膜条绑缚（见图3-58）。

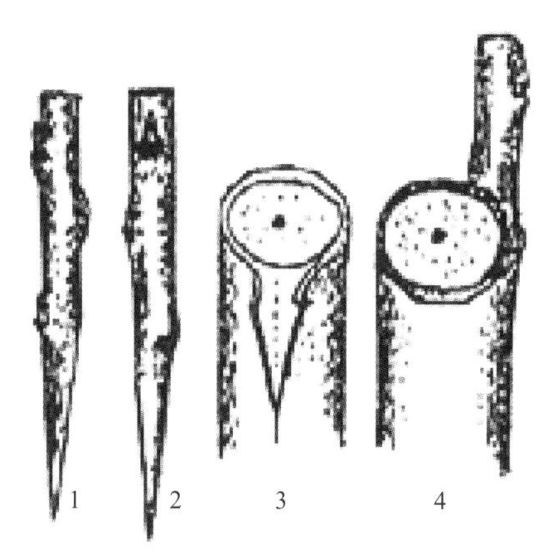

图3-58　插皮接

1—削接穗；2—削接穗；3—切砧木；4—接合

4.腹接法

腹接法也称为腰接，是在砧木腹部进行的枝接。砧木嫁接之前不用断砧，嫁接愈合成活之后再断砧，即剪去上部枝条。腹接多在生长季节进行，常用于针叶观赏灌木的嫁接。砧木的切削应在适当的高度，选择平滑面，自上而下深切一刀，切口深入本质部，达砧木直径的1/3左右，切口长2～3厘米，此种削法为普通腹接；亦可将砧木横切一刀，竖切一刀，呈一“T”字形切口，把接穗插入，绑扎即可，此法为皮下腹接（见图3-59）。

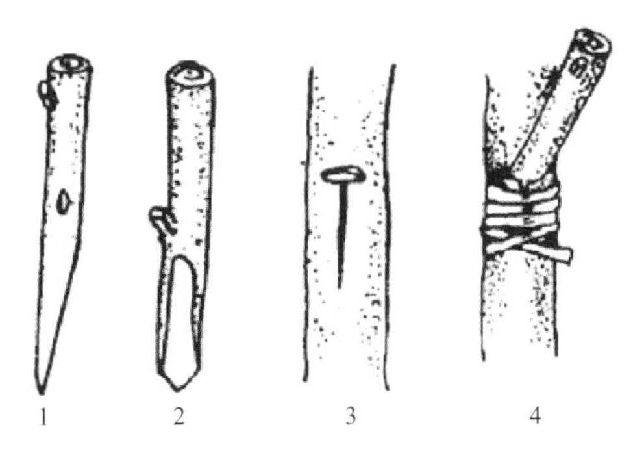

图 3-59 腹接和皮下腹接（引自丁彦芬《园林苗圃学》）

1—削接穗；2—削砧木；3—接合；4—绑扎

5. 合接和舌接

合接和舌接适用于较细的砧木、接穗，砧木和接穗的粗度最好一致或相近。

合接即将接穗和砧木各削成一长度约为 3～5 厘米的斜削面，把二者削面对准形成层对搭起来，绑扎严密即可，注意绑扎时不要错位（图 3-60）。

舌接的砧木、接穗削法与合接相同。只是削好后再于各自削面距顶端中央处纵切，深度约为削面长度的 1/3，呈舌状。接时将砧木、接穗各自的舌片插入对方的切口，并使形成层吻合（至少对准一边），然后进行绑捆包扎、保湿（见图 3-61）。

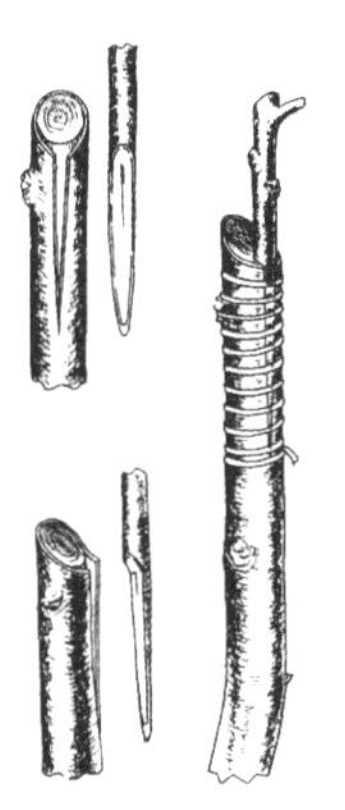
图 3-60 合接

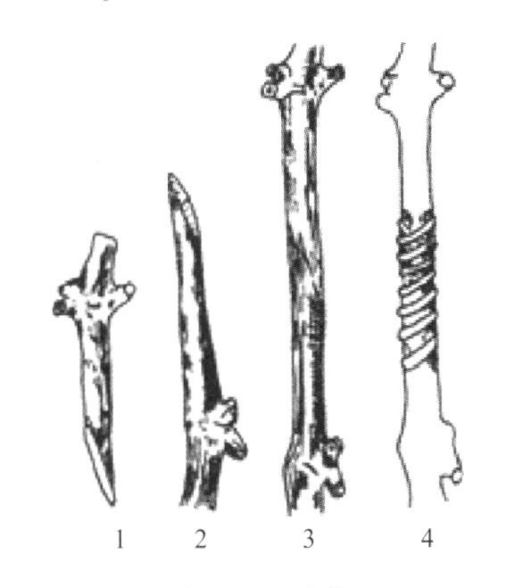

图 3-61 舌接

1—接穗形状；2—砧木形状；3—接合状；4—绑扎

6. 靠接法

靠接法主要用于嫁接亲和力差、嫁接难成活的砧木和接穗之间的嫁接愈合。在生长季节，将砧木和接穗安排在一起种植，在二者相邻的光滑部位各削一长度 3～6 厘米的斜切面，深达木质部，将双方形成层相互对准，用塑料条绑缚严密（见图 3-62）。

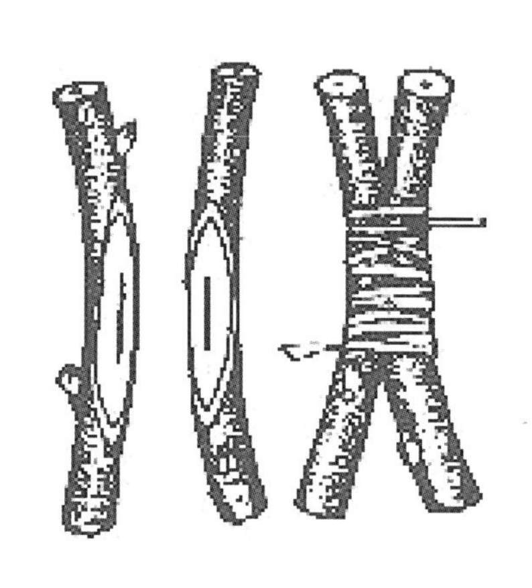

（a）平面靠接

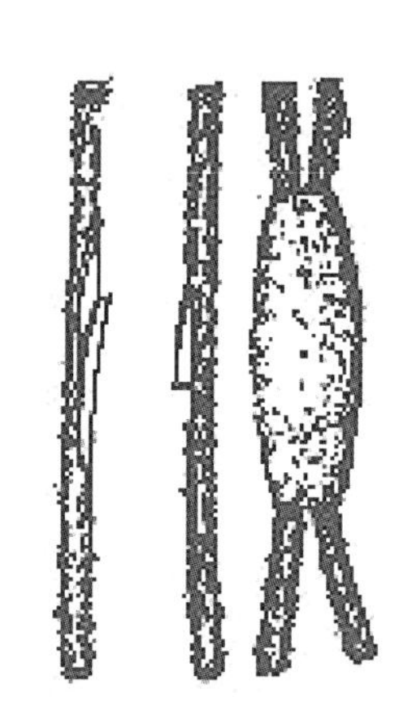

（b）舌面靠接

图 3-62　靠接

7. 髓心形成层对接法

多用于针叶树的嫁接。以砧木的芽才开始膨胀时为最佳时间，秋季新梢木质化时嫁接效果也不错。首先，剪取带顶芽约 8～10 厘米的 1 年生枝作接穗，保留顶芽以下 10 余束针叶和 2～3 个轮生叶，其余针叶全部剪除。其次，利用主干顶端 1 年生枝作砧木，在略粗于接穗的部位摘掉针叶，其摘去针叶部分的长度略长于接穗削面。再次，从上向下沿形成层或略带木质部切削，削面长度皆同接穗削面，下端斜切一刀，去掉切开的砧木皮层，斜切长度与接穗小斜面相当。最后，将接穗长削面向里，使形成层对齐，小削面插入砧木切面的切口内，用塑料薄膜条绑扎严密。待接穗成活后，再剪去砧木枝头。为保持接穗萌发枝的生长优势，可用摘心法控制砧木各侧生枝的生长势（见图 3-63）。

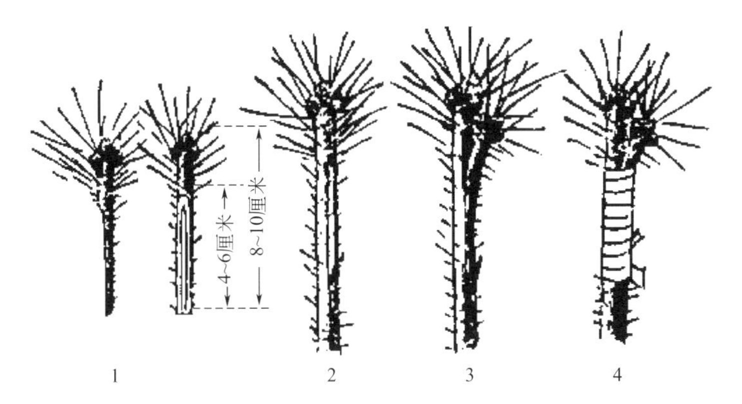

图 3-63　髓心形成层对接法

1—削接穗；2—削砧木；3—接合；4—绑扎

（二）芽接

凡是用芽作接穗的嫁接方法，都称为芽接。芽接法的优点是：节省接穗，砧木用1年生苗即能嫁接，接合牢固，愈合容易，成活率高，且操作简单，可嫁接的时间长，未成活的可补接，便于大量繁殖苗木。依据取芽的形状和接合方式的不同，常见如下几种方法：

1.“T”字形芽接

“T”字形芽接又叫“盾状芽接”，是最常用的嫁接方法，适用于各种观赏灌木。芽接时，采取当年生新鲜枝条为接穗，除去叶片，留有叶柄。按顺序自接穗上切取盾形芽片。削芽片时先从芽上方0.5厘米左右横切一刀，刀口长约0.8～1厘米，深达木质部。再从芽片下方1厘米左右连同木质部向上切削到横切口处取下芽。取芽一般不带木质部。然后，于砧木距地面5～8厘米的光滑部位横切一刀，长约1厘米左右，深度以切断皮层为准，再从横切口中间向下垂直切一刀，使切口呈“T”字形。用芽接刀后部撬开切口皮层，手持芽片的叶柄把芽片插入切口皮层内，使芽片上边与“T”字形的切口横边对齐。最后用塑料薄膜条将切口自下而上绑扎好（见图3-64、图3-65）。

2.方块芽接

与“T”字形芽接相比较，此法操作复杂，一般树种多不选用。

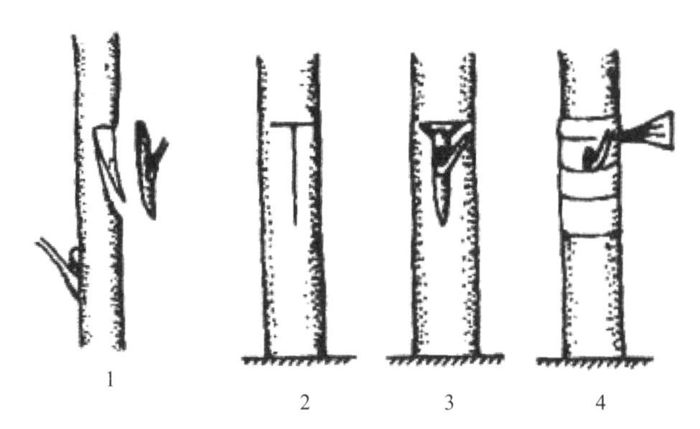

图 3-64　T 字形芽接

1—取芽；2—切砧；3—装芽片；4—包扎

图 3-65　T 字形芽接是目前月季生产最流行的方式

但这种方块形芽片因为与砧木的接触面大，有利于成活，因此适用于嫁接较难成活的观赏灌木。

方块芽接时，在接穗上切削深达木质部的长方形芽片，一般长 1.8～2.5 厘米，宽 1～1.2 厘米，先不取下来，在砧木上按接芽上下口的距离，横切相应长短的皮层，并在右边竖切一刀，掀开皮层，然后再把接芽取下，放进砧木切口，使右边切口互相对齐，在接芽左边把砧木皮层切去一半，留下的砧木皮仍包住接芽，最后加以绑缚（见图 3-66、图 3-67）。

3. 嵌芽接

嵌芽接也叫带木质部芽接，当不便于切取芽片时常采用此法，适合春季进行嫁接。可比枝接节省接穗，成活良好，适用于大面积育

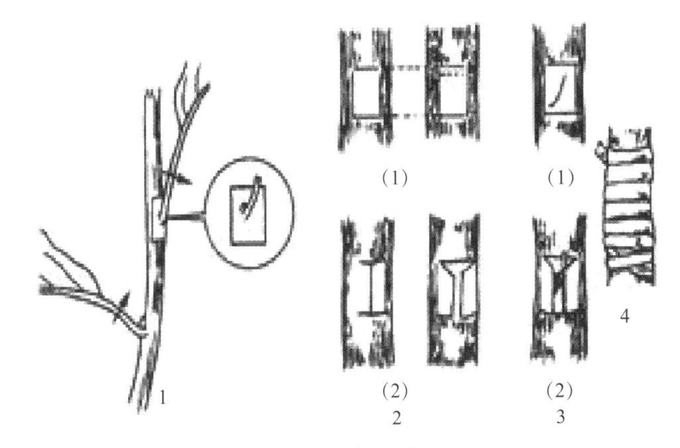

图 3-66　方块芽接

1—削接穗；2—接穗形状；3—接合；4—绑扎

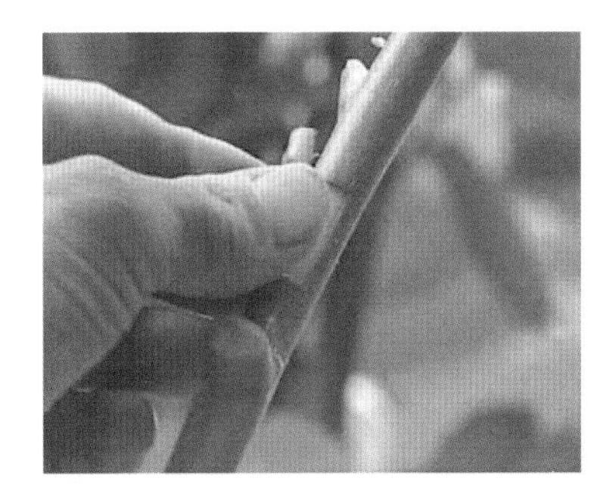

图 3-67　核桃方块芽接

苗。接穗上的芽，自上而下切取，在芽的上部往下平削一刀，在芽的下部横向斜切一刀，即可取下芽片，一般芽片长 2～3 厘米，宽度不等，依接穗粗细而定。砧木的切削是在选好的部位由上向下平行切下，但不要全削掉，下部留有 0.5 厘米左右，将芽片插入后把这部分贴到芽片上捆好。在取芽片和切砧木时，尽量使两个切口大小相近，形成层上下左右部分都能对齐，才有利于成活（见图 3-68）。

4. 环状芽接

环状芽接又称套芽接，于春季树液流动后进行，适用于皮部易于脱离的树种。砧木先剪去上部，在剪口下 3 厘米左右处环切一刀，拧去此段树皮。在同样粗细的接穗上取下等长的管状芽片，套在砧木的去皮部分，勿使皮破裂，不用捆绑也可。此法由于砧、穗接触面大，形成层易愈合，可用于嫁接较难成活的树种（见图 3-69）。

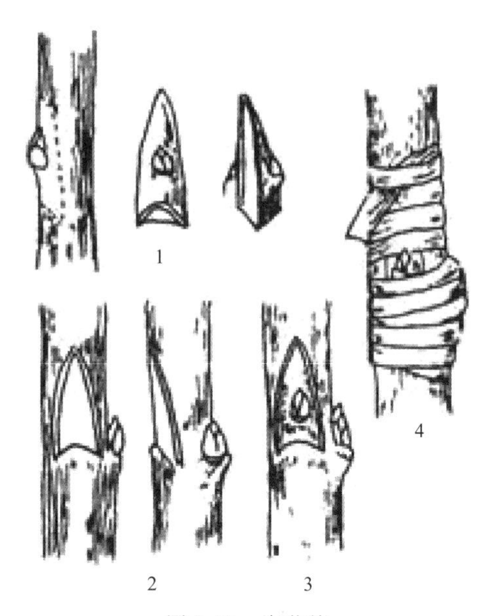

图 3-68　嵌芽接

1—取芽片；2—芽片形状；3—嵌贴芽片；4—绑扎

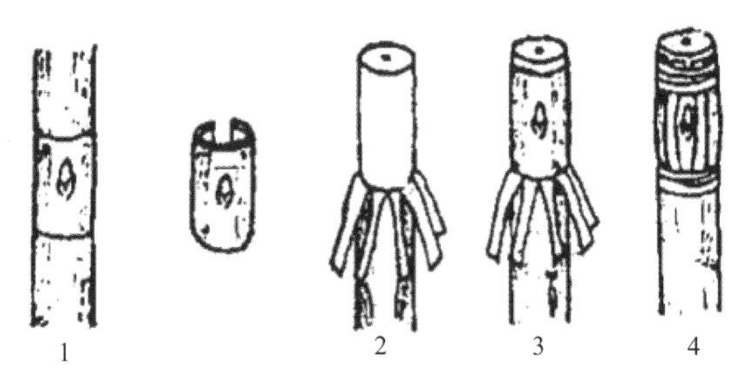

图 3-69　套芽接

1—削接穗；2—砧木形状；3—接合；4—绑扎

八、嫁接苗的管理

（一）检查成活率及松除捆扎物

枝接一般在接后 3～4 周可进行成活率的检查，接活后接穗上的芽新鲜、饱满，甚至已经萌动，接口处产生愈伤组织（图 3-70）；未成活则接穗干枯或变黑腐烂（图 3-71）。对未成活的可待砧木萌生新

图 3-70　嫁接成活

图 3-71　嫁接失败

枝后，于夏秋采用芽接法进行补接。在进行成活率检查时，可将绑扎物解除或放松，接后进行埋土的，扒开检查后仍需以松土略加覆盖，防止因突然暴晒或吹干而死亡。待接穗萌发生长，自行长出土面时，结合中耕除草，平掉覆土。

（二）剪砧和除萌

芽接成活后，必须进行剪砧，以促进接穗的生长。一般观赏树种大多剪砧一次即可，而对于经过腹接或成活比较困难的观赏灌木，不可急于剪砧，也可以经过二次剪砧，即先剪去一小部分，以帮助吸收水分和制造养分，用砧木的养分来辅养接穗（图 3-72）。

嫁接成活后，往往在砧木上还会萌发不少萌蘖，与接穗同时生长，这对接穗的生长很不利。对这些砧木上产生的萌蘖，均需及时去除（图 3-73）。

图 3-72　剪砧

图 3-73　嫁接除萌

（三）立柱扶持

接穗在生长初期很娇嫩，如果受到损伤，常常前功尽弃，故需及时立支柱将接穗轻轻缚扎住，进行扶持。这项工作较费人工和材料，但必须进行。特别是皮下接，接口不牢固，要给予足够重视。在大面积嫁接时可采用降低接口部位（距地面5厘米左右），在接口部位培土的方法解决。另外，在嫁接时可选择在主风向的一面枝条上进行嫁接，对于防止接穗被风吹折有一定的效果。

（四）其他管理

水、肥及病虫害防治等管理措施与一般育苗相同。

第四节 园林苗木的其他繁殖方法

一、园林苗木的分株繁殖

在园林苗木的培育中，分株繁殖法适用于易生根蘖或茎蘖的园林苗木种类。珍珠梅、黄刺玫、绣线菊、迎春等灌木树种，多能在茎的基部长出许多茎芽，也可形成许多不脱离母体的小植株，这就是茎蘖，这类花本都可以形成大的灌木丛。把这些大灌木丛用刀或铣分别切成若干个小植丛进行栽植，或把根部从母树上切挖下来使形成新的植株，这种从母树分割下来而得到新植株的方法就是分株繁殖。

（一）分株时间

分株繁殖主要在春秋两个季节进行，适用于可观赏的花灌木种类。因为要考虑后期花的观赏效果，一般春季开花植物宜在秋季落叶后进行，而秋季开花植物应在春季萌芽前进行。

（二）分株方法

1. 侧分法

在母株一侧或两侧将土挖开，露出根系，然后将带有一定基干（一般1～3个）和根系的萌株带根挖出，另行栽植（见图3-74）。用此种方法，挖掘时注意不要对母株根系造成太大的损伤，以免影响母株的生长发育，减少以后的萌蘖。

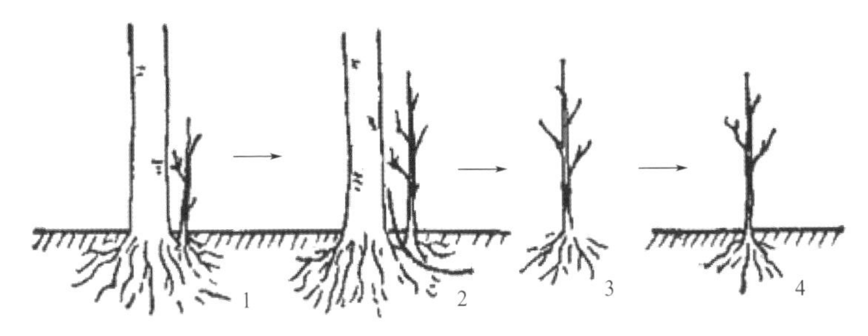

图3-74 侧分法

1—根蘖苗；2—切断根系；3—另行栽植；4—成苗

2. 掘分法

将母株全部带根挖起，用利刀或利斧将母株根部分成几份，每份的地上部均应各带1～3个基干，地下部带有一定数量的根系，分株后适当修剪，再另行栽植（见图3-75）。

另外，分株繁殖可结合出圃工作进行。在对出圃苗木的质量没有影响的前提下，可从出圃苗上剪下少量带有根系的分蘖枝，进行栽植培养，这也是分株繁殖的一种形式（图3-76）。

图3-75 掘分法

图3-76 分蘖繁殖

分株繁殖简单易行，成活率高；但繁殖系数小，不便于大量生产，多用于名贵花木的繁殖或少量苗木的繁殖。

二、压条繁殖

压条繁殖是将未脱离母体的枝条压入土内或在空中包以湿润材料，待生根后把枝条切离母体，使成为独立新植株的一种繁殖方法。此法简单易行，成活率高；但受母株的限制，繁殖系数较小，且生根时间较长。因此，压条繁殖多用于扦插繁殖不易生根的树种，如玉兰、桂花、米仔兰等。

（一）低压法

根据压条的状态不同又分为普通压条法、水平压条法、波状压条法及壅土压条法。

1. 普通压条法

普通压条法是最常用的一种压条方法。适用于枝条离地面比较近而又易于弯曲的园林苗木种类，如夹竹桃、栀子花、大叶黄杨等。方法是将近地面的一、二年生枝条压入土中，顶梢露出土面，被压部位深约8～20厘米，视枝条大小而定，并将枝条刻伤，促使其发根。枝条弯曲时注意要顺势不要硬折。如果用木钩（枝杈也可）钩住枝条压入土中，效果更好。待其被压部位在土中生根后，再与母株分离（图3-77）。这种压条方法一般一根枝条只能繁育一株幼苗，且要求母株四周有较大的空地。

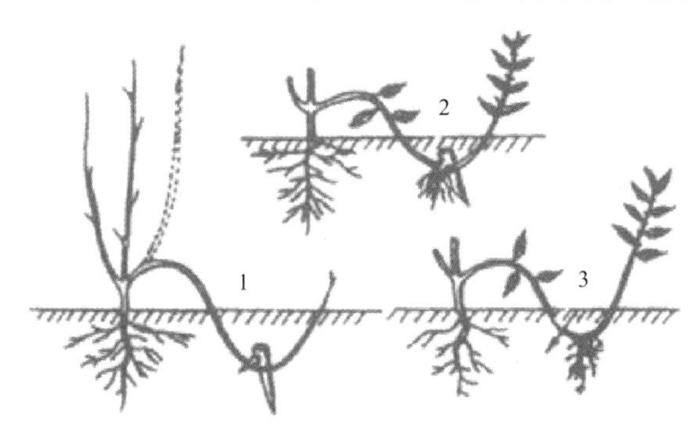

图3-77　普通压条法

1—刻伤曲枝；2—压条；3—分株

2. 水平压条法

水平压条法适用于枝条长且易生根的树种，如迎春、连翘等。通常仅在早春进行。具体方法是将整个枝条水平压入沟中，使每个芽节处下方产生不定根，上方芽萌发新枝，待成活后分别切离母体栽培（图 3-78）。一根枝条可得数株苗木。

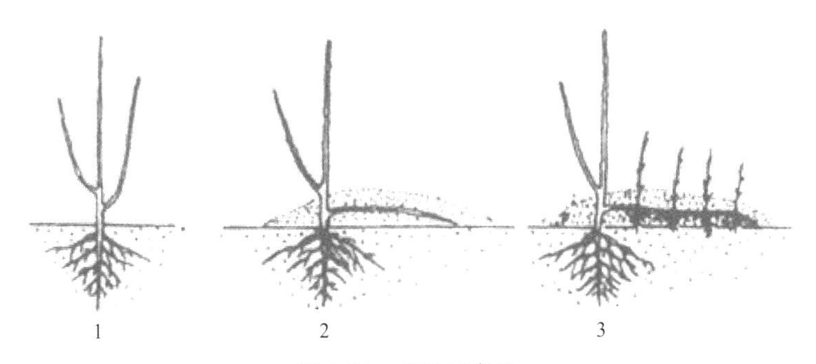

图 3-78　水平压条法

1—单株植物；2—压一枝杈；3—长出新植株体

3. 波状压条法

波状压条法适用于枝条长且柔软或蔓性的树种，如葡萄、紫藤等。将整个枝条以波浪状压入沟中，枝条弯曲的波谷压入土中，波峰露出地面（图 3-79）。以后压入地下部分产生不定根，而露出地面的芽抽生新枝，待成活后分别与母株切离成为新的植株。

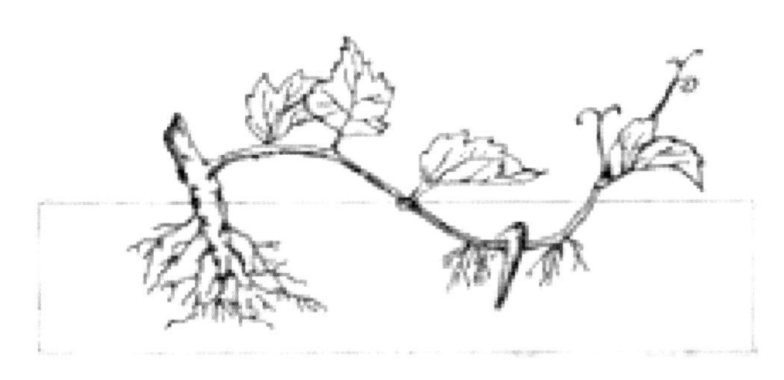

图 3-79　葡萄的波状压条法

4. 壅土压条法

壅土压条法又称“直立压条法”。被压的枝条不需弯曲，适合于聚性强的树种或丛生树种，如贴梗海棠、八仙花等，均可使用此法。方法是将母株在冬季或早春于近地面处剪断，灌木可从地际处抹头，乔木可于树干基部5～6个芽处剪断，促其萌发出多数新枝（图3-80）。待新生枝长到30～40厘米高时，对新生枝基部刻伤或环状剥皮，并在其周围堆土埋住基部，堆土后应保持土壤湿润。堆土时注意用土将各枝间隔排开，以免后来苗根交错。一般堆土后20天左右开始生根，休眠期可扒开土堆，将每个枝条从基部剪断，切离母体而成为新植株。

图3-80 壅土压条法

（二）高压法

高压法又称空中压条法。凡是枝条坚硬、不易弯曲或树冠太高、不易产生萌蘖的树种均可采用此法（图3-81～图3-84）。高压法一般在生长期进行，将枝条被压处进行环状剥皮或刻伤处理，然后用塑料袋或对开的竹筒等套在被刻伤处，内填草炭土或苔藓或蛭石等疏松湿润物，用绳将塑料袋或竹筒等扎紧，保持湿润，使枝条接触土壤的部位生根，然后与母株分离，取下栽植成为新的植株。

（三）压条繁殖苗后期管理

压条之后应保持土壤适当湿润，并要经常松土除草，使土壤疏松，透气良好，促使生根。冬季寒冷地区应予以覆草，免受霜冻之害。随时检查埋入土中的枝条是否露出地面，如已经露出必须重压。

图 3-81　高空压条——环剥

图 3-82　高空压条——填基质

图 3-83　高空压条——形成愈伤组织

图 3-84　高空压条——形成根系

留在地上的枝条若生长大长，可适当剪去顶梢，如果情况良好，对被压部位尽量不要触动，以免影响生根。

分离压条的时间，以根的生长情况为准，必须有了良好的根群方可分割。对于较大的枝条不可一次割断，应分 2～3 次切割。初分离的新植株应特别注意保护，及时灌水、遮阴等。畏冷的植株应移入温室越冬。

三、埋条繁殖

埋条繁殖就是将剪下的一年生生长健壮的发育枝或徒长枝全部横埋于土中，使其生根发芽的一种繁殖方法，实际上就是枝条脱离母体的压条法。

（一）埋条方法

埋条时间多在春季，方法有以下几种：

1. 平埋法

在做好的苗床上，按一定行距开沟，沟深3～4厘米、宽6厘米左右，将枝条平放于沟内。放条时要根据条子的粗细、长短、芽体的情况等搭配得当，并使多数芽向上或位于枝条两侧。为了防止缺苗断垄，在枝条多的情况下，最好双条排放，并尽可能地使有芽和无芽的地方交错开，以免发生芽的短缺现象造成出苗不均。然后用细土埋好，覆土即可，切不可太厚，以免影响幼芽出土（图3-85）。

图3-85　埋条繁殖

2. 点埋法

按照一定行距开沟，沟深3～4厘米，种条平放于沟内，每隔一定距离（大约40厘米），横跨条沟堆一定规格（长20厘米、宽8厘米、高10厘米）的长圆形土堆。两土堆之间有2～3个芽，利用外围的相对高温使其萌发，在土堆处生根。土堆埋好后要踩实，以防灌水时土堆塌陷。点埋法出苗快且整齐，株距比平埋法规则，有利于定苗，且保水性能也比平埋法好。但点埋法操作效率低，较费工。

（二）埋条后的管理

埋条后要立即灌水，以后要经常保持土壤湿润。在埋条生根发芽之前，要经常检查覆土情况，扒除厚土，掩埋露出的枝条。

1. 培土间苗

埋入的枝条一般在条子基部较易生根，而中部以上生根较少但易发芽长枝，因而容易造成根上无苗、苗下无根的偏根现象。因此，当幼苗长至10～15厘米高时，结合中耕除草，于幼苗基部培土，促使幼苗新茎基部发生新根。待苗长至30厘米左右时，即进行间苗。一般分两次进行，第一次间去过密苗或有病虫害的弱苗，第二次按计划产苗量定苗。

2. 追肥与培垄

当幼苗长至40厘米左右时，即可在苗行间施肥。结合培垄，将肥料埋入土中，以后每隔20天左右追施人粪尿一次，一直持续到雨季到来之前。这样前期可促进苗木快长，后期停止追肥，使其组织充实，枝条充分木质化，可安全越冬。

3. 修剪除蘖及田间管理

当幼苗生长至40厘米左右时，腋芽开始大量萌发，为使苗木加快生长，应该及时除蘖。一般除蘖高度为1.5厘米左右 ，不可太高，以防干茎细弱。

另外，中耕除草、病虫害防治等抚育工作也要跟上。

第四章 园林苗木繁殖新技术

第一节 园林苗木的组织培养育苗

一、植物组织培养的概念及特点

（一）植物组织培养的概念

植物组织培养（plant tissue culture）是指在无菌条件下利用人工培养基，将离体的植物器官（根、茎、叶、花、果实、种子等）、组织（如形成层、花药组织、胚乳、皮层等）、细胞（体细胞和生殖细胞）以及原生质体，给以适合其生长、发育的条件，使之分生出新植株的过程，也叫离体培养或试管培养（图 4-1）。

知识链接：

无菌指的是组织培养所用的培养器皿、器械、培养基、培养材料以及培养过程都处于没有真菌、细菌、病毒的状态；人工控制的环境条件指的是组织培养的材料都生活在人工控制好的环境条件中，其中的光照、温度、湿度、气体条件都是人工设定的；而培养的植物材料已经与母体分离，处于相对分离的状态。

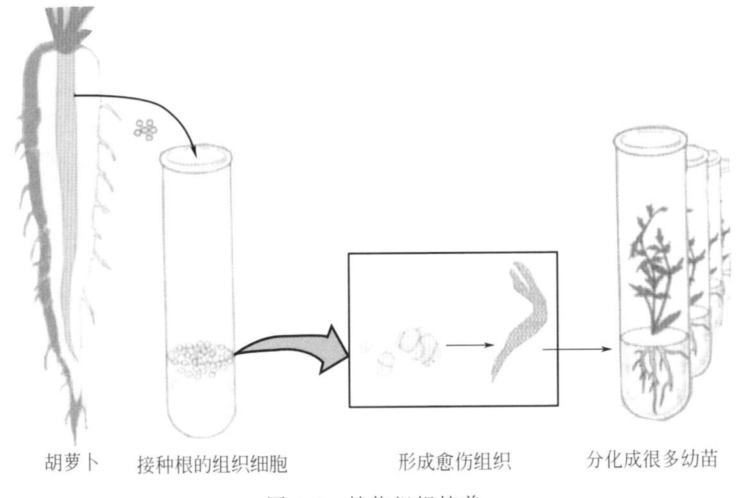

图 4-1　植物组织培养

（二）植物组织培养的特点

① 组织培养的整个操作过程均处于无菌状态下进行，排除了真菌、细菌及害虫的侵入。

② 培养基由大量元素、微量元素、有机元素、植物生长调节物质、植物生长促进物质、有害或悬浮物质的吸附物质等构成，其成分完全确定，不存在任何的未知元素。

③ 外植体可以处于不同的水平下，但都可以再生形成完整的植株。

④ 组织培养可连续进行，形成克隆体系，但会造成品质退化。

⑤ 通常打破了植物的正常发育过程和格局。

⑥ 各种环境因子都处于人工控制下，并达到最佳条件。

二、植物组织培养的分类

植物组织培养按照不同的分类方式可划分为不同的种类。

（一）按外植体来源分类

（1）植株培养　指用幼苗或较大的植株进行立体培养的方法。

（2）胚胎培养　指对成熟胚、胚乳、胚珠、子房等进行培养的方法。

（3）器官培养　指对植物体的根、茎、叶、花、果实、种子等器官及器官原基进行离体培养的方法。

（4）组织培养　指对植物体的分生组织、形成层、表皮、皮层、薄壁细胞、髓部、木质部等组织或已诱导的愈伤组织进行离体培养的方法。

（5）细胞培养　指对植物的单个细胞或较小的细胞团进行离体培养的方法（图4-2）。

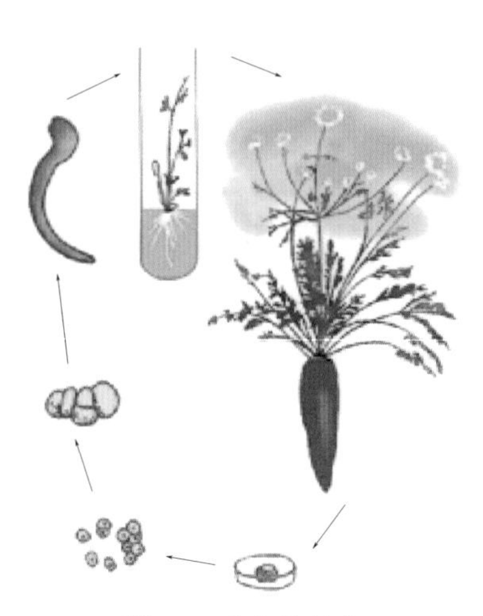

图4-2　体细胞培养

（6）原生质体培养　指对除去细胞壁的原生质体进行离体培养的方法（图4-3）。

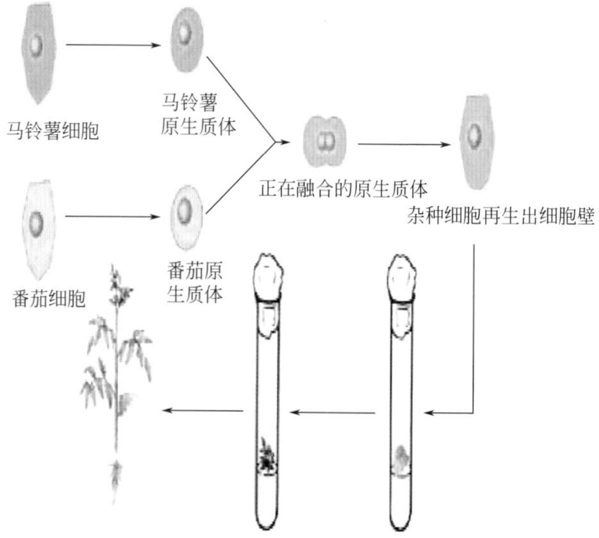

马铃薯细胞
马铃薯原生质体
番茄细胞
番茄原生质体
正在融合的原生质体
杂种细胞再生出细胞壁
杂种植株
再生出小植株
愈伤组织

图4-3　马铃薯的原生质体培养

（二）按培养过程分类

（1）初代培养　是指将植物体上分离下来的外植体进行最初几代培养的过程。其目的是建立无菌培养物，诱导腋芽或顶芽萌发，或产生不定芽、愈伤组织、原球茎。通常是植物组织培养中比较困难的阶段，也称启动培养、诱导培养。

（2）继代培养　是指将初代培养诱导产生的培养物重新分割，转移到新鲜培养基上继续培养的过程。其目的是使培养物得到大量繁殖，也称为增殖培养。

（3）生根培养　是指诱导无根组培苗生根，形成完整植株的过程。其目的是提高组培苗田间移栽后的成活率。

（三）根据培养基类型分类

（1）固体培养　即琼脂、卡拉胶等固化培养（图 4-4）。

（2）半液半固体培养　即固液双层培养（图 4-5）。

（3）液体培养　可分为振荡、旋转或静置培养（图 4-6）。

图 4-4　固体培养

图 4-5　半液半固体培养

图 4-6　液体培养

三、植物组织培养实验室的构成

需在组织培养实验室内部完成所有的带菌和无菌操作，组织培养实验室主要的实验设备有清洗设备、消毒设备、培养基原料配制与贮藏设备、培养容器、无菌操作设备及培养室设备等。一般应设准备室、药品室、清洗室、无菌操作室、化学实验室、观察室、练苗室等（图 4-7、图 4-8）。

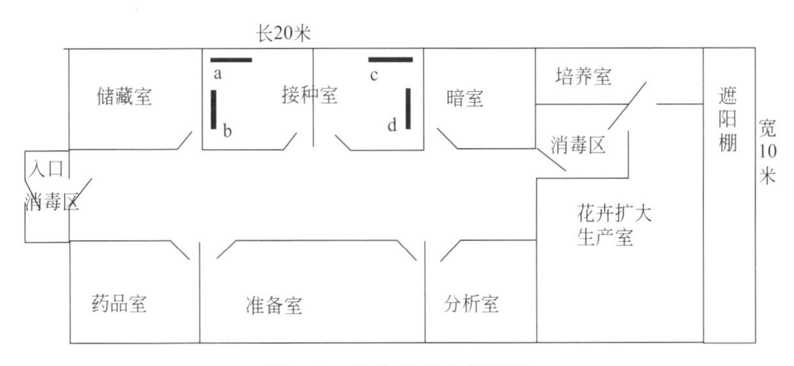

图 4-7 实验室布局平面图

图 4-8 组织培养实验室效果图

（一）准备室

准备室需足够大的空间，还需足够大的工作台。在准备室主要完成试验器具的洗涤、干燥、存放；培养基的配制和灭菌；常规的生理生化实验；存放并使用常用仪器设备、制蒸馏水设备、显微镜等观察设备等。

（二）药品室

药品室用于存放各种药品试剂。室内干燥、通风，避免光照，药品室需有药品柜、冰箱等设备。化学试剂物品分类存放于柜中，有毒物质需专人密封保存。有的药品需置于4℃冰箱中保存。药品室紧邻准备室较好，便于工作。

（三）无菌操作室

主要用于植物材料的消毒、接种、培养物的转移、试管苗的继代、原生质体的制备以及其他一切需要进行无菌操作的技术程序，是植物离体培养研究或生产中最关键的一步。无菌操作室中需要设备主要有超净工作台、接种箱、空调等。无菌操作室需不定期采用熏蒸法消毒，即利用甲醛与高锰酸钾反应可以产生蒸气进行熏蒸，每平方米用2毫升；也可以安装紫外灯，在接种前开半小时左右进行灭菌。切记，工作人员进入操作室时务必要更换工作服，避免带入杂菌，务必保持操作室的清洁。

（四）培养室

培养室设备主要为培养架、培养箱等。培养室用于培养接种完成的材料。培养室的温度、光照、湿度均为人为控制的。温度的设定与培养材料有关，一般把空调设定为25℃左右。光周期用定时器来控制，每天光照时间在14小时左右，光照强度控制在2500～6000勒克斯。相对湿度控制在70%～80%左右，过干或过湿用加湿器或除湿器来处理。

（五）温室

在条件允许的情况下，可以安排配备温室，主要用于培养材料前期的培养以及组配苗木的练苗使用。

四、组织培养常用的仪器设备

（一）组织培养常用设备

1. 天平

根据实验需要，需配备2～3台不同精度的天平。对于一般称量有0.01克（图4-9）和0.1克的天平；还有精度较高的0.001克或0.0001克（图4-10）感量的天平。

图4-9　电子天平
（感量0.01克）

图4-10　电子天平
（感量0.001克）

2. 冰箱

各种维生素和激素类药品以及培养基母液均需低温保存，某些试验还需植物材料进行低温处理，一般普通冰箱即可。

3. 酸度计

用于测定培养基及其他溶液的pH，一般要求可测定pH范围在1～14之间，精度0.01即可。

4. 离心机

用于细胞、原生质体等活细胞分离，亦用于培养细胞的细胞器、核酸以及蛋白质的分离提取（图4-11）。根据分离物质不同配置不同类型的离心机。细胞、原生质体等活细胞的分离用低速离心机；核酸、蛋白质分离用高速冷冻离心机；规模化生产次生产物，还需选择大型离心分离系统。

5. 磁力搅拌器

用于培养基的配制。研究性实验室一般选用带磁力搅拌功能的加

图 4-11　离心机

图 4-12　磁力搅拌器

热器，规模化大型实验室用大功率加热和电动搅拌系统（图 4-12）。

6. 高压灭菌锅

用于培养基、玻璃器皿以及其他可高温灭菌用品的灭菌，有手提式、立式、卧式等不同规格（图 4-13～图 4-15）。

图 4-13　大型灭菌锅

图 4-14　中型灭菌锅

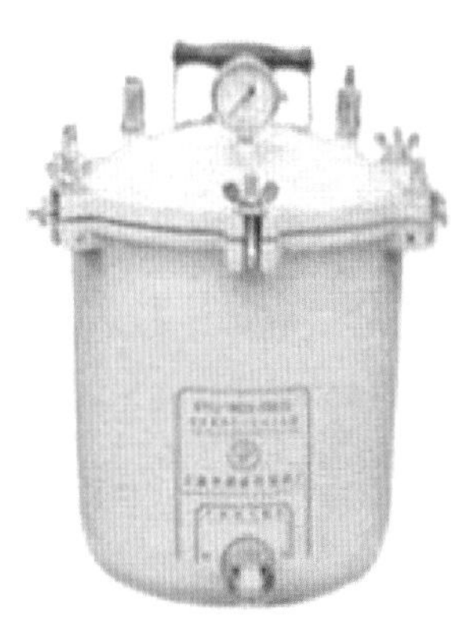

图 4-15　小型灭菌锅

7. 干热消毒柜

用于镊子、剪刀、解剖刀等金属工具，以及玻璃器皿的灭菌。一般选用 200℃左右的普通或远红外消毒柜（图 4-16）。

图 4-16　干热消毒柜

图 4-17　单人超净工作台

图 4-18　双人超净工作台

图 4-19　双人双面超净工作台

8. 超净工作台

主体为玻璃箱罩，入口有袖罩，内装紫外灯和日光灯组成，是使用较早的最简单的无菌装置，使用时对无菌室要求较高（图 4-17～图 4-19）。

操作台面是半开放区，具方便、操作舒适等优点，通过过滤的空气连续不断吹出，大于 0.03 微米直径的微生物很难在工作台的操作空间停留，保持了较好的无菌环境。由于过滤器吸附微生物，使用一段时间后过滤网易堵塞，因此应定期更换。

9. 培养架

一般有 4～5 层，层间间隔 40～50 厘米，光照强度可根据培养植物特性来确定，一般每架上配备2～4盏日光灯（图4-20）。

10. 培养箱

要求精确培养的实验，可选用光照培养箱、CO_2培养箱、湿度控制培养箱等，如细胞培养、原生质体培养等实验（图4-21）。

图4-20 放满组培瓶的培养架

图4-21 培养箱

11. 其他设备

根据实验的需要，还可安装时间程序控制器、温度控制系统或空调；实体显微镜、倒置式生物显微镜及配套的摄影、录像和图像处理设备；电泳仪、萃取和色谱设备、紫外分光光度计、高效液相色谱仪、气相色谱仪、酶联免疫测定系统等仪器设备。

（二）组织培养常用仪器

玻璃器皿是最常用的培养器皿，包括各种规格的试管、锥形角瓶、培养皿、培养瓶等，根据培养目的和方式选择所需要的器皿。培养基配方筛选和初代培养主要用试管；培养物生长主要用锥形瓶；滤纸的灭菌及液体培养主要用培养皿；目前生产上常用的培养器皿主要以罐头瓶为主。

除了玻璃器皿外，还需配备接种用的镊子、剪刀、解剖针、解剖刀和酒精灯等；绑缚用的纱布、棉花；配制培养基用的刻度吸管、滴管、漏斗、洗瓶、烧杯、量筒；还有牛皮纸、记号笔、电炉（现多为电磁炉）、pH试纸等。

五、组织培养培养基的组成

培养基是植物组织培养养分的源泉，是组织培养成败的关键因素之一。固体培养基和液体培养基是最常见的，二者的区别在于是否加入了凝固剂。培养基的构成要素包括以下几方面：

（一）水分

培养基的绝大部分物质由水组成，在实验中，培养基的水是蒸馏水，最为理想的水应是二次蒸馏水。在生产上，要求不是很严格，也可以用高质量的自来水或软水来代替。

（二）无机盐类

植物在培养基中可以吸收生长所需的大量元素和微量元素，主要由硝酸铵、硝酸钾、硫酸铵、氯化钙、硫酸镁、磷酸二氢钾、磷酸二氢钠等组成，不同的培养基配方当中其含量各不相同。

（三）有机营养成分

有机营养成分包括碳水化合物、维生素、肌醇、氨基酸等。其中碳水化合物最常用的是蔗糖、葡萄糖、麦芽糖、果糖等，主要为植物提供碳源和能源；维生素最常用的有盐酸硫胺素、盐酸吡哆醇、烟酸、生物素等，主要用于植物组织的生长和分化；氨基酸类物质常见的有甘氨酸、丝氨酸、谷氨酰胺、天冬酰胺等；肌醇有助于外植体的生长以及不定芽、不定胚的分化促进。

（四）植物生长调节物质

植物生长调节物质可以促进植物组织的脱分化和形成愈伤组织，还可以诱导不定芽、不定胚的形成。在培养基中的用量很小，但是其作用很大。最常用的有生长素和细胞分裂素，有时也会用到赤霉素和脱落酸。

（五）天然有机添加物质

其成分比较复杂，大多含氨基酸、激素、酶等一些复杂化合物。

常用的有香蕉汁、椰子汁、土豆泥等天然有机添加物质，有时会有良好的效果。但是这些物质的重复性差，还会因高压灭菌而变性，从而失去效果。

（六）pH

培养基的 pH 高低影响培养基的质量，其是影响植物组织培养成功的因素之一。pH 过高或过低，培养基会变硬或变软。常用盐酸或氢氧化钠进行调节。

（七）凝固剂

常用的凝固剂为琼脂和卡拉胶，用量一般在 7～10 克/升之间。前者生产中常用，后者透明度高，但价格贵。

（八）其他添加物

有时为了减少外植体的褐变，需要向培养基中加入一些活性炭、维生素 C 防褐变物质，还可以添加一些抗生素物质，以此来抑制杂菌的生长。

六、组织培养培养基的配制

（一）培养基的种类

培养基种类有许多，由于培养目的、培养部位、培养植物的不同需选用不同的培养基。目前国际上流行的培养基有几十种。常用的培养基有 MS、White 、B5 、N6 等，其特点如下：

（1）MS 培养基　特点是无机盐和离子浓度较高，为较稳定的平衡溶液。其养分的数量和比例较合适，可满足植物的营养和生理需要。MS 培养基的硝酸盐含量较其他培养基高，广泛地用于植物的器官、花药、细胞和原生质体培养，效果良好。有些培养基是由它演变而来的。

（2）White 培养基　特点是无机盐数量较低，适于生根培养。

（3）B5 培养基　特点是含有较低的铵，实践证明特别适用于双子叶植物中的木本植物。

(4) N6 培养基　特点是成分较简单，KNO_3 和 $(NH_4)_2SO_4$ 含量高。在国内已广泛应用于小麦、水稻及其他植物的花药培养和其他组织培养。

配制培养基一般先配制母液备用，现在可购买配好的各种培养基干粉，一般现成培养基干粉中加了营养成分和琼脂，如没加琼脂，配制培养基前，根据需要购买。

(二) 培养基的配制步骤

一般来讲，培养基的配制步骤是大致相同的，配 1 升 MS 培养基的具体操作如下：

① 在洁净的 1000 毫升烧杯或不锈钢锅放入约 900 毫升的蒸馏水，再加入 MS 培养基干粉 40 毫克（具体用量根据培养基瓶上的说明），并不断搅拌，使其溶解。

② 将加热溶解好的培养基溶液倒入带刻度的大烧杯中，加入培养所需的植物生长调节物质，定容到 1 升。

③ 用 1 摩尔/升的 NaOH 溶液（HCl 溶液）调整 pH。

④ 分装到培养容器中。

⑤ 高压蒸汽灭菌锅灭菌 20 分钟，出锅晾凉备用。

七、组织培养的程序

(一) 启动培养

这个阶段的任务是选取母株和外植体进行无菌培养，以及外植体的启动生长，利于离体材料在适宜培养环境中以某种器官发生类型进行增殖。该阶段是植物组织培养能否成功的重要一步。选择母株时要选择性状稳定、生长健壮、无病虫害的成年植株；选择外植体时可以采用茎段、茎尖、顶芽、腋芽、叶片、叶柄等。

外植体确定以后，进行灭菌。灭菌时可以选择用次氯酸钠（1%）、氯化汞（0.1%～0.2%）灭菌，时间控制在 10～15 分钟左右，清水冲洗 3～5 次，然后接种（图 4-22）。

(二) 增殖培养

对启动培养形成的无菌物进行增殖，使不断分化产生新的丛生

图 4-22　初代培养

图 4-23　石斛增殖培养

苗、不定芽及胚状体（图 4-23）。每种植物采用哪种方式进行快繁，既取决于培养目的，也取决于材料自身的可能性，可以是通过器官、不定芽、胚状体发生，也可以通过原球茎发生，图 4-23 所示为增殖培养的组配瓶苗。增殖培养时选用的培养基和启动培养有区别，基本培养基同启动培养相同，而细胞分裂素和矿物质元素的浓度水平则高于启动培养。

（三）生根培养

第二阶段增殖的芽苗有时没有根，这就需要将单个的芽苗转移到生根培养基或适宜的环境中诱导生根（图 4-24）。这个阶段的任务是为移栽苗木做准备，此时基本培养基相同，但需降低无机盐浓度，减少或去除细胞分裂素，增加生长素的浓度。

（四）移栽驯化

此阶段的目的是将试管苗从异养转变到自养，有一个逐渐适应的过程。移栽之前要进行练苗，逐渐地使试管苗适应外界环境条件，接着要打开瓶口，再有一个适应的过程。练苗结束后，取出试管苗，首先洗去小植株根部附着的培养基，避免微生物的繁殖污染，造成小苗死亡，然后将小苗移栽到人工配制的混合培养基质中。基质选择时要选择保湿透气的材料，如蛭石、珍珠岩、粗沙等，如兰花移栽时要选择草苔藓等（图 4-25）。

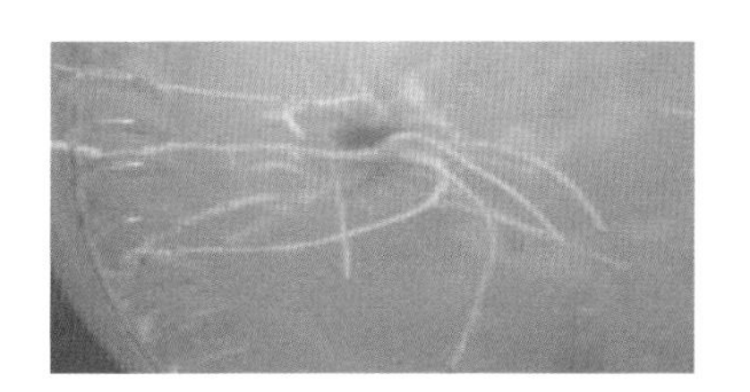

图 4-24　小红枫的生根培养

图 4-25　温室试管苗移栽

八、组织培养的应用

（一）快速繁殖优良植物株系

组织培养具有时间短、增殖率高和可全年生产等优点，比大田生产快得多。加上培养材料和试管苗的小型化，这就可使有限的空间培养出大量个体。例如兰花（*Cymbidium*）、桉树（*Eucalyptus*）、杨树、秋海棠等植物，用一个茎尖或一小块叶片为基数，经过组织培养，一年内可以增殖到10000～100000株，繁殖速度如此快，说明组织培养对于短期内需要大量繁殖的植物，如引入的优良品种、优良单株、育种过程中优良子代的扩大等，特别有用，而且对一些难以繁殖或繁殖很慢的名贵花卉、果木及稀有植物，同样具有重要意义。

（二）培育作物新品种

用组织培养方法培育作物新品种，已经取得了多方面的成就。例如利用组织培养解决杂交育种中的种胚败育问题，获得了杂种子代，使远缘杂交得以成功；用花药培养和对未传粉的子房进行离体培养，获得了单倍体植株，从而开辟了单倍体育种的途径；通过胚乳离体培养，获得了三倍体植株，为改良农、林、果树和蔬菜的三倍体育种提供了新的方法；此外还有利用原生质体培养及体细胞杂交进行天然突变系的筛选、外源遗传物质的导入，等等。

（三）获得无病植株

作物的病毒病害，是当前农业生产上的严重问题。尤其是营养繁殖的作物，病毒可以经繁殖用的营养器官传至下一代，以致随着作物繁殖代数的积累，病毒不仅不会减少，还会日益增多。其结果能使作物退化减产，甚至导致某些品种绝灭。

根据病毒在植物体内分布并不均匀的特点，用生长点进行组织培养，结合病毒鉴定，可以得到无病毒植株（图 4-26）。这就可以使植株复壮，并能增加产量。在这方面，马铃薯（*Solanum tuberosum* L.）、水仙（*Narcissus tazatia* L. var. *chinensis* Roem）、苹果、梨（*Pyrus*）和花椰菜（*Brassica oleracea* L. var. *botrytis* L.）等作物，都取得了明显效果。

（四）保存和运输种质

由于有了组织培养方法，就无需再用一代代保存种子的方法去保存种质资源，而可以将植物器官、组织甚至细胞，在低温或超低温条件下进行长期保存（图 4-27）。将来一旦需要，就可用组织培养方法迅速进行繁殖。这样不但大大减少了一代代保存材料所浪费的人力、物力和时间，而且也减少了在保存过程中因管理不善及病虫侵害所造成的损失。另外，由于用很小的空间保存了大量的种质资源，运输时也很方便。

图 4-26　茎尖的脱毒培养

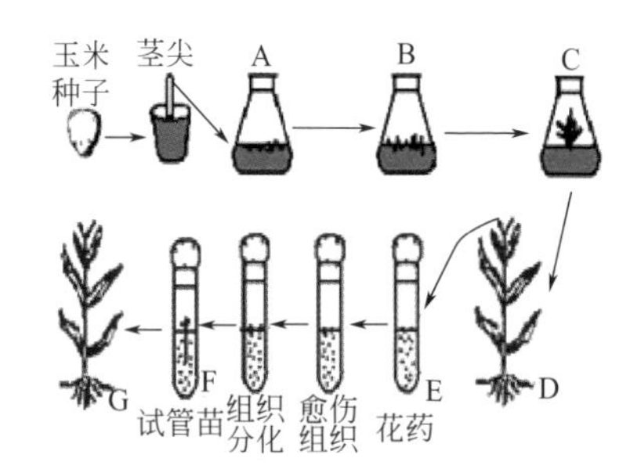

图 4-27　组培苗的离体保存

附：植物组织培养 MS 培养基配方

配制培养基时，如果每次配制都要按着成分表依次称量，既费时，又增加了多次称量误差。为了提高配制培养基的工作效率，一般将常用的基本培养基配制成 10～200 倍，甚至 1000 倍的浓缩贮备液，即母液。母液贮存于冰箱中，使用时，将它们按一定的比例进行稀释混合，可多次使用，并在配制较多数量的培养基时，可降低工作强度，也提高试验的精度。

基本培养基的母液有四种：大量元素（浓缩20倍）、微量元素（浓缩100倍）、铁盐（浓缩200倍）、除蔗糖之外的有机物质（浓缩100倍）。

1.大量元素母液

配制大量元素母液时要分别称量，分别溶解，在定容时按附表1中的序号依次加入容量瓶中，以防出现沉淀。倒入磨口试剂瓶中，贴好标签和做好记录后，可常温保存或放入冰箱内保存。

附表1　大量元素母液（配1升20倍的母液）

序号	成分	配方用量/(毫克/升)	称取量/毫克	配1升培养基吸取量/毫升
1	NH_4NO_3	1650	33000	50
2	KNO_3	1900	38000	
3	KH_2PO_4	170	3400	
4	$MgSO_4 \cdot 7H_2O$	370	7400	
5	无水$CaCl_2$	440	6644	

附表2　微量元素母液（配制1升100倍母液）

成分	配方用量/(毫克/升)	称取量/毫克	配制1升培养基吸取量/毫升
KI	0.83	0.083	10
$MnSO_4 \cdot H_2O$	22.3	1.69	
H_3BO_3	6.2	0.62	
$ZnSO_4 \cdot 7H_2O$	8.6	0.86	
$Na_2MoO_4 \cdot 2H_2O$	0.25	0.025	
$CuSO_4 \cdot 5H_2O$	0.025	0.0025	
$CoCl_2 \cdot 6H_2O$	0.025	0.0025	

2. 微量元素母液

在配制微量元素母液时，也应分别称量和分别溶解，定容时不分先后次序，可随意加入容量瓶中定容（附表2），一般不会出现沉淀现象。倒入磨口试剂瓶中，贴好标签和做好记录后，可常温保存或放入冰箱内保存。

第二节 园林苗木的容器育苗

容器育苗，就是用特定容器培育作物或果树、花卉、林木幼苗的育苗方式。容器盛有养分丰富的培养土等基质，可使苗的生长发育获得较佳的营养和环境条件。苗木随根际土团栽种，起苗和栽种过程中根系受损伤少，成活率高，缓苗期短，发根快，生长旺盛，对不耐移栽的作物或树木，对立地条件较差的造林地尤为适用（图4-28）。特别是近年来，随着国家对生态环境建设的日益重视，一系列生态工程的实施需要大量的优质苗木，且经过历年的工程造林，未成林的几乎都是难造林地，立地条件恶劣，造林效果特别差。通过采用容器苗造林，就能解决这个造林难题。

图4-28　容器育苗苗圃

一、容器育苗的优点

① 容器栽培的自动化、机械化程度高，可以极大地提高园林苗木产品的技术含量，减少移栽次数和人工。

② 改善苗木的品质，经由容器培育的园林苗木抗性强，移栽成活率高，城市绿地建成速度快、质量好。

③ 容器苗木便于管理，根据苗木的生长状况，可随时调节苗木间的距离，便于采用机械进行整形修剪。

④ 可以打破淡旺季之分，实现周年观赏灌木苗木供应，有利于园林景观的反季节施工，在一年四季均可移栽，且不影响苗木的品质和生长，可保持原来的树形，提高绿化景观效果。

⑤ 适用的土地类型更广泛，从而可有效降低用地成本，能够充分利用废弃地资源。

⑥ 便于运输，可节省田间栽培的起苗包装的时间和费用。

由于容器栽培技术具有以上诸多优点，因而使容器栽培技术在国外大面积普及推广。

二、 育苗容器

容器是苗木容器栽培的主体——栽培器皿。容器的规格形状大小是否合理直接影响苗木的质量、经济成本及造林后的生长状况，因此各国对容器的研制十分重视。目前容器仍在不断改进，向结构更为合理、有利于苗木生长、操作方便、降低成本方向发展。到目前为止，许多国家已研制生产出适合本国园林苗圃业生产用的容器。

容器是园林苗木容器栽培的核心技术之一，在技术和生产成本控制上都占据着重要地位。容器也是一笔相当大的初期投资，在美国的容器栽培苗圃，购买容器的费用仅次于劳动力的费用。

对于整个苗木容器栽培生产体系而言，容器上的投资是必需的，而且苗木容器栽培的回报丰厚。容器对苗木生长的不利影响主要体现在其对根系的抑制作用上，即苗木的根系会由于容器的限制而出现窝根或生长不良的现象，进而阻碍了容器苗的健康生长，最终影响了容器苗的品质，这些也说明了容器对苗木生长的重要性。

（一）容器的材料和种类

育苗容器的形状有圆柱形、棱柱形、方形、锥形，规格相差很大，生产容器的材料有聚苯乙烯、聚乙烯、纤维或纸质材料，不同材料的价格不同，对苗木容器栽培的生产成本的影响也不同。北美苗圃行业多采用聚苯乙烯硬质塑料容器，便于机械化操作。我国生产的容器种类虽多（蜂窝状百养杯、连体营养纸杯、聚苯乙烯泡沫塑料盘、纸浆草炭杯、塑料薄膜容器，等等），但无论在材质结构、便于操作方面都不尽完善，至今还没有全国通用的定型产品，生产能力及生产成本与国外相比都存在很大的差距。应集中主要人力、财力加大这方面的科研力度，探索用农用秸秆和可降解的材料生产一次性容器。

知识链接：

常见的栽培容器见图4-29～图4-37。大概有如下几类：

① 聚乙烯袋；

② 软塑料筒；

③ 吸塑软盆；

④ 硬质塑料盆；

⑤ 苗木控根容器；

⑥ 其他育苗容器。

图4-29　可降解育苗纸容器

图4-30　无纺布育苗容

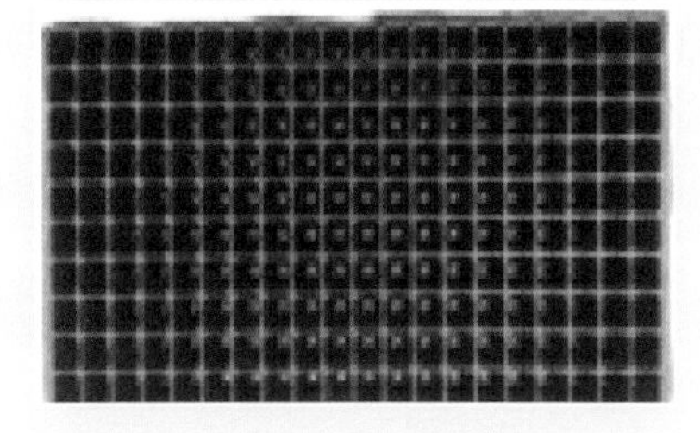

图4-31　穴盘

图4-32　控根容器

图 4-33　轻基质育苗容器网袋

图 4-34　可降解育苗杯

图 4-35　营养钵

图 4-36　营养袋

图 4-37　塑料薄膜容器

（二）容器的规格

容器的大小直接影响苗木的生长状况，较小的容器会限制苗木根系的生长，严重时苗木的根系甚至停止生长，这样导致无法充分利用生长期，苗木的生长潜力就不能充分发挥。因此，就需要定期更换较大的容器，耗费大量的劳动力。如果直接把苗木移栽到较大的容器中，苗木不能充分利用容器中提供的营养，浪费容器提供的空间，相对提高苗木的生产成本。

（三）容器的颜色和排水状况

容器的颜色和排水状况都直接影响容器苗木的生长，在选择容器时，根据栽培苗木的种类和采用的机制加以选择。

容器的颜色对容器苗的生长也有一定的影响，尤其在炎热的夏季，暴露于直射光下黑色容器中的基质温度可能会超过30℃，浅色容器可以降低生长基质的温度，但白色聚乙烯容器因为不能抵抗紫外线而易于老化。另外，白色容器近似透明，在生长基质外围生长的藻类和苔藓类植物会快速生长，与苗木争夺营养，而影响苗木的健康生长。但是，苗木生长到其冠层足以遮盖整个容器表面时，容器的颜色对苗木生长的影响就会减小（图4-38～图4-41）。

图4-38　黑色育苗容器

图4-39　彩色育苗容器

图4-40　白色无纺布容器

图4-41　蓝色蜂窝状育苗容器

容器的排水状况对花木的生长十分重要，排水不良易导致容器苗的根系生长衰弱，根毛死亡，进而影响苗木对水分和养料的吸收。容器的排水性与容器的深度和容器底部的排水孔设计有直接的关系。一般来说，较深的容器排水状况好于浅容器，排水孔多且位于容器底部排水槽的内侧，由于不易被堵塞，其排水效果好。容器的排水状况和透气性还受到栽培基质的影响。

三、 育苗基质

栽培基质是影响容器苗木生长的关键因素之一。栽培基质的选择首先是适用性，即能够满足栽培苗的生长需要，应具有较好的保湿、保肥、通气、排水性能，有恰当的容重，大小孔隙平衡，pH 值在 5.5～6.5 之间，有形成稳固根球的性能。同时，栽培基质不能带有病虫害，不带杂草种子。其次是经济性，容器苗木栽培需要大量的栽培基质。栽培基质的价格水平直接影响苗木的成本控制。

育苗基质的分类：依据化学性质的不同分为无机质和有机质两种。

知识链接：

无机质：蛭石、珍珠岩、岩棉、沙子、炉渣等（图 4-42、图 4-43）。

有机质：泥炭、树皮、木屑、焦糠、稻壳等（图 4-44、图 4-45）。

图 4-42　珍珠岩

图 4-43　蛭石

图 4-44　树皮屑

图 4-45　泥炭

1. 育苗基质的选择

从适用性与经济性两个方面考虑，选择基质时，为了降低成本，要因地制宜，就地取材。近年来国内外开发了许多来源充裕、成本较低、理化性能良好的轻型基质材料，如蛭石、泥炭、木屑、蔗渣、岩棉、珍珠岩、树皮粉、腐殖土、炭化稻壳、枯枝落叶等。泥炭、蛭石和珍珠岩是培养幼苗和苗木扦插苗的优良基质材料，但由于泥炭、蛭石和珍珠岩价格较高，用于大型苗木的生产就会提高苗木的成本，在生产上是不可取的。所以，大型苗木的栽培基质就要选择适合本地区树种的基质原料和配比。

知识链接：

基质选择原则：

① 来源广，成本较低，具有一定的肥力。

② 理化性状良好，保湿、通气、透水。

③ 重量轻，不带病原菌、虫卵和杂草种子。

2. 育苗基质的配制

不同的观赏灌木，其具有不同的生物学特性，为了促进其良好生长，所需的各种营养物质需要通过不同的基质配制来完成。对基质选择与配制需根据栽培方式来考虑适用性和成本问题。对基质总的要求是容重轻、孔隙度较大，以便增加水分和空气含量。基质的相对密度一般为0.3～0.7克/厘米^3，总孔隙度在60%左右，化学稳定性好，酸碱度接近中性，不含有毒物质。有些基质可单独使用，但一般以2～3种混合为宜。良好的基质应适合多种作物的种植，不能只适合于一种园林植物。

3.基质的消毒及酸度调节

为预防苗木病虫害发生，基质要严格进行消毒。灭菌用消毒剂有福尔马林、硫酸亚铁、代森锌等，杀虫剂有辛硫磷等。

配制基质时还必须将酸度调整到育苗树种的适宜范围。

4.菌根接种

用容器培育松类苗木时应接种菌根，在基质消毒后用菌根土或菌种接种。菌根土应取自同种松林内根系周围的表土，或从同一树种前茬苗床上取土。菌根土可混拌于基质中或用作播种后的覆土材料。用菌种接种应在种子发芽后一个月，结合芽苗移栽时进行。

四、容器育苗技术

（一）育苗地的选择

容器育苗应选择在地势平坦、排水良好的地方，切忌选在地势低洼、排水不良、雨季积水和风口处；对土壤肥力和质地要求不高，肥力差的土地也可进行容器育苗，但应避免选用有病虫害的土地；要有充足的水源和电源，便于灌溉和育苗机械化操作。

（二）基质装填与容器排列

基质装填前必须经充分混匀，以保证培育的苗木均匀一致。装填时，基质不宜过满，灌水后的土面一般要低于容器边口1～2厘米，防止灌水后水流出容器。在容器的排列上，依苗木枝叶伸展的具体情况而定，以既利于苗木生长及操作管理，又节省土地为原则。排列紧凑不仅节省土地，便于管理，而且可减少蒸发，防止干旱。但过于紧密则会形成细弱苗（图4-46～图4-48）。

（三）容器育苗的播种

容器育苗选用高质量的种子，并实行每穴单粒播种，提高种子使

图 4-46　基质装填完成并排列

图 4-47　容器的排列

图 4-48　设施内容器苗的排列

用率。如不可避免地使用发芽率不高的种子，则需复粒播种，即一个容器内需放数粒种子，以减少容器空缺造成的浪费。播种后应及时覆土，覆土厚度一般为种子厚度的 1～3 倍，微粒种子以不见种子为宜。覆土后至出苗要保持基质湿润。

播种方法一般采用手工播种（图 4-49），也经常使用真空播种机（图 4-50）播种。真空播种机由真空泵连接到吸头上，吸取种子，移入容器后解除真空，释放种子，完成机械播种。

图 4-49　容器育苗播种

图 4-50　引进日本洋马真空播种机

（四）容器苗的管理

1. 间苗与补苗

幼苗出齐一星期后，间除过多的幼苗。每个容器一般只留一株壮苗。对缺株的容器结合间苗进行补苗，注意间苗和补苗后要随时浇水。

2. 施肥

容器苗施肥时间、次数、肥料种类和施肥量应根据树种特性和基质肥力而定。针叶树出现初生叶，阔叶树出现真叶，进入速生期前开始追肥。大量元素需要量相对较大，微量元素尽管需要量很小，但对苗木生长发育至关重要。根据苗木各阶段生长发育时期的要求，应不断调整氮、磷、钾等肥料的比例和施用量，如速生期以氮肥为主，生长后期停止使用氮肥，适当增加磷、钾肥，促使苗木木质化。

追肥宜在傍晚结合浇水进行，严禁在午间高温时施肥。追肥后要及时用清水冲洗幼苗叶面。

3. 浇水

浇水是容器育苗成功的关键环节之一。浇水要适时适量，播种或移植后随即浇透水，在出苗期和幼苗生长初期要多次适量勤浇，保持培养基质湿润；速生期应量多次少，在基质达到一定的干燥程度后再浇水；生长后期要控制浇水。

浇水时不宜过急，否则水从容器表面溢出而不能湿透底部；水滴不宜过大，防止基质营养物从容器中溅出，溅到叶面上常会影响苗木生长。因此，在灌水方法上常采用滴灌或喷灌（图 4-51、图 4-52）。

图 4-51　橡胶容器育苗喷雾浇水

图 4-52　容器控根栽培的滴灌设施

4. 其他管理措施

对容器苗还需采取除草、防治病虫害等管理措施。

第三节
园林苗木的保护地育苗

所谓的保护地育苗就是利用保护设施创造良好的小气候，使之适宜苗木生长发育的一种育苗方式。如现代化全自控温室、供暖温室、日光温室、塑料大棚、小拱棚、荫棚、风障等。

一、保护地育苗的类型

（一）风障畦

在东西向畦的北面设置挡风障的保护地（图 4-53）。风障高约 1.5～2.5 米，向南倾斜。每排风障一般可保护 2～6 畦，其作用在于稳定障南的小气流，减少太阳辐射能在畦面的损失，提高障前气温。障南第一畦称并一畦，白天气温约可提高 5～6℃，自并二畦以后各畦增温幅度依次递减约 1℃。而每增温 1℃，约相当于作业期或成熟期提早 3～5 天。

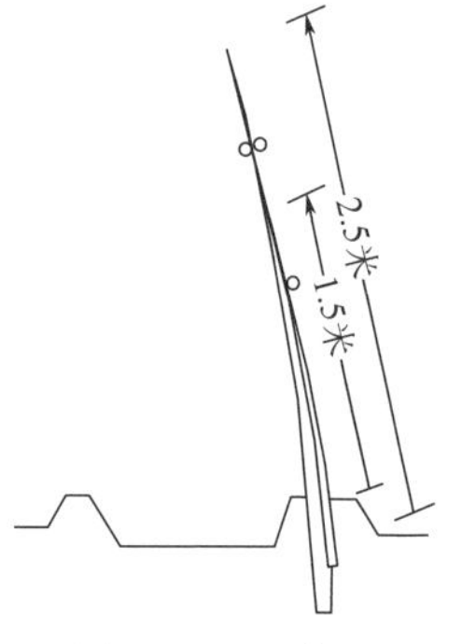

图 4-53　风障畦

（二）地面覆盖畦

在畦土表面加以覆盖的保护地，又分 3 种。

（1）简易覆盖　主要用苇茅苫、蒿草或马粪等作覆盖物，用以保护越冬幼苗。对单株常扣盖纸帽、塑料薄膜帽或泥瓦盆，在栽植单株的穴坑顶部盖玻璃片，或用苇穗、高粱穗围护，以达到防风、防寒、保温的目的。

（2）地膜覆盖　即在垄或高畦表面覆盖塑料薄膜。有保持水分、提高地温（3～5℃）和促进根系发展的作用。

（3）地膜改良覆盖　即在早春将地膜覆于栽植的苗木顶端，天暖断霜后顶膜落地成为地膜。

（三）阳畦

冷床或称洞坑。畦北设风障，四周围筑土墙，北墙一般略高于南墙。上面用玻璃、塑料薄膜或蒲席、草毡覆盖。由于畦内白天可充分吸收太阳光热，夜间可以保温，约可比露地夜温提高10℃以上（图 4-54）。近年推广的改良阳畦，系在阳畦基础上加以适当改造而成的小型单屋面建筑物，高约 1.2～1.5 米，屋顶用植物秸秆作材料，上铺泥土，前面盖玻璃框或塑料薄膜。其优点是工作人员可蹲入操作，透光保温性能也优于传统阳畦。

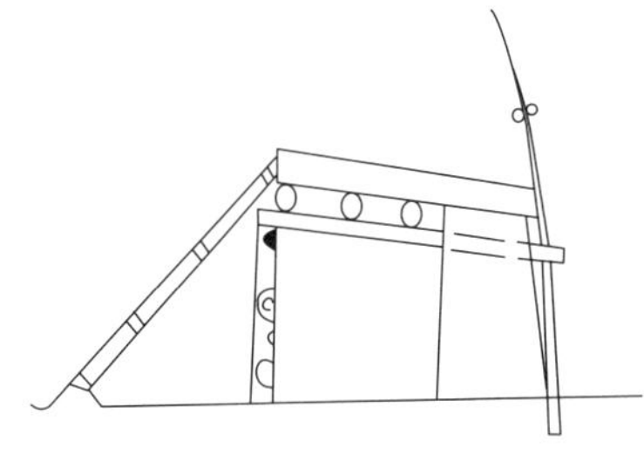

图 4-54　阳畦结构示意图

（四）温床

结构同阳畦，但增加了土壤加温。热源为厩肥酿热或电热线（图 4-55）。加温期间床内夜温可提高到 25～30℃。此外，也可在露地做成加温畦或加温埂，在寒冷条件下进行早春生产。

（五）温室

温室主要指加温温室，也称为暖房，是指用具有透光特性材料覆

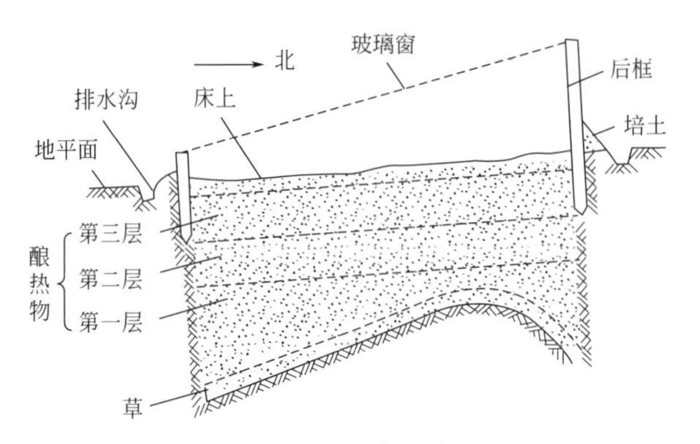

图 4-55　酿热温床

盖屋面而形成的具有保护性的生产设施，主要作用是人工创造适合苗木生长发育的条件，减少区间的局限性，可作引种驯化、科研、教学、苗木生产和普及展览植物的场地。温室是可以人工调控温度、光照、水分、气体等环境因子的保护设施。

温室是由地基、墙地构架、覆盖物、加温设备等部分构成的。根据屋面的形式可分为单屋面、双屋面、连接屋面、拱圆屋面等。温室采用煤火、暖气、热风、地下热水等加温设施。

温室的建造费用较为昂贵，但由于它调节控制环境条件的性能优越，在冬季较长的寒冷地区有继续发展的前景。

使用温室等设施育苗，可以免除或减轻不良气候条件的影响，早播种，提早扦插，提早成苗，延长生长期，加大生产量，并且出苗整齐、健壮。

（六）塑料大棚

利用塑料薄膜和竹木、钢材、水泥构件及管材等材料，组装或焊接成骨架，加盖薄膜而成。南北方向延长。为提高大棚的夜间温度，减少棚内的夜间辐射，白天将大棚拉开，夜间将其盖严，或采用大棚内套小棚、大棚套平棚、大棚套中棚、大棚中棚加地面覆盖、双层大棚（内为吊棚）等覆盖形式。为提高大棚的性能，扩大用途，可以在棚内铺设电热线以控制温度，为苗木生长创造适宜的条件。

（七）组培室

植物组织培养包括营养基配制、灭菌、接种、培养、移苗等一系列的环节和步骤。按实验的自然流程，分为化学实验室、消毒室、培养基贮放室、无菌操作室、培养室、移苗室等。实验应用中可根据具体要求和条件，因陋就简设置，主要是保证无菌培养顺利进行。

二、保护地栽培的方式

保护地栽培与露地栽培不是截然分割的。按保护的程度，主要有以下几种不同的栽培方式：

（一）风障栽培

各类作物除因局部气温和地温提高而可提早播种、栽植外，栽培方式基本与露地相同。栽培管理技术较简单。

（二）早熟栽培

冬季在保护地育苗，春季定植于露地。可提早苗木在露地的定植期和成熟期，或延长分次收获的采收期，大幅度提高总产量。

（三）延迟栽培

延迟栽培又称延后栽培。夏、秋在露地育苗，冬春寒冷季节在保护地生长。按生产条件和目的不同分下列3种方式：

（1）抑制栽培　主要用于严冬时果菜类和叶菜类蔬菜。一般要求植株在冬至前约2个月充分长大，果菜类接近长成成品果实，以便在冬季生长受抑制条件下仍可通过一定的光合作用积累营养物质而缓慢生长、成熟。抑制栽培的果菜类大多按有限生长的要求采取摘顶、摘心等管理措施。由于植株受环境条件和封顶的限制不再继续增大，故可采用较高的密度。

（2）补充栽培　如花椰菜在露地条件下长成带小花球的营养体后，冬季移栽或带土囤放于温度15℃左右、无光或少光的保护地内，则叶片内养分向花球输送而形成大花球。

（3）假植栽培　将冬前露地长成的苗木带土挖出，密集地囤放在无光贮藏沟内，白天通风并让日光照射，温度保持在5～15℃；夜间覆盖防寒，保持2～5℃。囤放的苗木可缓慢生长。这种栽培措施又称假植贮藏。

（四）促成栽培

在寒冷季节里，使花卉生长发育全过程处于保护设施内，而达到提前或缩短栽培周期的栽培方式，即促成栽培。其也指秋季在露地播种育苗，冬季移入冷床或温床使之开花，或在温暖地区冬季播种，使之在春季开花（图4-56、图4-57）。

图4-56 促成栽培使得虎刺梅提早开花

图4-57 黑暗条件下的设施栽培

三、保护地育苗的意义

保护地育苗是利用人工建造的设施，使传统栽培模式逐步摆脱自然的束缚，走向现代工厂化、环境安全型的必由之路，同时也是打破季节性，实现苗木反季节栽培与观赏，进一步满足多元化、多层次消费需求的有效方法。

园林苗木的抚育管理与移植

第一节 园林苗木的抚育管理

为加快城市园林绿化步伐，提高苗圃经营管理水平，培育良种壮苗，科学育苗，增加品种，提高工效，降低成本，必须加强苗圃的管理，狠抓质量，即苗木的繁殖量、在苗量（成活率）、出圃量和生长量。繁殖量是高产的前提，在苗量是稳定的基础，出圃量是收入的保障，生长量是丰产成果。为保证苗木生长量，必须加强苗期的抚育管理，现分述如下。

一、灌溉

园林苗圃必须要有完善的灌溉系统，以确保苗木对水分的需求。灌溉系统通常包括水源、提水设备和引水设施三部分。水源一般分为地下水、地表水等。提水设备通常为抽水机（水泵）。引水设施通常为地面沟渠引水和暗管引水两种。

（一）灌溉方法

1. 沟灌

在苗圃苗木行间开灌溉沟，沟深 20～25 厘米，并与配水渠相垂直，灌溉沟与配水渠道之间有微小的比降。

沟灌优点：灌溉水经沟底或沟壁进入土中，对全园土壤湿润比较均匀，水分蒸发量与流失量较小；减少苗圃中平整土地的工作量；便于机械化作业。

引水渠道（主渠）是永久性的大渠道，由水源直接把水引出，一般顶宽1.5～2.5米；二级渠道通常也是永久性的，把水从主渠引到作业区，一般顶宽1～1.5米；三级渠道一般是临时性渠道，一般宽度为1米左右。

2. 滴灌

滴灌是以水滴形式向土壤供水，以满足作物需水要求的灌溉方法。它通常利用低压管道系统将水连同溶于水的化肥均匀而缓慢地滴在作物根部的土壤中。其主要优点是：每次灌溉用水量少；干、支管道埋在地下，可节省沟渠占地；随水滴施肥，可减少肥料流失，提高肥效；灌水效果好，能适时适量地为作物供水供肥，不致引起土壤板结或水土流失，且能充分利用细小水源。在水资源日趋紧张的今天，滴灌是一项大有潜力、值得大力推广的先进灌溉技术。

滴灌具有下面的特点：

① 省水省工，增产增收。因为灌溉时，水不在空中运动，不打湿叶面，也没有有效湿润面积以外的土壤表面蒸发，故直接损耗于蒸发的水量最少；容易控制水量，不致产生地面径流和土壤深层渗漏，故可以比喷灌节省水35%～75%。对水源少和缺水的山区实现水利化开辟了新途径。由于株间未供应充足的水分，杂草不易生长，因而作物与杂草争夺养分的干扰大为减轻，减少了除草用工。由于作物根区能够保持着最佳供水状态和供肥状态，故能增产。

② 滴灌系统造价较高。由于杂质、矿物质的沉淀的影响会使毛管滴头堵塞；滴灌的均匀度也不易保证。这些都是目前大面积推广滴灌技术的障碍。目前一般用于茶叶、花卉等经济作物。

3. 喷灌

喷灌是将具有一定压力的水喷射到种植的地块上方，使形成细小水滴，散落到土地上的一种灌溉方法。喷灌由压力水源、输水管道和喷头组成。喷灌是一种比较先进的方法。喷灌的安装、施工以及维护都比较复杂；由于常规喷灌喷头的射程较大，覆盖区域一般都在7米以上，所以该方法一般都只在大型草坪中使用，而不用于喜水作物的灌溉。公园里草坪常可见到喷灌，以喷嘴模拟人工降雨。优点：省水。缺点：不利于喜水作物，如水稻。

4.穴灌

在树冠投影的外缘挖穴，将水灌入穴中，以灌满为度，即穴灌。穴的数量依树冠大小而定，一般为8～12个，直径30厘米左右，穴深以不伤粗根为准，灌后将土还原。此法用水经济，浸入根系范围的土壤较宽，不会引起土壤板结，在水源缺乏的地区，宜采用此法。

5.盘灌

以树干为圆心，在树冠投影以内以土梗围成圆盘，圆盘与灌溉沟相通。灌溉时水流入圆盘内，灌溉前疏松盘内土壤，使水容易渗透，灌溉后耙松表土，或用草覆盖，以减少水分蒸发。此法用水较经济，但浸润土壤的范围较小，故距离树干较远的根系，不能得到水分的供应，同时破坏土壤结构，使表土板结。

（二）灌溉依据

1.依据苗木种类进行灌溉

（1）播种苗　播种后要保持表土湿润，特别是在北方地区，一些小粒种子播种后覆土较浅，易受春旱的危害。要保持床面湿润，防止小苗失水，还要调节地表温度，防止日灼，一般要求灌水少量多次。

（2）扦插苗、压条苗、埋条苗　这些苗的生根、发芽都需要较大水量，特别是在刚开始展叶而尚未完全生根（即假活期）阶段，叶面蒸腾量较大，土壤水分供应量较少，一旦断水就将造成植株死亡，及时灌水是关键。在北方，气候干燥季节更应注意。灌水量可适当大些，但水流要细、缓，以免水流冲力移动苗木（特别是扦插苗）。

（3）分株苗、移植苗　这些苗由于在栽植时根系受伤，苗木内部的水分供应出现不平衡，必须加强供水。在分株和移植后应连续灌水三四次，灌水量要大些，间隔时间也不能太长。

（4）嫁接苗　嫁接苗对水分的需求不是太大，只要能保证砧木的正常生命活动即可。水不能太多，尤其是接口部位不能积水，否则会使伤口腐烂。干旱天气必须灌水时也要注意。

（5）大苗　在干旱季节才需灌水。如果水分过多，还会使苗木抗性降低，影响生长发育。

2. 不同气候条件下的灌溉

灌溉必须根据气候条件的变化灵活掌握。一般来说，春季到初夏，苗木处于旺盛生长期，南方雨水多，只要灌溉三四次即可。北方是干旱期，要灌七八次。在秋季干旱的情况下，土壤干硬，应浇一次水。为了苗木正常发育，在3月上旬以前，浇一次返青水。出圃苗木不要浇水。

3. 不同土壤条件的灌溉

黏重土壤保水力强，灌水量应适当减少；沙壤保水力差，灌水量应适当增加。

4. 不同树种的灌溉

不同树种对水的要求各不相同，幼苗期差别并不太大，一般都需要有足够的水分。随着苗龄的增长，差别越来越明显。对于一些耐旱树种，如臭椿、刺槐、丁香等更应注意，水多时要立即排水。对于一般树种则要经常保持湿润状态，结合地下水位和降雨情况，确定适宜的灌水量。

二、排水

在雨季到来之前，应修好全场排水系统，调查好排水的去路，进入雨季时，第一次透雨后，各部分的主渠道和支渠道全部打通，使主渠道畅通，以便排水，要求连阴雨或特大暴雨后半天内能将育苗区雨水排净。

三、中耕除草

中耕除草是为了保持地面疏松，增加土壤透气性，促进肥分分解，防止土壤水分蒸发，避免杂草与苗木争水争肥，减少病虫害发生。

（1）全年中耕除草次数应根据土质、气候和杂草发生情况而定，要适时中耕除草，一般要求每浇水一次或两次，即应中耕一次，全年平均中耕除草10次左右。

（2）中耕除草应做到普遍耕种，达到一定深度，打碎土块，草根除掉，大草除下后立即集中，运至区外，沤制堆肥。

（3）积极慎重使用化学除草剂，能提高工效，保证除草质量，应积极推广。但许多化学除草剂是有药害的，使用时要按照规定确定用药品种、数量、稀释比例，不能将药液喷洒在树叶上，以免发生药害。

四、病虫害防治

加强苗圃病虫害防治，是保证苗木健壮生长的重要措施。要贯彻以“预防为主，综合防治”的方针，以营林措施为基础，积极推广生物防治，采用生物、人工、灯光诱杀，化学农药综合防治措施。加强水肥管理，消灭杂草，清除寄生植物等配合工作。在喷洒农药时，要严格按操作规程办事，保证人、畜和苗木安全。

五、施肥

肥料是多育苗、育好苗、提高苗木质量、加速苗木生长的重要因素。要广开肥源，做到多积肥，积好肥。利用枯枝落叶及修剪的蘖芽和杂草等肥源，并种植绿肥、养猪积肥，提高肥料质量，为苗木的生长提供充足的有机肥料（每亩可施3米^3）。

在苗木生长期中给苗木追肥，是加速苗木生长的重要因素。追肥，应采用速效或半速效性的肥料，如化肥或人类尿等；本着少施勤施原则，根据苗木不同生长阶段的需肥量施用。雨季前，为苗木旺盛生长期，一般每半月施肥两次，每亩每次施化肥10千克即可。雨季以后到苗木生长后期，一般可不再施肥（个别树种可施磷、钾肥），以防枝条徒长。

六、苗木修剪

修剪的目的在于通过修剪对苗木进行留强扶弱，平衡树势，可使枝条主、次分明，养成理想的树形，同时可使苗木通风透光，减少病虫害，促使苗木生长快速健壮。修剪可以提高苗木移植成活率，增强抗性。

1. 修剪时期

（1）冬季修剪　自秋季落叶后至春季发芽前进行，冬季修剪以整形和更新为主。同时还要全面疏除重叠枝、过密枝、竞争枝、徒长枝、病虫枝、枯死枝、细弱枝等。除核桃、元宝枫等伤流严重的树，应在发芽后修剪外，其他树种均可冬季修剪。

（2）夏季修剪　自春季发芽开始至生长停止期。夏季修剪主要是以调整各部主枝与领导枝的生长方向，间疏一些过密枝条，以及剪除蘖芽为主。

2. 修剪方法及要求

在苗圃对幼苗的修剪，主要是初步定型修剪，给苗木出圃定植时确定树形基础，避免以后整形困难，造成大锯大砍，影响树势。

（1）对高大落叶乔木树种的修剪　在幼苗期主要以培养直立无病虫伤害的树干为主。

① 移植苗的修剪。栽植后要剪去细弱的苗稍，剪口芽要直立、充实、饱满。定干高度，根据所栽植苗木生长情况和大小确定，一般大苗一次性定干高度 2.5～2.8 米，小苗和弱苗定干高度可分 2～3 次进行，为了促其发育旺盛，多留一些辅养枝助生长，剪除主干高度为全树高的三分之一。

② 保养苗的修剪。树主干的修剪，凡有病虫危害的要剪除，快长落叶乔木病虫危害部位在 2 米以下的要全部剪掉，剪口选留饱满芽。主枝弯曲度较大的，可从弯曲部下选留方向正的芽子，主枝弱而竞争枝强时，如竞争枝不太弯斜，可剪去弱主枝，以竞争枝代替主枝，如竞争枝不直，可从基部剪除，助细弱主枝复壮。

③ 对侧枝修剪。为培养主干苗木要进行短截，应在饱满芽处短截，芽要位于外侧或两侧，对过密侧枝或重叠直立徒长枝和病虫害枝都应疏去，枯枝干桩要从基部剪除。

（2）对一般落叶乔木树种修剪　主要指自然圆头型的树种如中口槐、元宝枫等。

① 定干修剪。此类树种，在幼苗期间，主干生长较旺，如放任生长则往往造成分枝点过高，树冠高矮不齐，故对于生长较高的树木

要进行定干控制，对于低矮细弱的主干，要培养成健壮直立的主干(具体方法可采用修剪方法或抹头养干方法，如杜仲等)。定干高度：国槐、馒头柳、元宝枫、立柳、垂柳2～2.5米。

② 树冠培育。对国槐、馒头柳类树种可在主干端选留较近距离、分布均衡、长势旺盛的枝条3～5个，并根据枝条强弱进行短截，保留30～40厘米长度，如在适当部位已有侧枝，可采用间疏方法进行选留3～4个主枝造成冠形，在修剪时，注意利用外侧枝，多疏冠中枝（内向枝）使冠形开张扩大。

(3) 对落叶灌木修剪　对落叶灌定干方法：一为单干式（如榆叶梅、碧桃等)，即可采用一个短小主干，在干上造成丰满树冠；一为多干式（如黄刺玫、玫瑰等)，就是从基部分为3～5个短干，各短干上分布枝条，以形成树冠。以上两种树形，每年都要疏剪，以防止烧膛。对作绿篱用常绿树，一般不作修剪，但为使下部枝叶茂盛，可适当剪梢。

(4) 对独立栽植的常绿树种修剪　如油松、华山松、桧柏类的修剪应以培养主干为主，随时找出主枝，侧枝分布均匀。

(5) 对出圃苗木的修剪　除有严重病虫害外，一般对主干不进行修剪。对侧枝如不够分枝点高度2米时，可提高分枝点，而后将其进行短截，长度留20～30厘米。对苗木过密细弱枝条进行疏剪，总的原则为：对出圃苗的修剪程度要轻，留有余地，便于在运输定植过程中有再修剪的余地。

第二节
园林苗木的培育与肥料管理

一、园林苗木圃地的确定

圃地应选择土层深厚、排水良好、靠近水源、光照充足、土壤肥沃的土地。不宜设于易受水淹的河滩、山谷洼地、沙地、排水不良、土层浅薄、风害严重、地下害虫多的土地，也不宜选择种植过易感染病害的作物如薯类、蔬菜等的土地。

选择苗圃地时主要考虑以下七个因素：一是苗圃要设在造林地的附近，这样可减少因长途运输而造成的苗木失水过多、降低苗木质量、影响造林成活率、增加造林成本而造成的损失，这样所培育的苗木能很好地适应造林地的环境条件，造林成活率高；二是苗圃地要尽量设在交通方便的地方，以利于生活用品、育苗生产资料和苗木的及时运输；三是苗圃地应距居民点较近，能保证季节性劳动力的来源，方便得到技术上的管理指导和机具的维修；四是要避开人、畜活动对育苗产生的干扰；五是要有充足的能源和符合要求的水源供应；六是苗圃地应选在排水良好、地势平坦的地方，山顶、风口、山谷以及地势低洼容易积水的地方不能作苗圃；七是苗圃地选结构疏松、排水透气性良好的沙壤土为好，土层深厚，至少要40～50厘米，酸碱度适中，长期种植玉米、烟草、马铃薯、蔬菜等退耕地因病虫害较严重不能作苗圃用地。

二、选择育苗树种

首先根据苗圃所在地区选择树种，要选择适合本地区造林和绿化的树种。其次根据苗圃地面积和资金选择树种，一般来说苗圃培育的树种越多抵御市场风险的能力也越强，所以，面积较大、资金充足的苗圃应多培育不同树种，既有造林苗，又有绿化苗；既有1～2年生出圃的苗木，如杨、柳树和花灌木等，也有多年才能出圃的大苗，如松树和大规格乔木。如果是个体育苗户，苗圃地面积小、资金少，最好以培育1～2年生出圃的短周期苗木为主，因为大苗培育年限长，资金周转慢，个人无法承受。最后根据市场需求选择树种，了解苗木销售信息，做好市场分析，做到心中有数，再确定育苗树种。

三、整地、改土

整地是指对育苗用的土地进行土壤耕作。苗圃地土壤的深耕细作是壮苗高产的重要保障，这是因为，合理的土壤耕作，有三个方面的作用。一是疏松和加深了耕作层，从而改善了土壤的理化性质。二是翻动了上下层土壤，促使下层土壤更好地熟化，也使上层土壤恢复团粒结构。同时具有翻埋杂草种子与作物残茬、混拌肥料、消灭病虫害的作用。三是平整了土壤表层，不仅能减少土壤水分蒸发，也为灌水、播种、幼苗出土创造了良好的条件。总之，通过深耕细作，可改善土壤结构，提高保水保肥能力，减少杂草，为种子萌发、插条生根、苗木生长创造了良好的条件。

（一）整地

1. 育苗地的土壤耕作

在气候干燥、降水较少、风多、土壤水分不足的地方，为了储水保墒，秋天起苗后，要立即平整土地，深耕细耙，灌足冻水，来年春天提早做床播种。冬季有积雪地区，秋耕地不耙，第二年春天再耙地。在干旱地区秋耕后灌冻水，来年春天顶浆耙地。

苗床床面宽 1 米（阔叶树 1.3 米），步道底宽 25 厘米、面宽 33 厘米，床高 15 厘米以上，仔细打碎床面表土，床面平整略呈龟背形，并加镇压或打紧。做床要求深沟高床，中沟低于步道，边沟低于中沟，沟沟相通，永不积水。土地利用率应在 50%以上。培育移植大苗的，可利用行间开沟，以提高土地利用率。

2. 农耕地的土壤耕作

农作物收获后立即浅耕，待杂草种子萌发时，再进行深耕细耙，灌足冻水，第二年春天再顶浆耙地。

3. 生荒地及撂荒地的土壤耕作

杂草不多的荒地，秋耕秋耙后，第二年春天可育苗。杂草茂盛的荒地，先割草翻压绿肥，浅耕灭茬，切断草根，待杂草种子萌发后再耕地。耕地时间在雨季之前，冬季无积雪地区，要求耕后立即耙地，冬季有积雪的地区，可以耕后不耙。

（二）改土

改土是指对育苗用土地的瘠薄土壤进行换土或施肥。

1. 精耕细作

及时换土整地，做到三犁三耙，仔细碎土，消灭杂草、害虫，改良土壤，提高肥力。

2. 土壤消毒

应选用高效、低毒的药剂，不使用高残留、污染大的药剂。

知识链接：

(1) 立枯病危害严重的土地，每亩用硫酸亚铁粉10～15千克，或生石灰粉25～50千克（如基肥已用石灰粉，可不再施），撒于床面。

(2) 地下害虫危害严重的土地，每亩用3%敌百虫粉剂2.5～4.0千克，撒后翻入土中。

(3) 容器育苗的培养土，一般要疏松肥沃，可用黄心土与火土各半，加磷肥3%，或肥土60%，火土37%，磷肥3%。

3.施足基肥

每亩可施腐熟的有机肥2000千克（或饼肥粉100～150千克），火土灰2000千克，磷肥25～50千克。酸性土壤缺磷、钾肥，尤其是钙，每亩可加施生石灰粉25～50千克。

4.新圃地

育松类、栎类等根部有菌根共生的苗木时，要接种同种菌根，即从培育过同种苗木的老苗床或林下取表土，翻入苗床中。容器育苗的培养土，育松类、栎类苗时，要加菌根土10%。

5.实行轮作

不宜在同一块地上连续培育同一树种的苗木。育苗一两年后，苗木与水稻轮作，如土地限制，也可采用针叶—阔叶树种、豆科—非豆科树种、深根—浅根树种轮种。

四、苗木轮作

（一）育苗地连作弊病

连作又叫重茬，是在同一块圃地上连年培育同一树种的苗木的耕作方法。实践证明，连作容易引起病虫害或因其他原因使苗木的质量下降，产量减少。原因主要有三个：一是有些树种对某些营养元素有特殊的需要和吸收能力，连作容易引起某些营养元素的缺乏，致使苗木生长不良；二是长期培育同一树种的苗木，给某些病原菌和害虫造成适宜的生活环境，使它们容易发展，如猝倒病和蚜虫等；三是有些树种的苗木本身能从根系中分泌酸类及有毒气体，长期积累也会对苗木生长产生毒害作用。但对有菌根菌的树种如松属（油松、樟子松、红松、落叶松）和壳斗科等在不发病的前提下，连作的效果很好。

（二）育苗地轮作好处

轮作又叫换茬或倒茬。轮作有以下好处。①轮作能充分利用土壤养分。不同树种或作物吸收土壤中营养元素的种类和数量是不同的，如针叶树对氮的吸收量比阔叶树多，但对磷的吸收量却较少，所以连年培育一种苗木容易引起土壤中某种元素的缺乏，从而降低苗木质量。松树苗木有菌根菌，病虫害不严重的情况下，松苗可连作。②轮作能改良土壤结构，提高土壤肥力。起苗后，带走了大量肥沃土壤，减少了土壤中的有机质。轮作种植农作物或绿肥作物，既能大量增加土壤中的有机质，又能改善土壤结构。③轮作是生物防治病虫害和杂草的一个重要措施。因为轮作改变了病原菌和害虫的生活环境，使它们失去生存条件而死亡；也改变了杂草的生存环境，在一定程度上能抑制杂草。④轮作可减少和调节土壤中有害物质和气体的积累。

（三）苗圃地轮作方法

常用轮作方法主要有三种。

1. 树与树轮作

要做到树种间合理轮作，应了解各种苗木对土壤水分和养分的需求、各种苗木易感染病虫害的种类、树种互利与不利作用。常用的树种轮作有：油松与杨树、紫穗槐轮作，苗木生长良好，而且病虫害少；油松、白皮松与复叶槭、皂荚轮作，可减少立枯病。轮作最好是在豆科树种与非豆科树种、深根树种与浅根树种、喜肥树种与耐贫瘠树种、针叶树与阔叶树、乔木与灌木之间进行。不要选择有共同病虫害的树种进行轮作，如：为了预防锈病就不要用落叶松与杨树、桦木轮作；云杉不要与稠李属植物轮作；桧柏不要与苹果、梨等轮作。

2. 树与农作物轮作

由于农作物收割后有大量的根系遗留在土壤中，增加了土壤的有机质，因此，苗木与农作物轮作不仅可以增加粮食收入，还可以补偿起苗时土壤中消耗的大量营养元素，这是目前最切实可行的方法。生产上用来轮作的农作物最好的是豆类，其次是小麦、高粱、玉米等。但必须注意，苗木与农作物轮作一定要防止引起病虫害，如在育苗地种植蔬菜或马铃薯等易感染猝倒病和招引虫害，所以不要选用这类作物与苗木轮作，也不宜间种和套种。

3. 树与绿肥轮作

这种轮作方式能增加土壤中的有机质，促进土壤形成团粒结构，调整土壤中的水、肥、气、热等状况，从而改善土壤的肥力，对苗木生长极为有利。目前生产上应用较多的绿肥植物有苜蓿、三叶草、草木犀等，这些植物同时还是很好的牧草。在土地面积较大、气候干旱、土壤贫瘠地区的苗圃地，应采用这种方式轮作。

五、育苗方式选择

育苗方式有许多种，主要根据投资和规模来选择和确定。通常有常规育苗，这是在苗圃中进行的，经播种或扦插培育出造林和绿化用的苗木；组培、工厂化育苗技术是在温室中进行的；另外还有嫁接育苗和容器育苗技术。大田常规育苗劳动强度大，育苗周期长，受自然环境影响大，苗木质量不易保证；组培、工厂化育苗缩短了育苗周期，加快了育苗速度，大大提高了苗木质量，对提高苗木成活率大有好处；组培育苗、嫁接育苗和容器育苗是在种子或插条等繁殖材料紧缺、技术和设备设施具备情况下采用的。但对大多数集体和个体育苗和经营者来说，首选成本低、技术相对简单的常规育苗，其次是嫁接和容器育苗，最后是组培、工厂化育苗。

目前常规育苗应用的育苗方式有床作育苗和大田育苗。床作育苗应用最广，按苗床的种类又可分为高床育苗和低床育苗。大田育苗又叫农田式育苗，采用和农作物相似的作业方式育苗，大田育苗分垄作和平作两种。

（一）床作育苗

1.高床通常采用的规格、优缺点及适宜的条件

床面高出步道15～30厘米，一般采用17～20厘米；床面宽度，采用侧方灌溉一般90厘米左右宽为宜，用喷灌的床面可达1米以上。步道宽度为40～50厘米，一般多用50厘米。苗床的长度依地形而定，其长度越长，土地利用率越高。采用地面灌溉的苗床长度多为10～20米，床过长灌溉不均匀；采用喷灌其苗床长度可达数十米。

高床育苗的优点是：排水良好，可增加肥土层厚度，土温较高；用侧方灌溉，床面不易板结；步道既能用于灌溉又可排水，也便于起苗。高床育苗的缺点是：做床和以后的管理费工、成本高。高床适用于要求排水良好、对土壤水分较敏感的树种，如落叶松、红松、云杉、冷杉、油松等很多针叶树种和部分阔叶树种；适用于易积水的圃地、降水较多或气候较寒冷的地区。

2.低床育苗通常的规格、优缺点即适宜的条件

低床是指床面低于步道的苗床。通常床面低于步道15～25厘米，床面宽度1～1.5米，人工操作以1米比较适宜。床埂兼步道40厘米；需要搭荫棚时，床埂可达50～60厘米。

低床育苗的优点是比高床保墒好。低床育苗的缺点是：由于灌溉易使苗床土壤板结，增加了松土的工作量；在降水量多的地区或低洼地，床内容易积水。

低床一般用于降水量较少的干旱地区；以树种而言，对土壤水分要求不严、稍有积水无妨碍的树种，如杨、柳等大部分阔叶树种和侧柏、圆柏等少部分针叶树种可采用低床育苗。

（二）大田育苗

（1）垄作的规格　垄底宽一般为60～80厘米，垄面宽30～40厘米，垄高17～20厘米。垄宽对垄内的土壤水分状况有直接影响，干旱地区最好用宽垄，垄内水分条件好；在湿润地区宜用窄垄，能提高土壤利用率。

垄作的优点：垄上肥土层厚，土层疏松，通气条件较好，与高床相似；湿热情况比低床好，有利于排水，不需设毛渠，灌溉方便，节

约用地；垄距大通风透光良好，因而所培育的苗木根系发达；采用垄作还便于机械化或畜力作业，节省劳动力。

(2) 平作　是在育苗前，将苗圃地整平后直接进行播种和移植育苗的耕作方式。平作适用于多行式带播或大苗移植，能提高土地利用率和单位面积产量，同时也便于机械化作业。但苗圃必须地形平坦，而且有喷灌条件，不然灌溉不均问题突出。

六、林木苗圃常用肥料

选择肥料以有机肥为主，因为有机肥是保持土壤肥力最好的肥料，所以为了改良土壤，提高土壤肥力，应大量施用有机肥。如果长期以化肥为主，会使土壤板结而硬化。这样的土壤缺乏有机质，通气不良，肥力下降。苗圃应以有机肥为主，有机肥与无机肥搭配使用。

碱性土壤用酸性肥料。氮肥选氨态氮，如硫酸铵或氯化铵效果较好。在碱性土壤中，磷容易被固定，不易被苗木吸收，选水溶性磷肥，如过磷酸钙和磷酸铵效果较好。酸性土壤用碱性肥料。氮肥选用硝态氮较好，酸性土壤中的磷更易被土壤固定，钾、钙和氧化镁等易流失，所以应使用钙镁磷肥和磷矿粉等磷肥以及草木灰、可溶性钾盐或石灰等。

1. 有机肥

以含有机物为主的肥料叫有机肥，如堆肥、厩肥、绿肥、泥炭(草炭)、腐殖质、人粪尿、家禽粪、豆饼等。有机肥含多种元素，也叫完全肥。因为有机质要通过土壤微生物分解，才能被苗木吸收利用，所以又叫迟效肥。

2. 无机肥

无机肥又叫化肥或矿物质肥。大部分是工业产品，不含有机质，营养元素含量高，主要成分溶于水，容易变为能被苗木吸收的成分，肥效快。大部分无机肥属于速效肥，如氮、磷、钾肥，还有颗粒肥、复合肥、微量元素肥等。

3. 微生物肥

微生物肥是利用土壤中对苗木生长有利的微生物，经过培养而制成的各种菌剂肥料的总称。它包括固氮菌、根瘤菌、磷化细菌、钾细菌等各种细菌肥料和菌根真菌肥料。

七、苗圃地选择肥料和施肥方式

（一）氮、磷、钾对苗木的作用

氮、磷、钾是苗木生长不可缺少的三种主要营养元素，如果营养不足会严重降低苗木质量与合格苗产量。尤其是氮和磷对苗木的影响效果显著。苗木对氮、磷、钾的吸收量，多数树种是氮>钾>磷。苗木需要磷的数量虽然较少，但是磷对苗木质量影响较大，有些针叶树种更加明显。氮肥和磷肥配合施用效果最好，比单施氮肥或单施磷肥的效果要好得多。氮是构成苗木活细胞原生质的蛋白质、核酸和磷脂的主要元素，又是叶绿素的组成元素之一，所以氮对苗木光合作用有重要影响。磷有利于使植物从营养生长顺利地转入生殖生长，促进繁殖器官的形成，可提早开花结实。磷能有效地促进根系发育，增强苗木根的吸收能力，加速苗木生长，并在一定程度上可提高苗木抗逆性。钾能增加细胞液的渗透压，减少水分从叶面散失，从而可提高苗木的抗旱性。钾有利于增加植物体内全纤维和木质素，使植物抗倒伏和抗病虫能力都较强，所以钾肥又叫茎肥。钾与镁有拮抗作用，如土壤中钾比较充足，再施钾肥，会引起苗木缺镁。

（二）缺氮或氮肥过多对苗木的影响

苗木缺氮时，细胞变小，整株生育不良。叶子从下部开始变淡绿至黄绿，逐渐蔓延到上部。见到苗木叶片淡黄绿色、黄绿色，根也发育不良。当氮肥过多时，茎叶柔软，苗木疯长，容易受病虫害侵袭，抗性差，不利于苗木健壮生长发育，苗木成活率下降。

（三）缺磷对苗木的影响

苗木缺磷时，叶片表现发污的暗绿色，还带有紫色至红紫色。严重缺磷时，老叶变黄，植株矮小，根系不发达，特别是根系分支不好。苗木磷素不足时，生长初期发育很慢，并萎缩，特别是新梢发育不良。叶片为浓绿色至暗紫色。赤松、落叶松苗木除顶芽外，从下叶开始均呈暗紫色。

（四）缺钾对苗木的影响

苗木缺钾时，在老叶的叶脉之间和叶尖的边缘产生黄褐色的斑点。茎细，有时向下弯曲。严重缺钾时，整株变黄。缺钾的落叶松、赤松苗木呈暗绿色至淡黄色，顶芽萎缩。

（五）钙、镁、硫、铁对苗木的作用

钙有加固细胞壁和增加对病虫害的抵抗的作用；钙能使原生质的水合度降低，而黏性增大，有利于苗木抗旱；钙能加快植物体内氨的转化，从而减轻了氨在植物体内的毒性。镁是构成叶绿素的主要元素之一。镁主要存在于种子和苗木的幼嫩器官，可促进磷的吸收和运输，有助于核蛋白、卵磷脂等含磷化合物的合成。硫在植物中为含硫氨基酸的组成元素，是构成蛋白质的重要成分。硫能促进叶绿素的形成，有利于光合作用。

铁虽不是叶绿素的组成部分，但在叶绿素形成过程中它是催化剂，从而有利于叶绿素的形成。

（六）缺钙对苗木的影响

植物缺钙时，生长点活动减弱，顶芽弯曲呈勾针状，然后枯死。林木种子在萌发时缺钙，幼苗的生长发育受到强烈抑制。

（七）缺镁对苗木的影响

苗木缺镁时，下部叶变黄绿褐色至红色，逐渐波及上部新叶。苗木在发育中期至后期，下叶尖端呈黄绿色至桃黄色，或者出现红褐色。随着缺乏程度的加重将波及上部新叶。落叶松、赤松苗木缺镁时，叶呈黄绿色至黄色。

（八）缺铁对苗木的影响

新叶不枯死，褐色变成黄色至白色，有时叶子凋萎。苗木缺铁、锰时出现黄化现象，有时伴随发生组织坏死。赤松缺铁、锰时，新梢变黄色至黄白色，逐渐扩展至下部叶。

（九）氮磷钾肥配比

施肥的效果是由许多因素决定的，其中氮、磷、钾的配比是影响肥效的主要因素之一。例如氮、磷、钾的总量相同，如果配合的比例不同，其效果相差很大。以配比 3∶2∶1 处理（即氮 150 千克＋磷 100 千克＋钾 50 千克）的效果最好。苗木的地径、苗高及干物质明显高于其他处理，合格苗产量达 212 万株/公顷，也是最高的。其中 4∶2∶1 处理的合格苗百分比最低。说明氮量过多使氮、磷、钾比利失调，抑制了苗木生长。

多种肥料混合或配合施用，因为氮、磷、钾混合使用能相互促进发挥作用。磷能促进根系发达，促进苗木多吸收氮素，还能促进氮的合成。速效氮、磷与有机肥料混合作基肥，能减少磷被土壤固定，提高磷的肥效 25%～40%；又能减少氮被淋失，提高氮的肥效；在出苗期与幼苗期能及时供应苗木速效氮和磷，而有机肥料逐渐分解是苗木整个生长期的营养来源。混合施肥必须了解各种肥料的相互关系，并不是所有肥料都能混合施用，有些肥料不能同时混在一起施用，例如硝酸铵不能与过磷酸钙混施，因为混施磷酸不易被苗木吸收；带“铵”字的肥料不能与碱性肥料混合施用，以免损失氮素。

八、苗木的施肥方法

苗木的施肥方法主要有基肥、种肥、土壤追肥、根外追肥。

（一）基肥

最好结合秋耕深施，耕作层的湿度和温度都比浅层好，有利于肥料分解，深度以不少于 15～17 厘米为宜。

（二）种肥

对促进幼苗期生长有明显效果。因为许多树种的种子发芽生根就能吸收磷素，一般用磷肥制成颗粒肥料作种肥。绝对不能用粉状的磷肥作种肥，那样它会烧死幼苗。

（三）土壤追肥

一年生播种苗，氮肥一般应从幼苗期的前期开始追，第一次少量追肥；以后几次应从幼苗期的后半期开始，到速生期的高生长第一个高峰之前1星期，为“追肥适期”；最后一次追肥不应晚于两个高生长高峰之间的暂缓期。磷素易被土壤固定，一般不用于土壤追肥，多与有机肥混合作基肥。磷酸二氢钾和磷酸钙都适用于根外追肥。二年生以上留床苗，以生长初期和高生长速生期为重点，高生长停止后，可在茎、根速生期之前追施最后一次氮肥，促进苗木茎和根系生长。当年移植苗从成活后期开始追肥，以后参照留床苗。追肥方法有沟施、浇灌、撒施。三种方法中，沟施法的肥料吸收率最高。沟施一般在7～10厘米深，施肥后盖土。

（四）根外追肥

根外追肥也叫叶面施肥，优点是见效快，喷后20分钟到2小时苗木就开始吸收，24小时能吸收50%以上，在不下雨的情况下，3～5天可全部吸收。根外追肥节省化肥2/3，能按苗木生长需要供给营养元素。一般喷3～4次效果较好。喷后2天内下雨，雨后再补喷一次。急需补充磷、钾或微量元素时宜用根外追肥。

第三节 大苗培育与移植技术

一、苗木移植的意义及成活原理

（一）苗木移植的意义

在一定的时期将生长拥挤的较小苗木从苗床上挖起来，更换育苗地并按规定的株行距栽种下去，让小苗更好地生长发育，这种育苗的操作方法叫移植或移栽。凡经过移植的苗木统称为移植苗。这一技术环节是培育大苗的重要措施。

苗木在幼年时一般较喜阴或耐阴，需要密植，并且生长所需要的营养面积较小，密植可以提高单位面积的产苗量。当苗木长到一定规格，必须进行移植。移植后扩大了苗木的株行距，增加了生存空间，增加了营养面积，如光照空间、通风空间、枝干生长空间以及根系生长、吸收水分和营养的空间。移栽时对根系的修剪，还能刺激苗木根系发育，多生须根，提高绿化成活率。同时移植过程也是淘汰过程，那些生长差、达不到要求的苗木逐步被淘汰。

总之，通过移植可以给苗木提供足够的生长空间，合理的水肥修剪管理可为园林事业提供优美树形的大规格苗木。

知识链接：

移植的意义归纳起来有以下几方面：

（1）为苗木提供适宜的生存空间；

（2）可以促进根系生长；

（3）可培养优美树形；

（4）能合理利用土地。

（二）保证移植成活的基本原理

移植苗木成活的基本原理是保持地上部分和地下部分的水分和营养物质供给平衡。移植苗木挖掘时根系受到损伤，苗木能带的根系数量与起苗质量直接相关，一般苗木所带根系只是原来根系的10%～20%，这就打破了原来地上部与地下部的平衡关系。为了达到新的平衡，一是进行地上部的枝叶修剪，减少部分枝叶量，也就是减少水分和营养物质的消耗，使供给与消耗相互平衡，苗木移植才能成活；相反，苗木就会因缺少水分和营养物质而死亡。二是在地上部不修剪或少修剪枝叶的情况下，尽量减少地上部水分和营养物质的蒸腾和消耗，并维持较长时间的平衡，苗木也能移植成活，特别是常绿苗木树种的移植。

不同树种移栽后，其成活难易往往有很大差别，这是受不同树种的习性决定的，因此在进行树木移栽前必须了解其习性，按其习性要求来决定各项技术措施，这样才能获得较高的成活率。从新陈代谢活动的生理角度上来看，树木经过起挖调运、栽植，由于根系大量损伤，就打破了原来地上部分和地下部分的平衡，使水分和有机营养物质大量消耗，如果这种平衡不能迅速恢复树木就有死亡的危险。因此，在移栽技术措施上就要解决地上部分和根系间水分及营养物质相互平衡的问题。理论与实践均认为保证移栽成活的基本原理在于根据树种习性，掌握适当的移栽时期，尽可能减少根系损伤，适当剪去树冠部分枝、叶，及时灌水，创造条件来正确地调整地上部分与根系间生理平衡，并促进根系与枝、叶的恢复与生长。

落叶树木移植，除了要注意修剪地上部枝叶，还要注意移植的季节。落叶期移植由于枝叶量小，地上部分和地下部分容易达到平衡关系，因苗木处于休眠状态，其蒸腾量小，移植成活率高。即秋季落叶后至春季发芽前移植最好，特别是春季发芽前移植成活率最高。落叶苗木生长期移植，要对地上部分实行强修剪，少留枝叶，移植后经常给地上部枝叶喷水，及时进行地下土壤灌溉，生长期也能移植成活。

常绿苗木移植时，为了保持其冠形，一般地上部枝叶尽量少修剪，实际上地上部枝叶外表面积远大于地下部根系外表面积，移植后水分和营养物质的供给与消耗是不平衡的。移植时为了保持平衡，要尽可能多带和保留原有根系，要保持树冠对水分的需求，要经常往树冠上喷水，维持一段时间后，地上部与地下部都逐渐恢复生长，常绿苗木移植就能成活。移植的季节以休眠期为最佳，因为这时树木的气孔、皮孔处于关闭状态，叶细胞角质层增厚，生命活动减弱，消耗水分与营养物质少，因而移植成活率高。常绿苗木在生长期移植后，采用在南、西方向搭遮阳网的方法来减少阳光直射，从而减少树冠水分蒸腾量。并安装移动喷头喷水，待恢复正常生长，逐渐去掉遮阳网，减少喷水次数，保证移植成功。中、小常绿苗木成片移植可全部搭上遮阳网，浇足水，过渡一段时间后逐渐去掉遮阳网，也可在阳光强的中午盖上，早晚打开，减少苗木水分蒸腾，保证苗木的移植成活。

二、移植技术

（一）移植时间

1. 春季移栽

一般在春季土壤解冻、苗木萌动前进行。苗木根系萌动生长要求的温度比地上部分低，萌动比地上部分早。在北方，早春土壤解冻时含水量较大，这时移栽苗的根系伤口在土壤中很快愈合、长出新根。待天气变暖，地上部分开始萌动时，给根系及时提供水分，使苗木成活。移栽后及时灌溉，使苗木吸收充足的水分，保证苗木有更高的成活率。

2. 秋季移栽

秋季苗木地上部分生长停止后，根系还在生长时进行移栽。这时地上部分停止生长，消耗养分较少，移栽后根系受伤部分在土壤结冻前还可以愈合、长出新根，使苗木成活。秋季移栽不可太晚，否则根系停止生长，对苗木成活不利。移栽后需要及时浇水，越冬前需要采取覆土等保护措施，防止苗木受冻害。

3. 夏季移栽

一般常绿树在夏季多雨时移栽较好，这时土壤水分充足，空气湿度较大，易于保持苗木水分平衡，成活率高。

阔叶树夏季移栽时要对树冠进行修剪，防止水分大量蒸发，影响苗木生长和成活。有些苗木还要遮阴，防止暴晒使苗木失水影响成活率。

（二）移植次数和移植密度

移栽次数要根据绿化用苗的具体要求确定。培养行道树苗木、风景林苗木等，由于苗木规格大，从幼苗培育到大苗要移栽多次。培育绿篱等小规格苗木移栽的次数要少一些。如桧柏培养大苗，从播种苗培育到符合绿化要求，需要移栽 3 次以上；同是桧柏，培养绿篱用苗一般移栽两次即可符合要求。苗木多次移栽可以促进根系的生长发育，利于以后的绿化定植成活。

移栽密度要根据树种的生长特性和培育年限来确定，苗期生长快的树种移栽密度要小一些，苗期生长慢的树种移栽密度可大一些，预留出苗木 2～3 年的生长空间。密度是一个相对的概念，对于不同规格、不同年龄的苗木，密度要求是不一样的。在苗圃作业时密度具体体现在株行距上，为了便于机械化作业，移栽苗的行距要考虑机具的作业范围。

（三）移植方法

1. 裸根移植

大部分落叶树大苗可裸根移植（图 5-1）。在河北杨和新疆杨的秋季和春季移植中，一般采用裸根移植。裸根移植的苗木，在运输过程中如果失水，要先用清水浸根 1～2 天，中间需换水一次，然后用剪刀修平根上的伤口，用 0.3%的过磷酸钙和 200 毫克/升的 ABT 3 号生根粉水溶液加入黏土加水搅拌成泥浆，蘸浆后栽植。

2. 带土球移植

对于其他苗木，如针叶树、常绿阔叶树、难生根的落叶阔叶树的大苗，移植时需带土球。

① 起苗　起苗时土球大小应根据树种根系伤口愈合能力、根系发达程度、土壤质地而定，一般掌握在树干地径的 10 倍左右。根系发达、伤口愈合能力差、土壤为黏土的，土球可稍大。根系不发达、土壤又是沙土时，土球宜小，否则土球易散，反而不如小土球（图 5-2）。

图 5-1　栾树的裸根苗移栽

图 5-2　带土球起苗

② 栽植　栽植穴的深度要比土球高度大 20 厘米左右，大小比土球直径大 40 厘米左右。栽植前先往穴中灌水到穴深的四分之三，然后加入表土，用锹搅拌成泥浆，再把土球移到穴中间，扶正，稍停十几分钟，让泥浆浸入在装运过程中可能散裂的土球裂缝中，让水浸入土球中。如有草绳缠绕，剪断草绳，使其散落在土球与穴壁之间的泥浆中，封土后浇透水。要在四周设支柱固定树体，以防被风吹倒。

图 5-3 所示为带土球苗木的定植。

图 5-3　带土球苗木的定植

图 5-4　定植后浇水

(四) 移植后的管理

1. 浇水

苗木移植后，立即浇水（图 5-4）。苗圃地一般采用漫灌的方法浇水。第一次浇透水，使坑内或沟内水不再下渗为止。隔 2～3 天再浇一次水，连浇三遍水，以保证苗木成活。浇水一般在早上或傍晚为好。

2. 覆盖

浇水后等水渗下，在树穴内覆盖塑料薄膜或覆草（图 5-5）。如覆盖塑料薄膜时，要将其剪成方块，薄膜的中心穿过树干，用土将薄膜中心和四周压实，以防空气流通。覆膜可提高地温，促进苗木生长，也可防止水分散失，提高成活率。覆草是用秸秆覆盖苗木生长的地面，厚度为 5～10 厘米。覆草可保持水分，增加土壤有机质，夏季可降低地温，冬季则可提高地温，促进苗木的生长。但覆草可能增加病虫害的滋生。如果不进行覆盖，待水渗后地表开裂时，应覆盖一层

图 5-5　树穴浇水后用草覆盖

干土，堵住裂缝，防止水分散失。

3. 扶正

移植苗第一次浇水或降雨后，容易倒伏。因此要经常到田间观察，出现倒伏要及时扶正、培土踩实，否则会出现偏冠或死亡现象。对容易倒伏的苗木，在移植后立支撑，待苗木根系长好后，不易倒伏时撤掉支撑。

4. 中耕除草

中耕除草是移植苗培育过程中一项重要的管理措施。中耕是将土地翻10～20厘米深，结合除草进行。可以疏松土壤，利于苗木生长。除草一般在夏天生长较旺的时候进行。晴天，太阳直晒时进行为好，可将草晒死。除草要一次除净、除根，不能只把地上部分除去。另外不能在阴天、雨天除草。

5. 施肥

施肥合适与否直接关系到苗木生长，苗木生长初期施肥量较少，氮肥为主；苗木生长旺盛期大量施肥；苗木生长后期，以磷钾肥为主，氮肥适量。

6. 病虫害防治

大苗培育的过程中，病虫害防治也是一项非常重要的工作。种植前可将土壤消毒，种植后改善田间通风、透光条件，消除杂草、杂物以减少病虫残留发生。苗木生长期经常巡察苗木生长状况，一旦发现病虫害，要及时诊断，合理用药或用其他方法治理，使病虫害得以控制、消灭。

7. 排水

雨季排水也是非常重要的工作。首先要挖好排水沟使流水能及时排走。另外，降雨后也可能出现水流冲垮地边、冲倒苗木的情况，降雨后要及时整修地块，扶正苗木。排水在南方降水量大的地方尤为重要。

8. 整形修剪

不同种类的大苗，采用的整形修剪技术不同。

9. 补植

苗木移植后，会有少量的苗木不能成活，因此移植后一两个月要检查是否成活，将不能成活的植株挖走，种植另外的苗木，以有效地利用土地。

10.苗木越冬防寒

苗木移植后，在北方要做一些越冬防寒的工作，以防止冬季低温损伤苗木。常见的措施是浇冻水，在土壤冻结前浇一次越冬水，既能保持冬春土壤水分，又能防止地温下降太快。对一些较小的苗木进行覆盖，用土或草帘、塑料小拱棚等覆盖。较大的易冻死的苗木，缠草绳以防冻伤。对萌芽或成枝均较强的树种，可剪去地上部分，使来年长出更强壮的树干。冬季风大的地方也可设风障防寒。园林绿化中应用的大苗种类很多，如庭荫树、行道树、花灌木、绿篱大苗、球形大苗、藤本类大苗等。不同种类的大苗要求有不同的树形，不同的树种大苗培育方法也不相同。

第六章 园林苗木的出圃

第一节 出圃苗木的质量要求

为了使出圃苗木定植后生长良好，早日发挥其绿化效果，满足各层次绿化的需要，出圃苗木应有一定的质量标准。不同种类、不同规格、不同绿化层次及某些特殊环境、特殊用途等对出圃苗木的质量标准要求各异。

一、苗木出圃的质量标准

高质量的苗木，栽植后成活率高，生长旺盛，能很快形成景观效果。一般苗木的质量主要由根系、干茎和树冠等因素决定。高质量的苗木应具备如下的条件。

（一）苗木树体完美，生长健壮

1. 生长健壮，树形骨架基础良好，枝条分布均匀

总状分枝类的苗大，顶芽要生长饱满，未受损伤。其他分枝类型大体相同。

2. 根系发育良好，大小适宜，带有较多侧根和须根

根不劈不裂。因根系是苗木吸收水分和矿物质营养的器官，根系

完整，栽植后能较快恢复，及时地给苗木提供营养和水分，从而提高栽植成活率，并为以后苗木的健壮生长奠定有利的基础。苗木带根系的大小应根据不同品种、苗龄、规格、气候等因素而定。苗木年龄和规格越大，温度越高，带的根系也应越多。

3. 苗木的茎根比要适当

苗木地上部分鲜重与根系鲜重之比，称为茎根比。茎根比大的苗木根系少，地上、地下部分比例失调，苗木质量差；茎根比小的苗木根系多，质量好。但茎根比过小，则表明地上部分生长小而弱，质量也不好。

4. 苗木的高径比要适宜

高径比是指苗木的高度与根颈直径之比，它反映苗木高度与苗粗之间的关系。高径适宜的苗木，生长匀称。它主要决定于出圃前的移栽次数、苗间的间距等因素。

年幼的苗木，还可参照全株的重量来衡量其苗木的质量。同一种苗木，在相同的条件下培养，重量大的苗木，一般生长健壮、根系发达、品质较好。

其他特殊环境、特殊用途的苗木其质量标准，视具体要求而定。如桩景要求对其根、茎、枝进行艺术的变形处理。假山石上栽植的苗木，则大体要求“瘦”“漏”“透”。

（二）出圃苗木无病虫和机械损伤

特别是有危害性的病虫害及较重程度的机械性损伤苗木，禁止出圃。这样的苗木栽植后生长发育差，树势衰弱，冠形不整，影响绿化效果。同时还会传染病害，使其他植物受侵染。

二、出圃苗木的规格要求

出圃苗木的规格，根据绿化的具体要求来确定。行道树用苗规格应大一些，一般绿地用苗规格可小一些。但随着经济的发展，绿化层次增高，人们要求尽快发挥绿化效益，大规格的苗木、体现四季景观特色的大中型乔木、花灌木被大量使用。

知识链接：

有关苗木规格，各地都有一定的规定，现把北京地区目前执行的标准细列如下，供参考。

1.常绿乔木

要求苗木树形丰满、主梢茁壮、顶芽明显，苗木高度在1.5米以上或胸径在5厘米以上为出圃规格。高度每提高0.5米，即提高一个出圃规格级别。

2.大中型落叶乔木

如毛白杨、国槐、五角枫、合欢等树种，要求树形良好，树干直立，胸径直径在3厘米以上（行道树苗在4厘米以上），分支点在2.0～2.2米以上为出圃苗木的最低标准。干径每增加0.5厘米，即提高一个规格级别。

3.有主干的果树、单干式的灌木和小型落叶乔木

如苹果、柿树、榆叶梅、碧桃、西府海棠、紫叶李等，要求主干上端树冠丰满，地径在2.5厘米以上为最低出圃规格。地径每增加0.5厘米，即提高一个级别规格。

4.多干式灌木

要求自地际分支处有三个以上分布均匀的主枝。丁香、金银木、紫荆、紫薇等大型灌木出圃高度要求在80厘米以上，在此基础上每增加30厘米，即提高一个等级；珍珠梅、黄刺玫、木香、棣棠、鸡麻等中型灌木类，出圃高度要求在50厘米以上，苗木高度每增加20厘米，即提高一个规格级别；月季、金叶女贞、牡丹、紫叶小檗等小型灌木类，出圃高度要求在30厘米以上，苗木高度每增加10厘米，即提高一个规格级别。

5.绿篱类

苗木树势旺盛，全株成丛，基部枝叶丰满，冠从直径不小于20厘米，苗木高度在50厘米以上为最低出圃规格。在此基础上每增加20厘米，即提高一个规格级别。

6.攀缘类苗木

地锦、凌霄、葡萄等出圃苗木要求生长旺盛，枝蔓发育充

实，腋芽饱满，根系发达，至少2～3个主蔓。此类苗木多以苗龄确定出圃规格，每增加一年，提高一个规格级别。

7. 竹类

竹类苗木主要质量标准以苗龄、竹叶盘数、土坨大小和竹秸个数为规定指标。

母竹为2～5年生苗龄。

散生竹类苗木主要质量要求：大中型竹苗具有竹秆1～2个；小型竹苗具有竹秆5个以上。

丛生竹类苗木主要质量要求：每丛竹具有竹秆5个以上。

8. 人工造型苗

黄杨球、龙柏球、绿篱苗以及乔木矮化或灌木乔化等经人工造型的苗木，出圃规格不统一，应按不同要求和不同使用目的而定。

第二节 苗木出圃前的准备工作

苗木的质量与产量可通过苗木调查来掌握。一般在秋季苗木将结束生长时，对全圃所有苗木进行清查。此时苗木的质量不再发生变化。

一、苗木调查的目的与要求

通过对苗木的调查，能全面了解全圃各种苗木的产量与质量。调查时应分树种、苗龄、用途和育苗方法进行。调查结果能为苗木的出圃、分配和销售提供数量和质量依据，也为下一阶段合理调整、安排生产任务，提供科学准确的根据。通过苗木调查，可进一步掌握各种苗木生长发育状况，科学地总结育苗技术经验，找出成功或失败的原因，提高生产、管理、经营效益。

二、苗木调查时间

为使调查所得数据真实有效，苗木调查的时间一般选择在每年苗木高、径生长结束后进行，落叶树种在落叶前进行。因此，出圃前的调查通常在秋季，生产上也有些苗圃为核实育苗面积，在每年5月份调查一次，检查苗木出土和生长情况。

三、调查方法

为了得到准确的苗木产量与质量数据，根颈直径在5～10厘米以上的特大苗，要逐株清点；根颈直径在5厘米以下的中小苗木，可采用科学的抽样调查方法，其准确度不得低于95%。

在苗木调查前，首先查阅育苗技术档案中记载的各种苗木的育苗技术措施，并到各生产区查看，以便确定各个调查区的范围和采用的方法。凡是树种、苗龄、育苗方式方法及抚育措施、绿化用途相同的苗木，可划为一个调查区。从调查区中抽取样地，逐株调查苗木的各项质量指标及苗木数量，最后根据样地面积和调查区面积，计算出单位面积的产苗量和调查区的总产苗量。最后统计出全圃各类苗木的产量与质量。抽样的面积为调查苗木总面积的2%～4%。常用的调查方法有下列3种。

1. 标准行法

在需调查区内，每隔一定行数（如5的倍数）选1行或1垄作标准行，全部标准行选好后，如苗木数过多，在标准行上随机取出一定长度的地段，在选定的地段上进行苗木质量指标和数量的调查，如苗高、根颈直径或胸径、冠幅、顶芽饱满程度、针叶树有无双干或多干等。然后计算调查地段的总长度，求出单位长度的产苗量，以此推算出每亩的产苗量和质量，进而推算出全区的该苗木的产量和质量。此调查方法适用于移植区、扦插区、条播、点播的苗区。

2. 标准地法

在调查区内，随机抽取1米^{2}的标准地若干个，逐株调查标准地上苗木的高度、根颈直径等指标，并计算出1米^{2}的平均产苗量和质量，最后推算出全区的总产量和质量。此调查方法适用于播种的小苗。

3. 准确调查法

数量不太多的大苗和珍贵苗木，为了数据准确，应逐株调查苗木数量，抽样调查苗木的高度、地径、冠幅等，计算其平均值，以掌握苗木的数量和质量。

第三节 起苗与分级

起苗又称掘苗，起苗操作技术的好坏，对苗木质量影响很大，也影响苗木的栽植成活率以及生产、经营效益。

一、起苗

（一）起苗季节

1. 春季起苗

一定要在春季树液开始流动前起苗。主要用于不宜冬季假植的常绿树或假植不便的大规格苗木，应随起苗随栽植。大部分苗木都可在春季起苗。

2. 雨季起苗

主要用于常绿树种，如侧柏等。雨季带土球起苗，随起随栽，效果好。

3. 秋季起苗

应在秋季苗木停止生长，叶片基本脱落，土壤封冻之前进行。此时根系仍在缓慢生长，起苗后及时栽植，有利于根系伤口愈合和劳力调配，也有利于苗圃地的冬耕和因苗木带土球使苗床出现大穴而必须回填土壤等圃地整地工作。秋季起苗适宜大部分树种，尤其是春季开始生长较早的一些树种，如落叶松、水杉等。过于严寒的北方地区，也适宜在秋季起苗。

4. 冬季起苗

主要适用于南方。北方部分地区常进行冬季破冻土带冰坨起苗。

（二）起苗方法

1.裸根起苗

落叶阔叶树在休眠期移植时，一般采用裸根起苗。起苗时，依苗木的大小，保留好苗木根系，一般根系的半径为苗木地径5～8倍左右，高度为根系直径2/3左右，灌木一般以株高1/3～1/2确定根系半径。如二、三年生苗木保留根幅直径约为30～40厘米。绝大多数落叶树种和容易成活的常绿树小苗一般可采用此法。大规格苗木裸根起苗时，应单株挖掘。以树干为中心画圆，在圆心处向外挖操作沟，垂直挖下至一定深度，切断侧根，然后于一侧向内深挖，并将粗根切断。如遇到难以切断的粗根，应把四周土挖空后，用手锯锯断。切忌强按树干和硬劈粗根，造成根系劈裂。根系全部切断后，将苗取出，对病伤劈裂及过长的主根应进行修剪。

起小苗时，在规定的根系幅度稍大的范围外挖沟，切断全部侧根，然后于一侧向内深挖，轻轻放倒苗木并打碎根部泥土，尽量保留须根，挖好的苗木立即打泥浆。苗木如不能及时运走，应放在阴凉通风处假植。起苗前如天气干燥，应提前2～3天对起苗地灌水，使苗木充分吸水，土质变软，便于操作。

2.带土球起苗

一般常绿树、名贵树木和较大的花灌木常带土球起苗。土球的直径因苗木大小、根系特点、树种成活难易等条件而定。一般乔木的土球直径为根颈直径的8～16倍，土球高度为直径的2/3，应包括大部分的根系在内。灌木的土球大小以其高度的1/3～1/2为标准。在天气干旱时，为防止土球松散，于挖前1～2天灌水，增加土壤的黏结力。挖苗时，先将树冠用草绳拢起，再将苗干周围无根生长的表层土壤铲除，在应带土球直径的外侧挖一条操作沟，沟深与土球高度相等，沟壁应垂直。遇到细根用铁锹斩断，3厘米以上的粗根，不能用铁锹斩，以免震裂土球，应用锯子锯断。挖至规定深度，用铁锹将土球表面及周围修平，使土球上大下小呈苹果形，主根较深的树种土球呈萝卜形。土球上表面中部稍高，逐渐向外倾斜，其肩部应圆滑，不留棱角。这样包扎时比较牢固，不易滑脱，土球的下部直径一般不应超过土球直径的2/3。自上向下修土球至一半高度时，应逐渐向内缩小至规定的标准，最后用铁锹从土球底部斜着向内切断主根，使土球与土底分开。在土球下部主根未切断前，不得硬推土球或硬掰动树干，以免土球破裂和根系断损。如土球底部松散，必须及时填塞泥土和干草，并包扎结实。落叶针叶树及部分移植成活率不高的落叶树需带宿土起苗，起苗时保留根部中心土及根毛集中区的土块，以提高移植成活率。起苗方法同裸根起苗。

起苗时注意尽量保护好苗木的根系，不伤或少伤大根，同时，尽量多保存须根，以利于将来移植成活生长。起苗时也要注意保护树苗的枝干，以利于将来形成良好的树形，枝干受伤会减少叶面积，也会给树形培养增加困难。

3. 机械起苗

目前起苗已逐渐由人工向机械作业过渡。但机械起苗只能完成切断苗根、翻松土壤的过程，不能完成全部起苗作业。常用的起苗机械有国产 XML-1-126 型悬挂式起苗犁，适用于 1～2 年生床作的针叶、阔叶苗，功效每小时可达 6 公顷。DQ-40 型起苗机，适用于起 3～4 年生苗木，可起取高度在 4 米以上的大苗（图 6-1）。

4. 冰坨起苗

东北地区利用冬季土壤结冻层深的特点，采用冰坨起苗法（图 6-2）。冰坨的直径和高度的确定以及挖掘方法，与带土球起苗基本一致。当气温降至－12℃左右时，挖掘土球，如挖开侧沟，发觉下部冻得不牢不深时，可于坑内停放 2～3 天。如因土壤干燥冻结不实时，可在土球外泼水，待土球冻实后，用铁钎插入冰坨底部，用锤将铁钎

图 6-1　机械起苗

图 6-2　国槐的带冰起苗

打入，直至震掉冰坨。为保持冰坨的完整，掏底时不能用力太重，以防震碎。如果挖掘深度不够，铁钎打入后不能震掉冰坨，可继续挖至足够深度。冰坨起苗适用于针叶树种。为防止碰折主干顶芽和便于操作，起苗前用草绳将树冠拢起。

二、苗木分级

苗木分级是按苗木质量标准把苗木分成若干等级的。当苗木起出后，应立即在庇荫处进行分级，并同时对过长或劈裂的苗根和过长的侧枝进行修剪。分级时，根据苗木的年龄、高度、粗度（根颈或胸径）、冠幅和主侧根的状况，将苗木分为合格苗、不合格苗和废苗3类。

（一）合格苗

合格苗指可用来绿化的苗木，具有良好的根系、优美的树形、一定的高度。根据合格苗高度和粗度的差别，又可将其分为几个等级。图6-3所示为柏树一级苗。

图6-3 柏树一级苗

（二）不合格苗

不合格苗指需要继续在苗圃培育的苗木，其根系、树形不完整，苗高不符合要求，也可称小苗或弱苗。

（三）废苗

废苗指不能用于造林、绿化，也无培养前途的断顶针叶苗，以及病虫害苗和缺根、伤茎苗等。除有的可作营养繁殖的材料外，一般皆废弃不用。

苗木数量统计，应结合分级进行。大苗以株为单位逐株清点；小苗可以分株清点，也可用称重法，即称一定重量的苗木，然后计算该重量的实际株数，再推算苗木的总数。

苗木分级可使出圃的苗木合乎规格，更好地满足设计和施工要求。同时也便于苗木包装运输和标准的统一。

整个起苗工作应将人员组织好，起苗、检苗、分级、修剪和统计等工作，实行流水作业，分工合作，提高工效，缩短苗木在空气中的暴露时间，能大大提高苗木的质量。

第四节 苗木检疫、根系保护、包装和运输

一、苗木的检疫

在苗木销售和交流过程中，病虫害也常常随苗木一同扩散和传播。因此，在苗木流通过程中，应对苗木进行检疫。运往外地的苗木，应按国家和地区的规定检疫重点病虫害。如发现本地区和国家规定的检疫对象，应禁止出售和交流，不致使本地区的病虫害扩散到其他地区。

引进苗木的地区，还应将本地区或单位没有的严重病虫害列入检疫对象。引进的种苗有检疫证，证明确无危险性病虫害者，均应按种苗消毒方法消毒之后栽植。如发现有本地区或国家规定的检疫对象，应立即销毁，以免扩散引起后患。没有检疫证明的苗木，不能运输和邮寄。

二、苗木包装

（一）裸根苗包扎

裸根小苗如果运输时间超过24小时，一般要进行包装。特别对珍贵、难成活的树种更要做好包装，以防失水。生产上常用的包装材料有草包、草片、蒲包、麻袋、塑料袋等。包装方法是先将包装材料铺放在地上，上面放上苔藓、锯末、稻草等湿润物，然后将苗木根对根放在包装物上，并在根间放些湿润物。当每个包装的苗木数量达到一定要求时，用包装物将苗木捆扎成卷。捆扎时，在苗木根部的四周和包装材料之间，应包裹或填充均匀而又有一定厚度的湿润物。捆扎不宜太紧，以利于通气。外面挂一标签，标明树种、苗龄、苗木数量、等级和苗圃名称（图6-4、图6-5）。

图6-4　裸根苗捆扎

图6-5　裸根苗包扎

短距离的运输，可在车上放一层湿润物，上面放一层苗木，分层交替堆放。或将苗木散放在篓、筐中，苗间放些湿润物，苗木装好后，最后再放一层湿润物即可。

（二）带土球苗木包扎

带土球苗木需运输、搬运时，必须先行包扎。最简易的包扎方法是四瓣包扎，即将土球放入蒲包中或草片上，然后拎起四角包好。简易包装法适用于小土球及近距离运输。大型土球包装应结合挖苗进行。方法是：按照土球规格的大小，在树木四周挖一圈，使土球呈圆筒形。用利铲将圆筒体修光后打腰箍，第一圈将草绳头压紧，腰箍打多少圈，视土球大小而定，到最后一圈，将绳尾压住，不使其分开。腰箍打好后，随即用铲向土球底部中心挖掘，使土球下部逐渐缩小。为防止倾倒，可事先用绳索或支柱将大苗暂时固定，然后进行包扎。包扎时绳要拉紧，并用木棒击打，使草绳紧贴土球或使草绳嵌进土球一部分，这样才能牢固可靠。如果是黏土，可用草绳直接包扎，适用的最大土球直径可达 1.3 米左右。如果是沙性土壤，则应用蒲包等软材料包住土球，然后再用草绳包扎（图 6-6、图 6-7）。

图 6-6 软材料包扎土球

图 6-7 草绳包扎土球

三、苗木运输

（一）小苗的运输

小苗远距离运输应采取快速运输，运输前应在苗包上挂上标签，注明树种和数量。在运输期间，要勤检查包内的湿度和温度。如包内温度过高，要把包打开通风。如湿度不够，可适当喷水。苗木运到目的地后，要立即将苗包打开进行假植，过干时适当浇水，再进行假植。火车运输要发快件，对方应及时到车站取苗假植。

（二）裸根大苗的装运

用人力或吊车装运苗木时，应轻抬轻放。先装大苗、重苗，大苗间隙填放小规格苗。苗木根部装在车厢前面，树干之间、树干与车厢接触处垫稻草、草包等软材料，以避免树皮磨损。树根与树身要覆盖，并适当喷水保湿，以保持根系湿润。为防止苗木滚动，装车后将树干捆牢。运到现场后要逐株抬下，不可推卸下车（图 6-8）。

图 6-8　裸根大苗运输

图 6-9　带土球大苗装车

（三）带土球大苗的吊装

运输带土球的大苗，其重量常达数吨，要用机械起吊和载重汽车运输。吊运前先撤去支撑，捆拢树冠。应选用起吊、装运能力大于树重的机车和适合现场使用的起重机类型。吊装前，用事先打好结的粗绳，将两股分开，捆在土球腰下部，与土球接触的地方垫以木板，然后将粗绳两端扣在吊钩上，轻轻起吊一下，此时树身倾斜，马上用粗绳在树干基部拴系一绳套（称“脖绳”），也扣在吊钩上，即可起吊装车（图 6-9）。

吊起的土球装车时，土球向前（车辆行驶方向），树冠向后码放，土球两旁垫木板或砖块，使土球稳定不滚动。树干与卡车接触部位用软材料垫起，防止擦伤树皮。树冠不能与地面接触，以免运输途中树冠受损伤。最后用绳索将树木与车身紧紧拴牢。运输时车速要慢。树木运到目的地后，卸车时的拴绳方法与起吊时相同。按事先编好的位置将树木吊卸在预先挖好的栽植穴内。如不能立即栽植，即应将苗木立直、支稳，决不可将苗木斜放或平倒在地。

第五节
苗木的假植和贮藏

起苗后或购买的苗木，如不能及时栽植，应妥善贮藏，最大限度地保持苗木的生命力。主要的贮藏方法有苗木假植和低温贮藏。

一、苗木假植

假植是将苗木的根系用湿润的土壤进行暂时的埋植处理，目的是防止根系失水。根据假植时间长短，可分为临时假植和越冬假植。

（一）临时假植

临时假植，即起苗后或栽植前进行的短期假植。将苗木根部或苗干下部临时埋在湿润的土中即可。时间一般 5～10 天。

（二）越冬假植

秋季起苗后，假植越冬到翌春栽植，为越冬假植。应选择地势高燥、排水良好、背风且便于管理的地段，挖一条与主风方向相垂直的沟，规格根据苗木的大小来定，一般深、宽各为 30～45 厘米，迎风面的沟壁成 45°角。将苗木成捆或单株摆放在此斜面上，填土压实。如土壤过干，可适当浇水，但忌过多，以免苗木根系腐烂。寒冷地区，可用稻草、秸秆等覆盖苗木地上部分（图 6-10）。

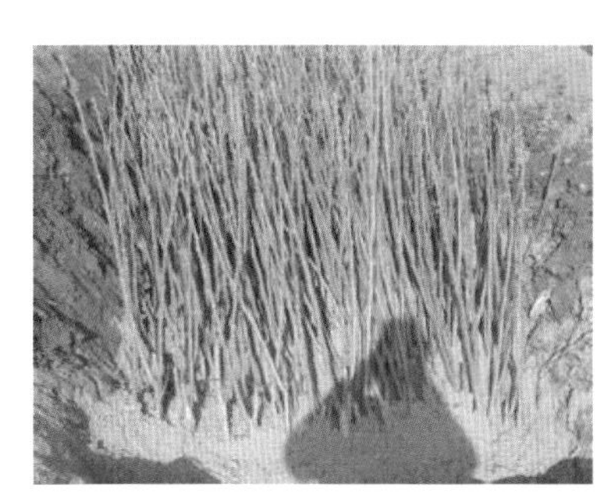

图 6-10　苗木的越冬假植

二、苗木低温贮藏

为保存苗木，推迟苗木发芽，延长栽植时间，可将苗木贮藏在低温条件下。要控制低温环境的温度、湿度及通气状况，一般在温度 15℃、相对湿度 85%～90%、有通气设备的环境条件下，可利用冷藏室、冷藏库、地下室、地窖等贮藏。

第七章 常见园林苗木的栽培育苗技术

第一节 常见园林乔木的栽培育苗技术

一、雪松 *Cedrus deodara*（Roxb.） G. Don

1. 形态特征

松科雪松属乔木，高达30米左右，胸径可达3米；树皮深灰色，裂成不规则的鳞状片；枝平展、微斜展或微下垂，基部宿存芽鳞向外反曲，小枝常下垂。一年生长枝淡灰黄色，密生短茸毛，微有白粉，二、三年生枝呈灰色、淡褐灰色或深灰色（图7-1）。叶在长枝上辐射伸展，短枝上的叶成簇生状（每年生出新叶约15～20枚），叶针形，坚硬，淡绿色或深绿色，长2.5～5厘米，宽

图7-1 雪松全株

1～1.5毫米，上部较宽，先端锐尖，下部渐窄，常呈三棱形，稀背脊明显，叶的腹面两侧各有2～3条气孔线，背面4～6条，幼时气孔线有白粉（图7-2）。雄球花长卵圆形或椭圆状卵圆形，长2～3厘米，径约1厘米；雌球花卵圆形，长约8毫米，径约5毫米。球果成熟前淡绿色，微有白粉，熟时红褐色，卵圆形或宽椭圆形，长7～12厘米，径5～9厘米，顶端圆钝，有短梗；中部种鳞扇状倒三角形，长2.5～4厘米，宽4～6厘米，上部宽圆，边缘内曲，中部楔状，下部耳形，基部爪状，鳞背密生短茸毛；苞鳞短小；种子近三角状，种翅宽大，较种子为长，连同种子长2.2～3.7厘米（图7-3）。

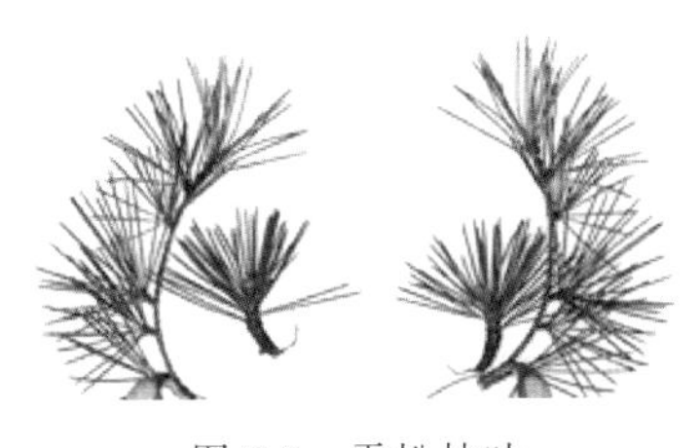

图7-2　雪松枝叶

图7-3　雪松球果

2. 繁殖育苗及栽培管理技术

一般用播种和扦插繁殖。播种可于3月中下旬进行，播种量为75千克/公顷。也可提早播种，以增强幼苗抗病能力。选择排水、通气良好的沙质壤土作为苗床。播种前，用冷水浸种1～2天，晾干后即可播种，3～5天后开始萌动，可持续1个月左右，发芽率达90%。幼苗期需注意遮阴，并防治猝倒病和地老虎。一年生苗可达30～40厘米高，翌年春季即可移植。扦插繁殖在春、夏两季均可进行。春季宜在3月20日前，夏季以7月下旬为佳。春季，剪取幼龄母树的一年生粗壮枝条，用生根粉或500毫克/升萘乙酸处理，能促进生根。然后将其插于透气良好的沙壤土中，充分浇水，搭双层荫棚遮阴。夏季宜选取当年生半木质化枝为插穗。在管理上除加强遮阴外，还要加盖塑料薄膜以保持湿度。插后30～50天，可形成愈伤组织，这时可以用0.2%尿素和0.1%磷酸二氢钾溶液，进行根外施肥。

繁殖苗留床1～2年后，即可移植。移植可于2～3月份进行。植株需带土球，并立支杆。株行距从50～200厘米，逐步加大。生长期追肥2～3次，一般不必整形和修枝，只需疏除病枯枝和树冠紧密处的阴生弱枝即可。可喷洒苯来特或代森锌防治灰霉病，喷洒氧化乐果、敌百虫等防治蚧类及蛾蝶类害虫。

雪松各种土壤均能适应，于黏重黄土及瘠薄干旱地上也能生长；但在积水洼地或地下水位过高处，则生长不良，甚至会死亡。系浅根性树种，易被风刮倒。幼叶对二氧化硫极为敏感，抗烟害能力很弱。幼龄苗生长缓慢。通常雄株在20龄以后开花，而雌株要迟上30龄以后才开花结籽。因花期不一，自然授粉效果较差。通常需预先采集与贮藏花粉，待雌花成熟时进行人工授粉，才能获得较多的优质种子。幼苗期易受病虫危害，尤以猝倒病和地老虎危害最烈，其他害虫有蛴螬、大袋蛾、松毒蛾、松梢螟、红蜡蚧、白蚁等，要及时防治。

二、圆柏 *Sabina chinensis* （L.） Ant.

1.形态特征

柏科圆柏属乔木，高达20米，胸径达3.5米；幼树的枝条通常斜上伸展，形成尖塔形树冠（图7-4），老则下部大枝平展，形成广圆形的树冠；树皮灰褐色，纵裂，裂成不规则的薄片脱落（图7-5）；小枝通常直或稍成弧状弯曲，生鳞叶的小枝近圆柱形或近四棱形，径1～1.2毫米。

图7-4　圆柏全株

图7-5　圆柏的树干

叶二型，即刺叶及鳞叶（图 7-6）。刺叶生于幼树之上，老龄树则全为鳞叶，壮龄树兼有刺叶与鳞叶。生于一年生小枝的一回分枝的鳞叶三叶轮生，直伸而紧密，近披针形，先端微渐尖，长 2.5～5 毫米，背面近中部有椭圆形微凹的腺体；刺叶三叶交互轮生，斜展，疏松，披针形，先端渐尖，长 6～12 毫米，上面微凹，有两条白粉带。

雌雄异株，稀同株，雄球花黄色，椭圆形，长 2.5～3.5 毫米，雄蕊 5～7 对，常有 3～4 个花药。球果近圆球形，径 6～8 毫米，两年成熟，熟时暗褐色，被白粉或白粉脱落（图 7-7）。

有 1～4 粒种子，种子卵圆形，扁，顶端钝，有棱脊及少数树脂槽；子叶 2 枚，出土，条形，长 1.3～1.5 厘米，宽约 1 毫米，先端锐尖，下面有两条白色气孔带，上面则不明显。

图 7-6　圆柏的两种叶型

图 7-7　圆柏的球果

2. 繁殖育苗栽培及管理技术

（1）播种繁殖　播种前首先要对种子进行挑选，种子选得好不好，直接关系到播种能否成功。对于用手或其他工具难以夹起来的细小的种子，可以把牙签的一端用水沾湿，把种子一粒一粒地粘放在基质的表面上，覆盖基质 1 厘米厚，然后把播种的花盆放入水中，水的深度为花盆高度的 1/2～2/3，让水慢慢地浸上来（这个方法称为“盆浸法”）；对于能用手或其他工具夹起来的种粒较大的种子，直接把种子放到基质中，按 3 厘米×5 厘米的间距点播，播后覆盖基质，覆盖厚度为种粒的 2～3 倍。播后可用喷雾器、细孔花洒把播种基质淋湿，以后当盆土略干时再淋水，仍要注意浇水的力度不能太大，以免把种子冲起来。在深秋、早春或冬季播种后，遇到寒潮低温时，可以用塑料薄膜把花盆包起来，以利于保温保湿。幼苗出土后，要及时把薄膜揭开，并在每天上午的 9:30 之前，或者在下午的 3:30 之后让幼苗接受太阳的光照，否则幼苗会生长得非常柔弱。大多数的种子出齐后，需要适当地间苗：把有病的、生长不健康的幼苗拔掉，使留下的幼苗相互之间有一定的空间。当大部分的幼苗长出 3 片或 3 片以上的叶子后就可以移栽。

（2）嫩枝扦插　圆柏也可行软枝扦插法（图 7-8）（6 月播）或硬枝扦插法（10 月插）（图 7-9）繁殖，于秋末用 50 厘米长粗枝行泥浆扦插法，成活率颇高。各种品种常用扦插、嫁接繁殖。种子有隔年发芽的习性，播种前需沙藏。插条要用侧枝上的正头，长约 15 厘米，常用泥浆法扦插成活好。

图 7-8　圆柏的软枝扦插

图 7-9　圆柏的硬枝扦插

（3）小苗移栽　先挖好种植穴，在种植穴底部撒上一层有机肥料作为底肥（基肥），厚度约为 4～6 厘米，再覆上一层土并放入苗木，以把肥料与根系分开，避免烧根。放入苗木后，回填土壤，把根系覆盖住，并用脚把土壤踩实，浇一次透水。

① 湿度管理　喜欢略微湿润至干爽的气候环境。

② 温度管理　耐寒。夏季高温期，不能忍受闷热，否则会进入半休眠状态，生长受到阻碍。最适宜的生长温度为15～30℃。

③ 光照管理　喜阳光充足，略耐半阴。

④ 肥水管理　对于地栽的植株，春夏两季根据干旱情况，施用2～4次肥水。先在根颈部以外30～100厘米开一圈小沟（植株越大，则离根颈部越远），沟宽、深都为20厘米。沟内撒进12.5～25千克有机肥，或者50～250克颗粒复合肥（化肥），然后浇上透水。入冬以后开春以前，照上述方法再施肥一次，但不用浇水。

三、侧柏 *Platycladus orientalis* （L.） Franco

1. 形态特征及习性

柏科侧柏属乔木，高达20余米，胸径1米；树皮薄，浅灰褐色，纵裂成条片（图7-10）；枝条向上伸展或斜展，幼树树冠卵状尖塔形，老树树冠则为广圆形（图7-11）；生鳞叶的小枝细，向上直展或斜展，扁平，排成一平面。

图7-10　侧柏树干

图7-11　侧柏全株

叶鳞形，长1～3毫米，先端微钝，小枝中央的叶的露出部分呈倒卵状菱形或斜方形，背面中间有条状腺槽，两侧的叶船形，先端微内曲，背部有钝脊，尖头的下方有腺点（图7-12）。雄球花黄色，卵圆形，长约2毫米；雌球花近球形，径约2毫米，蓝绿色，被白粉。

球果近卵圆形，长1.5～2（2.5）厘米，成熟前近肉质，蓝绿色，被白粉，成熟后木质，开裂，红褐色；中间两对种鳞倒卵形或椭圆形，鳞背顶端的下方有一向外弯曲的尖头，上部1对种鳞窄长，近柱状，顶端有向上的尖头，下部1对种鳞极小，长达13毫米，稀退化而不显著（图7-12）。

图7-12 侧柏枝叶和果实

喜光，幼时稍耐阴，适应性强，对土壤要求不严，在酸性、中性、石灰性和轻盐碱土壤中均可生长。耐干旱瘠薄，萌芽能力强，耐寒力中等，耐强太阳光照射，耐高温，浅根性，在山东只分布于海拔900米以下，以海拔400米以下者生长良好。抗风能力较弱。

产于中国内蒙古南部、吉林、辽宁、河北、山西、山东、江苏、浙江、福建、安徽、江西、河南、陕西、甘肃、四川、云南、贵州、湖北、湖南、广东北部及广西北部等地区。西藏德庆、达孜等地有栽培。

2.繁殖育苗及栽培管理技术

侧柏常见繁殖方法为播种繁殖。多采用高床或高垄育苗，一般播种前要灌透底水。然后用手推播种磙或手工开沟条播。播种时垄播：垄底宽60厘米，垄面宽30厘米，垄高12～15厘米。每垄可播双行或单行，双行条播播幅5厘米，单行宽幅条播播幅12～15厘米。床作播种，一般床长10～20米，床面宽1米，床高15厘米，每床纵向（顺床）条播3～5行，播幅5～10厘米；横向条播，播幅3～5厘米，行距10厘米。播种时开沟深浅要一致，下种要均匀，播种后及时覆土1～1.5厘米。再进行镇压，使种子与土壤密接，以利于种子萌发。在干旱风沙地区，为利于土壤保墒，有条件时可覆土后覆草。图7-13所示为侧柏的种子，图7-14所示为侧柏播种苗。

幼苗出土后，要设专人看雀。幼苗出齐后，立刻喷洒0.5%～1%波尔多液，以后每隔7～10天喷1次，连续喷洒3～4次可预防立

图 7-13 侧柏的种子

图 7-14 侧柏播种苗

枯病发生。

幼苗生长期要适当控制浇水，以促进根系生长发育。苗木速生期6月中下旬以后恰处于雨季之前的高温干旱时期，气温高而降雨量少，要及时浇灌，适当增添浇水次数，浇灌量也逐步增多，依据土壤墒情每10～15天浇灌一次，以一次灌透为原则，采取喷灌或侧方浇水为宜。步进雨季后减少浇灌，并应注意排水防涝，做到内水不积、外水不侵进。

苗木速生期结合浇灌进行追肥，全年追施硫酸铵2～3次，每次亩施硫酸铵4～6千克，在苗木速生前期追第1次，间隔半个月后再追施一次。也可用腐熟的人粪尿追施。每次追肥后必须及时浇水冲洗净，以防烧伤苗木。

侧柏幼苗时期能耐阴，适当密留，在苗木过密影响生长的情况下，及时间去细弱苗、病虫害苗和双株苗，当幼苗高3～5厘米时进行两次间苗，定苗后每平方米床面留苗150株左右，则每亩产苗量可达15万株。

苗木生长期要及时除草松土，要做到“除早、除小、除了”。目前，多采取化学药剂除草，用35%除草醚（乳油），每平方米用药2毫升，加水稀释后喷洒。第1次喷药在播种后或幼苗出土前，相隔25天后再喷洒第2次，连续2～3次，可基本消灭杂草。每亩用药量每次0.8千克。当表土板结影响幼苗生长时，要及时疏松表土，松土深度约1～2厘米，宜在降雨或浇水后进行，注意不要碰伤苗木根系。

侧柏苗木越冬要进行苗木防寒。在冬季严寒多风的地区，于土壤封冻前灌封冻水，然后采取埋土防寒或设防风障防寒，也可覆草防寒。生产实践表明，埋土防寒效果最好，既简便省工，又有利于苗木安全越冬。但应注意，埋土防寒时间不宜过早，在土壤封冻前的立冬前后为宜；而撤防寒土又不宜过迟，多在土壤化冻后的清明前后分两次撤除；撤土后要及时灌足返青水，以防春旱风大，引起苗梢失水枯黄。图 7-15 所示为侧柏的待移植幼苗。

图 7-15 侧柏的待移植幼苗

四、白皮松 *Pinus bungeana* Zucc

1. 形态特征及习性

松科松属乔木（图 7-16），高达 30 米，胸径可达 3 米；有明显的主干，或从树干近基部分成数干；枝较细长，斜展，形成宽塔形至伞形树冠；幼树树皮光滑，灰绿色，长大后树皮成不规则的薄块片脱落，露出淡黄绿色的新皮，老则树皮呈淡褐灰色或灰白色，裂成不规则的鳞状块片脱落，脱落后近光滑，露出粉白色的内皮，白褐相间成斑鳞状（图 7-17）；一年生枝灰绿色，无毛；冬芽红褐色，卵圆形，无树脂。针叶 3 针一束，粗硬，长 5～10 厘米，径 1.5～2 毫米，叶背及腹面两侧均有气孔线，先端尖，边缘有细锯齿；横切面扇状三角形或宽纺锤形，单层皮下层细胞，在背面偶尔出现 1～2 个断续分布的第二层细胞，树脂道 6～7，边生，稀背面角处有 1～2 个中生；叶鞘脱落。雄球花卵圆形或椭圆形，长约 1 厘米，多数聚生于新枝基部成穗状，长 5～10 厘米。球果（图 7-18）通常单生，初直立，后下垂，成熟前淡绿色，熟时淡黄褐色，卵圆形或圆锥状卵圆形，长 5～7 厘米，径 4～6 厘米，有短梗或无梗；种鳞矩圆状宽楔形，先端厚，鳞盾近菱形，有横脊，鳞脐生于鳞盾的中央，明显，三角形，顶端有刺，刺的尖头向下反曲，稀尖头不明显；种子（图 7-19）灰褐色，近倒卵圆形，长约 1 厘米，径 5～6 毫米，种翅短，赤褐色，有关节易

图 7-16　白皮松全株

图 7-17　白皮松斑鳞状主干

图 7-18　白皮松枝叶及球果

图 7-19　白皮松种子

脱落，长约 5 毫米；子叶 9～11 枚，针形，长 3.1～3.7 厘米，宽约 1 毫米，初生叶窄条形，长 1.8～4 厘米，宽不及 1 毫米，上下面均有气孔线，边缘有细锯齿。花期 4～5 月，球果第二年 10～11 月成熟。

白皮松为中国特有树种，产于山西（吕梁山、中条山、太行山）、河南西部、陕西秦岭、甘肃南部及天水麦积山、四川北部江油观雾山及湖北西部等地。苏州、杭州、衡阳等地均有栽培。

2.繁殖育苗及栽培管理技术

（1）播种繁殖　白皮松一般多用播种繁殖，育苗地以选择排水良好、地势平坦、土层深厚的沙壤土为好。早春解冻后立即播种，可减少松苗立枯病。由于怕涝，应采用高床播种（图 7-20），播前浇足底水，每 10 米^2 用 1 千克左右种子，可产苗 1000～2000 株。撒播后覆土 1～1.5 厘米，罩上塑料薄膜，可提高发芽率。待幼苗出齐后，逐

图 7-20　白皮松高垄播种育苗

图 7-21　白皮松嫁接苗

渐加大通风时间，至全部去掉薄膜。播种后幼苗带壳出土，约 20 天自行脱落，这段时间要防止鸟害。幼苗期应搭棚遮阴，防止日灼，入冬前要埋土防寒。小苗主根长，侧根稀少，故移栽时应少伤侧根，否则易枯死。

（2）嫁接繁殖　如采用嫩枝嫁接繁殖，应将白皮松嫩枝嫁接到油松大龄砧木上（图 7-21）。白皮松嫩枝嫁接到 3～4 年生油松砧木上，一般成活率可达 85%～95%，且亲和力强，生长快。接穗应选生长健壮的新梢，其粗度以 0.5 厘米为好。

二年生苗裸根移植时要保护好根系，避免其根系被吹干损伤，应随掘随栽，以后每数年要转垛一次，以促生须根，有利于定植成活。一般绿化都用 10 年生以上的大苗。移植以初冬休眠时和早春开冻时最佳，用大苗时必须带土球移植。栽植胸径 12 厘米以下的大苗，需挖一个高 120 厘米、直径 150 厘米的土球，用草绳缠绕固土，搬运过程中要防止土球破碎，种植后要立桩缚扎固定。

（3）栽培管理技术　白皮松幼苗应以基肥为主，追肥为辅。从 5 月中旬到 7 月底的生长旺期进行 2～3 次追肥，以氮肥为主，追施腐熟的人粪尿或猪粪尿每亩 3 担，加水 20 担左右，腐熟饼肥每亩 5～15 千克配成饼肥水 15 担左右，每亩施尿素 4 千克左右。生长后期停施氮肥，增施磷、钾肥，以促进苗木木质化，还可用 0.3%～0.5%磷酸二氢钾溶液喷洒叶面。

白皮松幼苗生长缓慢，宜密植，如需继续培育大规格大苗，则在定植前还要经过2～3次移栽。两年生苗可在早春顶芽尚未萌动前带土移栽，株行距20～60厘米，不伤顶芽，栽后连浇两次水，6～7天后再浇水。4～5年生苗，可进行第二次带土球移栽，株行距60～120厘米。成活后要保持树根周围土壤疏松，每株施腐熟有机肥100～120千克，埋土后浇透水，之后加强管理，促进生长，培育壮苗。

五、落叶松 *Larix gmelinii* (Rupr.) Kuzen.

1.形态特征及习性

松科落叶松属乔木（图7-22），高达35米，胸径60～90厘米；幼树树皮深褐色，裂成鳞片状块片，老树树皮灰色、暗灰色或灰褐色，纵裂成鳞片状剥离，剥落后内皮呈紫红色；枝斜展或近平展，树冠卵状圆锥形；一年生长枝较细，淡黄褐色或淡褐黄色，直径约1毫米，无毛或有散生长毛或短毛，或被或疏或密的短毛，基部常有长毛，二、三年生枝褐色、灰褐色或灰色；短枝直径2～3毫米，顶端叶枕之间有黄白色长柔毛；冬芽近圆球形，芽鳞暗褐色，边缘具睫毛，基部芽鳞的先端具长尖头。叶（图7-23）倒披针状条形，长1.5～3厘米，宽0.7～1毫米，先端尖或钝尖，上面中脉不隆起，有时两侧各有1～2条气孔线，下面沿中脉两侧各有2～3条气孔线。球果（图7-24）幼时紫红色，成熟前卵圆形或椭圆形，成熟时上部的种鳞张开，黄褐色、褐色或紫褐色，长1.2～3厘米，径1～2厘米，种鳞约14～30枚；中部种鳞五角状卵形，长1～1.5厘米，宽0.8～1.2厘米，先端截形、圆截形或微凹，鳞背无毛，有光泽；苞鳞较短，长为种鳞的1/3～1/2，近三角状长卵形或卵状披针形，先端具中肋延长

图7-22　落叶松全株

图7-23　落叶松枝叶

图 7-24　落叶松球果

图 7-25　落叶松的种子

的急尖头；种子（图 7-25）斜卵圆形，灰白色，具淡褐色斑纹，长 3～4 毫米，径 2～3 毫米，连翅长约 1 厘米，种翅中下部宽，上部斜三角形，先端钝圆；子叶 4～7 枚，针形，长约 1.6 厘米；初生叶窄条形，长 1.2～1.6 厘米，上面中脉平，下面中脉隆起，先端钝或微尖。花期 5～6 月，球果 9 月成熟。

落叶松是喜光的强阳性树种，适应性强，对土壤水分条件和土壤养分条件的适应范围很广。但落叶松最适宜在湿润、排水、通气良好、土壤深厚而肥沃的土壤条件下生长；在干旱瘠薄的山地阳坡或在常年积水的水湿地或低洼地也能生长，但生育不良。落叶松耐低温寒冷，一般在最低温度达－50℃的条件下也能正常生长。

中国产 10 种 1 变种，分布于东北大兴安岭、小兴安岭、老爷岭、长白山、辽宁西北部，河北北部，山西，陕西秦岭，甘肃南部，四川北部、西部及西南部，云南西北部，西藏南部及东部，新疆阿尔泰山及天山东部。常组成大面积单纯林，或与其他针阔叶树种混生。落叶松系优良的用材树种，能耐严寒的气候环境，喜光性强，多为浅根性，生长较快，为上述各产区森林中的主要树种，也是各产区今后森林更新或荒山造林的重要树种。

2. 繁殖育苗及栽培管理技术

可采用播种、嫁接、扦插三种方式繁殖。嫁接和扦插两种方式一般只在品种改良和遗传育种上采用，而生产上往往采用播种繁殖。现就播种繁殖方式介绍如下：

（1）圃地选择与整地做床　选择交通方便、地势平坦、排灌良好、土层深厚、土质疏松、较肥沃的中性或微酸性沙壤或轻壤土育苗。冬季整地，每亩施有机肥 750 千克，深翻 30 厘米，播种前均匀喷洒 1∶10 倍的硫酸亚铁溶液，待干后耙平做床，床高 15 厘米，宽 1 米，床间距 25 厘米。

（2）种子处理与播种　播种前将种子用 0.5%高锰酸钾溶液浸泡消毒 4 小时，用清水洗净后再倒入 45℃的温水中浸泡 24 小时，捞出稍稍晾干后与三倍于种子体积的河沙混合，然后置于发芽坑内催芽。发芽坑应挖在背风向阳处。坑深 50 厘米，宽 50 厘米，坑上覆盖塑料薄膜，晚上加盖草帘，每天将种子均匀翻动一次，待有 30%的种子裂嘴后即可播种（图 7-26）。

图 7-26　落叶松播种育苗

播种期在 3～4 月，当地表温度在 10℃以上时即可播种。播种量为 4～4.8 千克/公顷，播种前苗床要灌足底水。采用条播，沟距 10～15 厘米，沟深 1 厘米，播后覆盖 1 厘米厚的细沙壤土，并盖一层稻草，盖草后以不见地为宜，并立即喷水，以后每天少量多次喷水，经常保持床面湿润。当幼苗有 30%～50%出土时开始揭草，幼苗出齐后将草揭完，揭草要在阴天或傍晚进行，揭后及时浇水。

（3）苗期管理　出苗后要适时浇水，少量多次，保持苗床湿润，并注意松土除草，除草结合松土进行，做到除早、除小、除了。为了防止日灼和立枯病，在苗床上方须搭棚，保持透光度在 60%～70%。在 6 月上旬和 7 月中旬施两次肥，每亩施尿素 2.5 千克。为防止病虫害发生，待苗木出齐后每隔 15 天喷洒一次浓度为 1%的波尔多液。

六、广玉兰 *Magnolia grandiflora*

1. 形态特征及习性

木兰科木兰属常绿乔木（图 7-27），在原产地高达 30 米；树皮淡褐色或灰色，薄鳞片状开裂；小枝粗壮，有具横隔的髓心；小枝、芽、叶下面、叶柄均密被褐色或灰褐色短茸毛（幼树的叶下面无毛）。

叶厚革质，椭圆形、长圆状椭圆形或倒卵状椭圆形，长10～20厘米，宽4～7（10）厘米，先端钝或短钝尖，基部楔形，叶面深绿色，有光泽；侧脉每边8～10条；叶柄长1.5～4厘米，无托叶痕，具深沟。花（图7-28）白色，有芳香，直径15～20厘米；花被片9～12，厚肉质，倒卵形，长6～10厘米，宽5～7厘米；雄蕊长约2厘米，花丝扁平，紫色，花药内向，药隔伸出成短尖；雌蕊群椭圆体形，密被长茸毛；心皮卵形，长1～1.5厘米，花柱呈卷曲状。聚合果（图7-29）圆柱状长圆形或卵圆形，长7～10厘米，径4～5厘米，密被褐色或淡灰黄色茸毛；蓇葖背裂，背面圆，顶端外侧具长喙；种子近卵圆形或卵形，长约14毫米，径约6毫米，外种皮红色，除去外种皮的种子，顶端延长成短颈。花期5～6月，果期9～10月。

图7-27　广玉兰全株

广玉兰生长喜光，而幼时稍耐阴。喜温湿气候，有一定抗寒能力。适生于干燥、肥沃、湿润与排水良好的微酸性或中性土壤，在碱

图7-28　广玉兰的花

图7-29　广玉兰果实

性土壤上种植易发生黄化，忌积水、排水不良。对烟尘及二氧化碳气体有较强抗性，病虫害少。根系深广，抗风力强。特别是播种苗树干挺拔，树势雄伟，适应性强。

广玉兰原产于美国东南部，分布在北美洲以及中国大陆的长江流域及以南。中国北方如北京、兰州等地，已由人工引种栽培，在长江流域的上海、南京、杭州也比较多见。广玉兰是江苏省常州市、南通市、连云港市，安徽省合肥市，浙江省余姚市的市树。

2.繁殖育苗及栽培管理技术

广玉兰育苗通常采用播种法和嫁接法。其中，嫁接苗木生长较快，效果更好。

(1) 选择砧木　一般选择白玉兰、辛夷等木兰属苗木作砧木，因为它们的亲和力强，嫁接成活率高，适合广玉兰苗生长。同时，砧木本身要求是地径在 0.8 厘米以上的播种苗，且生长健壮、无病虫危害。

(2) 选择接穗　首先，选择树干通直、树形优美、生长健壮、无病虫危害的广玉兰树；然后，选择树冠中上部向阳面一年生的健壮枝条作接穗。接穗要剪去叶片，长度要求为 6～10 厘米，并有两三个饱满腋芽。

(3) 掌握嫁接方法　先在准备好的砧木上切口，一般距离地面 5～7 厘米左右；再用切接法将采集剪好的接穗接上，然后用塑料条从下向上捆紧，并套袋，以促进伤口尽快愈合（图 7-30）。

图 7-30　广玉兰嫁接繁殖

（4）嫁接15天后，检查是否成活　若接穗枯萎，皮层干皱缩水，嫩芽无生机，说明已死亡，这时应该赶紧补接；若接穗新鲜，皮层水分充足，嫩芽饱满，说明已成活。两个月后，接穗发芽时，应解除塑料条和套袋。

（5）嫁接后的管理　嫁接后要加强水肥管理。浇水以漫灌为主，量和时间根据天气状况和土壤墒情而定。春季穴施有机肥或复合肥，夏季结合浇水追施有机肥。

嫁接苗易患病虫害，可用65%代森锌可湿性粉剂500倍液进行喷洒，以防止叶斑病；用50%退菌特可湿性粉剂500倍液进行喷洒，可防治炭疽病；喷施40%氧化乐果乳剂1000倍液，可防止蚧壳虫；喷施50%马拉硫磷乳剂1000倍液，可防止蛾类幼虫。

七、白玉兰 *Michelia alba*

1. 形态特征及习性

木兰科木兰属落叶乔木（图7-31），高达17米，阔伞形树冠，胸径30厘米，树皮灰色。枝叶（图7-32）有芳香，嫩枝及芽密被淡黄白色微柔毛，老时毛渐脱落；叶薄革质，长椭圆形或披针状椭圆形，长10～27厘米，宽4～9.5厘米，先端长渐尖或尾状渐尖，基部楔形，上面无毛，下面疏生微柔毛，干时两面网脉均很明显；叶柄长1.5～2厘米，疏被微柔毛；托叶痕几达叶柄中部。花（图7-33）白色，极香；花被片10片，披针形，长3～4厘米，宽3～5毫米；雄蕊的药隔伸出长尖头；雌蕊群被微柔毛，雌蕊群柄长约4毫米；心皮多数，通常部分不发育，成熟时随着花托的延伸，形成蓇葖疏生的聚合果；蓇葖熟时鲜红色。花期4～9月，夏季盛开，通常不结实。

图7-31　白玉兰全株

图 7-32　白玉兰枝叶

图 7-33　白玉兰的花

适宜生长于温暖湿润气候和肥沃疏松的土壤，喜光，不耐干旱，也不耐水涝，根部受水淹 2～3 天即枯死。对二氧化硫、氯气等有毒气体比较敏感，抗性差。

原产印度尼西亚爪哇，现广植于东南亚。中国福建、广东、广西、云南等省（区）栽培极盛，长江流域各地区均有栽培。在庐山、黄山、峨眉山、巨石山等处尚有野生。世界各地庭园常见栽培。

2. 繁殖育苗及栽培管理技术

（1）嫁接繁殖　白玉兰用嫁接法进行繁殖比较多，一般多以辛夷、黄兰的 2～3 年生苗为砧木，6 月间可在白玉兰植株的枝条上进行靠接，二者的切口长 3～5 厘米，接合后用塑料条捆紧，使二者的形成层紧密结合，约经 3 个月，砧木基本和接穗长在一起，即可与母株剪离，并去掉砧木的上部，便成为新的植株（图 7-34）。

图 7-34　白玉兰嫁接繁殖

（2）压条繁殖　白玉兰压条繁殖也是用得比较多的繁殖方式，主要分为普通压条与高枝压条。

① 普通压条。普通压条最好在 2～3 月进行，将所要压取的枝条基部割进一半深度，再向上割开一段，中间卡一块瓦片，接着轻轻压入土中，不使折断，用“U”形的粗铁丝插入土中，将其固定，防止

翘起，然后堆上土。春季压条，待发出根芽后即可切离分栽。

② 高枝压条。入伏前在母株上选择健壮和无病害的嫩枝条（直径 1.5～2 厘米），于盆岔处下部切开裂缝，然后用竹筒或无底瓦罐套上，里面装满培养土，外面用细绳扎紧，小心不去碰动，经常少量喷水，保持湿润，次年 5 月前后即可生出新根，取下定植。

（3）白玉兰播种繁殖　播种育苗于 9 月底或 10 月初，将成熟的果采下，取出种子，用草木灰水浸泡 1～2 天，然后搓去蜡质假种皮，再用清水洗净即可播种；也可将种子洗净后，用湿沙层积法进行冷藏，否则易失去种子发芽能力。于翌年 3 月在室内盆播，20 天左右即可出苗。

（4）白玉兰扦插繁殖　白玉兰还可以用扦插的方式进行繁殖，但白玉兰繁殖再生能力差，用扦插法不易发根成活，因此多不被采用。

白玉兰每年可施 2 次肥。一是越冬肥，二是花后肥，以稀薄腐熟的人粪尿为好，忌浓肥。浇水可酌情而定，阴天少浇，旱时多浇。春季生长旺盛，需水量稍大，每月浇 2 次透水。夏季可略多些。秋季减少水量。冬季一般少浇水，但土壤太干时也可浇 1 次水。

八、香樟 *Cinnamomum camphora*（L.）Presl

1. 形态特征及习性

樟科樟属常绿乔木（图 7-35），树高可达 60 米左右，树龄可达上千年，可成为参天古木，为优秀的园林绿化林木。幼时树皮绿色，平滑，老时渐变为黄褐色或灰褐色，纵裂（图 7-36）。冬芽卵圆形。叶（图 7-37）薄革质，卵形或椭圆状卵形，长 5～10 厘米，宽 3.5～5.5 厘米，顶端短尖或近尾尖，基部圆形，离基 3 出脉，近叶基的第一对或第二对侧脉长而显著，背面微被白粉，脉腋有腺点。圆锥花序生于新枝的叶腋内，花黄绿色，春天开，圆锥花序腋出，又小又多。浆果（图 7-38）球形，熟时紫黑色。花期 4～6 月，果期 10～11 月。

樟树多喜光，稍耐阴；喜温暖湿润气候，耐寒性不强，对土壤要求不严，较耐水湿，但当移植时要注意保持土壤湿度，水涝容易导致烂根缺氧而死，但不耐干旱、瘠薄和盐碱土。主根发达，深根性，能抗风。萌芽力强，耐修剪。生长速度中等，树形巨大如伞，能遮阴避凉。存活期长，可以生长为成百上千年的参天古木，有很强的吸烟滞

图 7-35　香樟全株

图 7-36　香樟树干

图 7-37　香樟叶片

图 7-38　香樟浆果

尘、涵养水源、固土防沙和美化环境的能力。

产自南方及西南各地区。越南、朝鲜、日本也有分布，其他各国常有引种栽培。

2.繁殖育苗

香樟常见繁殖方法为播种繁殖。

在11月中下旬，香樟浆果呈紫黑色时，从生长健壮无病虫害的母树上采集果实。采回的浆果应及时处理，以防变质。即将果实放入容器内或堆积加水堆沤，使果肉软化，用清水洗净取出种子。将种子薄摊于阴凉通风处晾干后进行精选，使种子纯度达到95%以上。

香樟秋播、春播均可，以春播为好。秋播宜在秋末土壤封冻前进行，春播宜在早春土壤解冻后进行。播种前需用0.1%新洁尔灭溶液浸泡种子3～4小时杀菌，消毒；并用50℃的温水浸种催芽，保持水温，重复浸种3～4次，可使种子提前发芽10～15天。可采用条播，条距为25～30厘米，条沟深2厘米左右，宽5～6厘米，每米播种沟撒种子40～50粒，每亩播种15千克左右（图7-39）。

3.幼苗期栽培管理

（1）遮阴　高温季节树体水分蒸发比较多，在根系没有完全恢复功能前，过多失水将严重影响树木的成活率和生长势。遮阴有利于降低树体及地表温度，减少树体水分散失，提高空气湿度，有利于提高树木的成活率。可以在树体上方搭设60%～70%左右遮光率的遮阳网遮阴。同时做好树木根际的覆盖保墒工作，可以在树木根周覆盖稻草及其他比较通气的覆盖材料，以提高土壤湿度。

（2）浇水　连日干旱无雨时，应在早晚做好浇水工作。浇水时，不但要浇透土壤，而且要浇湿树体及其包裹物（如包扎树干的草绳等）。但排水不良的土壤要注意控制浇水次数，以免土壤湿度过大引起烂根。

（3）排水　圃地积水时要及时排水，以免烂根。

（4）树体支撑　因为五月份移栽的树木根系还没有恢复固土支撑能力，在大风（如台风）天气时容易被吹翻，从而影响根系恢复生长，故应及时做好树体的支撑工作。支撑材料可以是竹竿，也可以是铁丝等。但在支撑树体时，应保护好树皮，避免铁丝等伤害树皮甚至嵌入树体，影响上部树体成活。

（5）激素浇灌　为尽快恢复树势，可在根际适当浇灌一些生长促进类激素，如ABT生根粉等，促进根系快速生长（图7-40）。

图7-39　香樟播种育苗

图7-40　通过输液技术输入激素

九、青杆 *Picea wilsonii* Mast.

1. 形态特征及习性

松科云杉属乔木（图 7-41），高达 50 米，胸径达 1.3 米；树皮灰色或暗灰色，裂成不规则鳞状块片脱落。枝条（图 7-42）近平展，树冠塔形；一年生枝淡黄绿色或淡黄灰色，无毛，稀有疏生短毛，二、三年生枝淡灰色、灰色或淡褐灰色。冬芽卵圆形，无树脂，芽鳞排列紧密，淡黄褐色或褐色，先端钝，背部无纵脊，光滑无毛，小枝基部宿存芽鳞的先端紧贴小枝。叶（图 7-42）排列较密，在小枝上部向前伸展，小枝下面的叶向两侧伸展，四棱状条形，直或微弯，较短，通常长 0.8～1.3（1.8）厘米，宽 1.2～1.7 毫米，先端尖，横切面四棱形或扁菱形，四面各有气孔线 4～6 条，微具白粉。球果（图 7-43）卵状圆柱形或圆柱状长卵圆形，成熟前绿色，熟时黄褐色或淡褐色，长 5～8 厘米，径 2.5～4 厘米；中部种鳞倒卵形，长 1.4～1.7 厘米，宽 1～1.4 厘米，先端圆或有急尖头，或呈钝三角形，或具突起截形的

图 7-41　青杆全株

图 7-42　青杆枝叶

图 7-43　青杆花果及新叶

尖头，基部宽楔形，鳞背露出部分无明显的槽纹，较平滑；苞鳞匙状矩圆形，先端钝圆，长约4毫米；种子倒卵圆形，长3～4毫米，连翅长1.2～1.5厘米，种翅倒宽披针形，淡褐色，先端圆；子叶6～9枚，条状钻形，长1.5～2厘米，棱上有极细的齿毛；初生叶（图7-43）四棱状条形，长0.4～1.3厘米，先端有渐尖的长尖头，中部以上有整齐的细齿毛。花期4月，球果10月成熟。

耐阴，喜温凉气候及湿润、深厚而排水良好的酸性土壤，适应性较强。常成单纯林或与其他针叶树、阔叶树种混生成林。在气候温凉、土壤湿、深厚、排水良好的微酸性地带生长良好。

青杆为中国特有树种，产于内蒙古（多伦、大青山）、河北（小五台山、雾灵山海拔1400～2100米）、山西（五台山、管涔山、关帝山、霍山海拔1700～2300米）、陕西南部、湖北西部海拔1600～2200米、甘肃中部及南部洮河与白龙江流域海拔2200～2600米、青海东部海拔2700米、四川东北部及北部岷江流域上游海拔2400～2800米等地带。江西庐山有栽培。适应性较强，为中国产云杉属中分布较广的树种之一。

2. 繁殖方法

常见播种繁殖（图7-44）。一般在4月20日左右，地表温度10℃以上就可播种，气温在14～20℃出得快，15天就可出齐。播种量依种子质量而定，发芽率95%，播种量3～4千克/亩。适时早播可提早出苗，增强苗木抗害力，延长生育期，促进苗木木质化。播种前要充分灌足底水，播种时要均匀撒播，播后要及时覆盖，一般可覆沙、土、草炭的混合物，覆盖后镇压1次。覆土厚度是种子直径的2～3倍，覆土厚度要均匀一致，不然会影响出苗，也会直接影响苗木的产量和质量。加覆盖物的目的是保持土壤湿润，调节地表温度，防止土壤板结和杂草滋生，对小粒种子

图7-44　青杆播种苗长势良好

覆盖更为重要。采用松针作覆盖物，具有无菌、省工、省时、省钱、降低苗木成本的特点，效果非常好。

3. 栽培管理

（1）出苗期管理　幼苗出土到脱壳前要防止雀害，可用专人驱鸟或扎一些草人，或设一些风动的响声惊吓小鸟。在幼苗出土期遇到晚霜，要随时掌握天气变化情况，做好防冻工作，可用柴草锯末点烟防止晚霜。

（2）生长期管理　苗木出土后要根据不同生育期及时做好追肥、浇水、除草、间苗、病虫害防治。青杆苗生长缓慢，1年生苗高2～4厘米，每天浇水2～4次，要量少次多，保持土壤湿润，浇水时间要避开中午高温或清晨低温，切忌用新抽上来的井水，最好用自然河水，井水必须在蓄水池中晾晒48小时后才能浇，雨季减少浇水。间苗，2年生苗木留苗600～800株/米^2，3年生为400～600株/米^2。

（3）防寒　防寒是减少幼苗越冬损失率的关键措施。办法是：在初冬土壤冻结前（10月底～11月初），将苗床间步道土壤用锹翻起打碎，使苗木倒向一方，将土均匀覆盖上，其厚度应高出苗木4～5厘米，覆土时间不宜过早，否则幼苗容易受热发霉。撤覆盖土时间应在春季旱风之后，过早则不能免除生理干旱。

十、白杆 *Picea meyeri* Rehd. et Wils.

1. 形态特征及习性

松科云杉属乔木（图7-45），高达30米，胸径约60厘米；树皮灰褐色，裂成不规则的薄块片脱落。大枝近平展，树冠塔形；小枝有密生或疏生短毛或无毛，一年生枝黄褐色，二、三年生枝淡黄褐色、淡褐色或褐色。冬芽圆锥形，间或侧芽成卵状圆锥形，褐色，微有树脂，光滑无毛，基部芽鳞有背脊，上部芽鳞的先端常微向外反曲，小枝基部宿存芽鳞的先端微反卷或开展。主枝的叶常辐射伸展，侧枝上面的叶伸展，两侧及下面的叶向上弯伸，四棱状条形，微弯曲，长1.3～3厘米，宽约2毫米，先端钝尖或钝，横切面四棱形，四面有白色气孔线，上面6～7条，下面4～5条（图7-46）。球果（图7-47）成熟前绿色，熟时褐黄色，矩圆状圆柱形，长6～9厘米，径2.5～3.5厘米；中部种鳞倒卵形，长约1.6厘米，宽约1.2厘米，先端圆

图 7-45　白杆全株

图 7-46　白杆枝叶

或钝三角形，下部宽楔形或微圆，鳞背露出部分有条纹；种子倒卵圆形，长约 3.5 毫米，种翅淡褐色，倒宽披针形，连种子长约 1.3 厘米。花期 4 月，球果 9 月下旬至 10 月上旬成熟。

图 7-47　白杆球果

耐阴，耐寒，喜欢凉爽湿润的气候和肥沃深厚、排水良好的微酸性沙质土壤，生长缓慢，属浅根性树种。

为中国特有树种，产于山西（五台山区、管涔山区、关帝山区）、河北（小五台山区、雾灵山区）、内蒙古西乌珠穆沁旗，在海拔 1600～2700 米、气温较低、雨量及湿度较平原为高、土壤为灰色、棕色森林土或棕色森林地带，常组成以白杆为主的针叶树、阔叶树混交林。常见的伴生树种有青杆、华北落叶松、臭冷杉、黑桦、红桦、白桦及山杨等。北京、北戴河、辽宁兴城、河南安阳等地有栽培。

2. 繁殖育苗及栽培管理技术

（1）繁殖方法　一般采用播种育苗或扦插育苗，在 1～5 年生实生苗上剪取 1 年生充实枝条作插穗最好，成活率最高。硬枝扦插在

2～3月进行，落叶后剪取，捆扎、沙藏越冬，翌年春季插入苗床，喷雾保湿，30～40天生根（图7-48）。嫩枝扦插在5～6月进行，选取半木质化枝条，长12～15厘米，插后20～25天生根。白杆种粒细小，忌旱怕涝，应选择地势平坦、排灌方便、肥沃疏松的沙质壤土为圃地。播种期以土温在12℃以上为宜，多在3月下旬至4月上旬。在种子萌发及幼苗阶段要注意经常浇水，保持土壤湿润，并适当遮阴。

图7-48　白杆扦插育苗

（2）栽培管理

① 施肥　施肥有利于恢复树势。白杆大苗移植初期，根系吸肥能力低，宜采用根外追肥，一般15天左右追1次。时间选在早晚或阴天进行叶面喷洒，如遇降雨应再喷1次。根系萌发后，可进行土壤施肥，要求薄肥勤施，谨防伤根。

② 水分管理　树木地上部分尤其是叶片，因为蒸腾作用会散失大量水分，必须喷水保湿。最有效的办法是给树木输液（打吊针）（图7-49）。如果有条件，还可以用高压水枪喷雾或者用供水管安装在树冠上方，再安装一个或若干个细孔喷头进行喷雾，使树干、树叶保持湿润。同时还可以增加树周围的湿度，降低温度，减少树木体内有限的水分、养分消耗。同时要控制水量，新植大苗因根系损伤吸水能力减弱，土壤保持湿润即可。水量过大，反而不利于大树根系生根，还会影响土壤的透气性，不利于根系呼吸，严重的还会发生沤根现象。

③ 土壤管理　在及时中耕防止土壤板结的同时，要在移植大苗附近设置通气孔（要经常检查，及时清除堵塞），保持良好的土壤通气性，有利于大苗根系萌发。新移植白杆大苗的养护方法、养护重点，因为其环境条件、季节、树体的差异，应因时、因地、因树灵活运用，才能达到预期的效果。图7-50所示为白杆幼苗移栽。

图 7-49　白杆输液促活

图 7-50　白杆幼苗移栽

十一、桂花 Osmanthus sp.

1.形态特征及习性

桂花是木犀科木犀属常绿乔木或灌木（图 7-51），高 3～5 米，最高可达 18 米；树皮灰褐色。小枝黄褐色，无毛。叶片（图 7-52）革质，椭圆形、长椭圆形或椭圆状披针形，长 7～14.5 厘米，宽 2.6～4.5 厘米，先端渐尖，基部渐狭呈楔形或宽楔形，全缘或通常上半部具细锯齿，两面无毛，腺点在两面连成小水泡状突起，中脉在上面凹入，下面凸起，侧脉 6～8 对，多达 10 对，在上面凹入，下面凸起；叶柄长 0.8～1.2 厘米，最长可达 15 厘米，无毛。聚伞花序（图 7-52）簇生于叶腋，或近于帚状，每腋内有花多朵；苞片宽卵形，质厚，长 2～4 毫米，具小尖头，无毛；花梗细弱，长 4～10 毫米，无毛；花极芳香；花萼长约 1 毫米，裂片稍不整齐；花冠黄白色、淡黄色、黄色或橘红色，长 3～4 毫米，花冠管仅长 0.5～1 毫米；雄蕊着生于花冠管中部，花丝极短，长约 0.5 毫米，花药长约 1 毫米，药隔

图 7-51　桂花全株

图 7-52　桂花枝叶和花

在花药先端稍延伸呈不明显的小尖头；雌蕊长约 1.5 毫米，花柱长约 0.5 毫米。果歪斜，椭圆形，长 1～1.5 厘米，呈紫黑色。花期 9～10 月上旬，果期翌年 3 月。

 知识链接：

桂花是中国传统十大花卉之一，是集绿化、美化、香化于一体的观赏与实用兼备的优良园林树种，桂花清可绝尘，浓能远溢，堪称一绝。尤其是仲秋时节，丛桂怒放，夜静轮圆之际，把酒赏桂，陈香扑鼻，令人神清气爽。在中国古代的咏花诗词中，咏桂之作的数量也颇为可观。桂花自古就深受中国人的喜爱，被视为传统名花。

2.繁殖育苗及栽培管理技术

（1）播种法　4～5 月份桂花果实成熟，当果皮由绿色变为紫黑色时即可采收。桂花种子有后熟作用，至少要有半年的沙藏时间。采收后洒水堆沤，清除果肉，置阴凉处使种子自然风干，混沙贮藏，沙藏后可秋播或春播。沙藏期间要经常检查，防止种子霉烂或遭鼠害。播种繁殖一般采用条播的方法（图 7-53）。播种前要整好地，施足基肥，亦可播于室内苗床。播种时将种脐侧放，以免胚根和幼茎弯曲，将来影响幼苗生长。播后覆盖一层细土，然后盖上草苫，遮阴保湿，经常保持土壤湿润，当年即可出苗（图 7-54）。每亩用种量约 20 千克，可产苗木 3 万株左右。小苗于苗床生长 2 年后，第 3 年可移植栽培。实生苗开花较晚，定植 8～10 年后方能现花。

图 7-53　桂花一般行条播

图 7-54　桂花播种苗

（2）嫁接法　嫁接砧木多用女贞、小叶女贞、小蜡、水蜡、白蜡和流苏（别名油公子、牛筋子）等。大量繁殖苗木时，北方多用小叶女贞，在春季发芽之前，自地面以上 5 厘米处剪断砧木；剪取桂花 1～2 年生粗壮枝条，长 10～12 厘米，基部一侧削成长 2～3 厘米的削面，对侧削成一个 45°的小斜面；在砧木一侧约 1/3 处纵切一刀，深约 2～3 厘米；将接穗插入切口内，使形成层对齐，用塑料袋绑紧，然后埋土培养。用小叶女贞作砧木成活率高，嫁接苗生长快，寿命短，易形成“上粗下细”的“小脚”现象。用水蜡作砧木，生长慢，但寿命较长。盆栽桂花多行靠接，用流苏作砧木。靠接宜在生长季节进行，不宜在雨季或伏天靠接。靠接时选二者枝条粗细相近的接穗和砧木，在接穗适当部位削成梭形切口，深达木质部，长约 3～4 厘米，在砧木同等高度削成与接穗大小一致的切口，然后将两切口靠在一起，使二者形成层密接，用塑料条扎紧，愈合后，剪断接口上面的砧木和下面的接穗（图 7-55）。嫁接苗的根系因砧木而异。插条埋入土中各处易生不定根，但无明显主根。桂花分枝性强且分枝点低，特别在幼年尤为明显，因此常呈灌木状。密植或修剪后，则可成明显主干。

图 7-55　流苏树作砧木嫁接桂花

图 7-56　桂花的嫩枝扦插

（3）扦插法　在春季发芽以前，用一年生发育充实的枝条，切成 5～10 厘米长，剪去下部叶片，上部留 2～3 片绿叶，插于河沙或黄土苗床，株行距 3 厘米×20 厘米，插后及时灌水或喷水，并遮阴，保持温度 20～25℃，相对湿度 85%～90%，2 个月后可生根移栽（图 7-56）。

（4）压条法　可分低压和高压两种。低压桂花必须选用低分枝或从生状的母株。时间是春季到初夏，选比较粗壮的低干母树，将其下部1～2年生的枝条，选易弯曲部位用利刀切割或环剥，深达木质部，然后压入3～5厘米深的条沟内，并用木条固定被压枝条，仅留梢端和叶片在外面。高压法是春季从母树选1～2年生粗壮枝条，同低压法切割一圈或环剥，或者从其下侧切口，长6～9厘米，然后将伤口用培养基质涂抹，上下用塑料袋扎紧，培养过程中，始终保持基质湿润，到秋季发根后，剪离母株养护。

（5）栽培管理技术要点　应选在春季或秋季，尤以阴天或雨天栽植最好。选在通风、排水良好且温暖的地方，光照充足或半阴环境均可。移栽要打好土球，以确保成活率。栽植土要求偏酸性，忌碱土。盆栽桂花盆土的配比是腐叶土2份、园土3份、沙土3份、腐熟的饼肥2份，将其混合均匀，然后上盆或换盆，可于春季萌芽前进行。地栽前，树穴内应先掺入草木灰及有机肥料，栽后浇1次透水。新枝发出前保持土壤湿润，切勿浇肥水。一般春季施1次氮肥，夏季施1次磷、钾肥，使花繁叶茂，入冬前施1次越冬有机肥，以腐熟的饼肥、厩肥为主。忌浓肥，尤其忌人粪尿。盆栽桂花在北方冬季应入低温温室，在室内注意通风透光，少浇水。4月出房后，可适当增加水量，生长旺季可浇适量的淡肥水，花开季节肥水可略浓些。

十二、石楠 *Photinia serrulata* Lindl

1. 形态特征及习性

石楠（原变种），蔷薇科石楠属常绿灌木或小乔木（图7-57），高3～6米，有时可达12米；枝褐灰色，全体无毛；冬芽卵形，鳞片褐色，无毛。叶片（图7-58）革质，长椭圆形、长倒卵形或倒卵状椭圆形，长9～22厘米，宽3～6.5厘米，先端尾尖，基部圆形或宽楔形，边缘有疏生具腺细锯齿，近基部全缘，上面光亮，幼时中脉有茸毛，成熟后两面皆无毛，中脉显著，侧脉25～30对；叶柄粗壮，长2～4厘米，幼时有茸毛，以后无毛。

喜光稍耐阴，深根性，对土壤要求不严，但以肥沃、湿润、土层深厚、排水良好、微酸性的沙质土壤最为适宜，能耐短期－15℃的低温，喜温暖、湿润气候，在焦作、西安及山东等地能露地越冬。萌芽力强，耐修剪，对烟尘和有毒气体有一定的抗性。生于杂木林中，海

图 7-57　石楠全株

图 7-58　石楠的花和枝叶

拔 1000～2500 米。

产于陕西、甘肃、河南、江苏、安徽、浙江、江西、湖南、湖北、福建、台湾、广东、广西、四川、云南、贵州。日本、印度尼西亚也有分布。

2.繁殖育苗及栽培管理技术

主要以扦插繁殖为主。

在选取的繁殖地上建立经消毒的苗床，苗床上搭建拱棚，在苗床中铺设经消毒处理的扦插基质；从红叶石楠扦插母本中采取半木质化的嫩芽或木质化的当年枝条进行剪穗，剪成半叶一芽、长度为 3～4 厘米的扦插枝条；扦插枝条进行生根剂处理、生根粉溶液浸渍、催根剂处理；在苗床基质中进行扦插，扦插深度为 2～4 厘米，密度以扦插后叶片不重叠为宜；扦插后用水浇透基质，对枝条叶面喷洒消毒杀菌液，然后在拱棚上覆盖塑料薄膜和遮阴网，进入扦插后的管理（图 7-59）。

图 7-59　石楠的扦插育苗

待树苗基本出齐时（约经过30天），应小心揭去覆草，防止将树苗拔出。树苗密度过大的应及时间苗，时间在5月份，密度过小的应及时移栽或补种。将间下的苗按20厘米×20厘米的株行距栽植，随栽随浇水，以保证较高的成活率。每半个月施1次尿素或三元复合肥，每亩用量约为4千克。天旱时及时灌溉，涝时及时排水。苗床期常见的病虫害有立枯病、猝倒病和蛴螬、地老虎等，应及时防治，还要防止鸟兽为害树苗。

新移植的石楠一定要注意防寒2～3年，入冬后，搭建牢固的防风屏障，在南面向阳处留一开口，接受阳光照射。另外，在地面上覆盖一层稻草或其他覆盖物，以防根部受冻。

十三、银杏 *Ginkgo biloba* L.

1. 形态特征及习性

银杏为银杏科银杏属落叶大乔木（图7-60），胸径可达4米，幼树树皮近平滑，浅灰色，大树树皮灰褐色，不规则纵裂，粗糙（图7-61）；有长枝与生长缓慢的短枝。

图7-60　银杏全株

图7-61　银杏主干

幼年及壮年树冠圆锥形，老则广卵形；枝近轮生，斜上伸展（雌株的大枝常较雄株开展）；一年生的长枝淡褐黄色，二年生以上变为灰色，并有细纵裂纹；短枝密被叶痕，黑灰色，短枝上亦可长出长枝；冬芽黄褐色，常为卵圆形，先端钝尖。

叶（图7-62）互生，在长枝上辐射状散生，在短枝上3～5枚成簇生状，有细长的叶柄，扇形，两面淡绿色，无毛，有多数叉状并列细脉，在宽阔的顶缘多具缺刻或2裂，宽5～8（15）厘米。它的叶脉

图 7-62　银杏的扇形叶

图 7-63　银杏果实

形式为“二歧状分叉叶脉”。在长枝上常 2 裂，基部宽楔形，柄长 3～10（多为 5～8）厘米，幼树及萌生枝上的叶常深裂（叶片长达 13 厘米，宽 15 厘米），有时裂片再分裂（这与较原始的化石种类的叶相似）。

4 月开花，10 月成熟，种子具长梗，下垂，常为椭圆形、长倒卵形、卵圆形或近圆球形，长 2.5～3.5 厘米，径为 2 厘米，假种皮骨质，白色，常具 2（稀 3）纵棱，内种皮膜质。外种皮肉质，熟时黄色或橙黄色，外被白粉，有臭味；中处皮白色，骨质，具 2～3 条纵脊；内种皮膜质，淡红褐色；胚乳肉质，味甘略苦；子叶 2 枚，稀 3 枚，发芽时不出土；有主根。图 7-63 所示为银杏果实。

银杏为中生代孑遗的稀有树种，系中国特产，仅浙江天目山有野生状态的树木，生于海拔 500～1000 米、酸性（pH 值 5～5.5）黄壤、排水良好地带的天然林中，常与柳杉、榧树、蓝果树等针叶、阔叶树种混生，生长旺盛。

知识链接：

银杏最早出现于 3.45 亿年前的石炭纪。曾广泛分布于北半球的欧洲、亚洲、美洲，中生代侏罗纪银杏曾广泛分布于北半球，白垩纪晚期开始衰退。至 50 万年前，在欧洲、北美洲和亚洲绝大部分地区灭绝，只有中国的保存下来。银杏分布大都属于人工栽培区域，主要大量栽培于中国、法国和美国南卡罗来纳州。毫无疑问，国外的银杏都是直接或间接从中国传入的。

2.繁殖育苗及栽培管理技术

（1）扦插繁殖　扦插繁殖可分为老枝扦插和嫩枝扦插，老枝扦插（图 7-64）适用于大面积绿化用苗的繁育，嫩枝扦插适用于家庭或园林单位少量用苗的繁育。老枝扦插一般在春季 3～4 月，从成品苗圃采穗或在大树上选取 1～2 年生的优质枝条，剪截成 15～20 厘米长的插条，上剪口要剪得平滑呈圆形，下剪口剪成马耳形。剪好后，每 50 根扎成一捆，用清水冲洗干净后，再用 100 毫克/升的 ABT 生根粉浸泡 1 小时，扦插于细黄沙或疏松的苗床土壤中。

图 7-64　银杏苗的老枝扦插

扦插后浇足水，保持土壤湿润，约 40 天后即可生根。成活后进行正常管理，第二年春季即可移植。嫩枝扦插是在 5 月下旬至 6 月中旬，剪取银杏根际周围或枝上抽穗后尚未木质化的插条（插条长约 2 厘米，留 2 片叶），插入容器后置于散射光处，每 3 天左右换一次水，直至长出愈伤组织，即可移植于黄沙或苗床土壤中，但在晴天的中午前后要遮阳，叶面要喷雾 2～3 次，待成活后进入正常管理。

（2）分株繁殖　分株繁殖一般用来培育砧木和绿化用苗。银杏容易发生萌蘖，尤以 10～20 年的树木萌蘖最多。对银杏树可利用分蘖进行分株繁殖，方法是剔除根际周围的土，用刀将带须根的蘖条从母株上切下，另行栽植培育。雌株的萌蘖可以使结果年龄提早。

（3）嫁接繁殖　嫁接繁殖多用于水果业生产。在 5 月下旬到 8 月上旬均可进行绿枝嫁接，但在高温干旱的天气条件下不能嫁接，尤其是晴天的中午不可嫁接，同时也要避开雨天嫁接。

具体方法是：先从银杏良种母株上采集发育健壮的多年生枝条，剪掉接穗上的一片叶，仅留叶柄，每 2～3 个芽剪一段，然后将接穗下端浸入水中或包裹于湿布中，最好随采随接。可以从 2～3 年生的播种苗、扦插苗中选择嫁接砧木。用于早果密植者，接位应在1米左右。对银杏树一般采用劈接、切接，将接穗削面向内，插入砧木切口，使两者吻合，形成层对准，用塑料薄膜带把接口绑扎好，嫁接后5～8年即开始结果。

（4）播种繁殖　播种繁殖多用于大面积绿化用苗或制作丛株式盆景。秋季采收种子后，去掉外种皮，将带果皮的种子晒干，当年即可冬播或在次年春播。若春播，必须先进行混沙层积催芽。播种时，将种子胚芽横放在播种沟内，播后覆土3～4厘米厚并压实，幼苗当年可长至15～25厘米高。银杏秋季落叶后，即可移植。但须注意的是苗床要选择排水良好的地段，以防积水而使幼苗近地面的部分腐烂。图7-65所示为银杏播种苗。

图7-65　银杏播种苗

（5）栽培管理　银杏寿命长，一次栽植长期受益，因此土地选择非常重要。银杏属喜光树种，应选择坡度不大的阳坡为造林地。对土壤条件要求不严，但以土层厚、土壤湿润肥沃、排水良好的中性或微酸性土为好。

① 合理配置授粉树。银杏是雌雄异株植物，要达到高产，应当合理配置授粉树。选择与雌株品种、花期相同的雄株，雌雄株比例是(25～50)∶1。配置方式采用5株或7株间方中心式，也可四角配置。

② 苗木规格。良种壮苗是银杏早实丰产的物质基础，应选择高径比50∶1以上、主根长30厘米、侧根齐、当年新梢生长量30厘米以上的苗木进行栽植。此外，苗木还须有健壮的顶芽，侧芽饱满充实，无病虫害。

③ 合理密植。银杏早期生长较慢，密植可提高土地利用率，增加单位面积产量。一般采用2.5米×3米或3米×3.5米株行距，每亩定植88株或63株，封行后进行移栽，先从株距中隔一行移一行，变成5米×3米或6米×3米株行距，每亩44株或31株，隔几年又从原来的行里隔一行移植一行，成5米×6米或6米×7米株行距，每亩定植22株或16株。

④ 栽植时间。银杏以秋季带叶栽植及春季发叶前栽植为主，秋季栽植在10～11月进行，可使苗木根系有较长的恢复期，为第二年春地上部发芽做好准备。春季发芽前栽植，由于地上部分很快发芽根系没有足够的时间恢复，所以生长不如秋季栽植好。

⑤ 银杏栽植要按设计的株行距挖栽植窝，规格为（0.5～0.8）米×（0.6～0.8）米，窝挖好后要回填表土，施发酵过的含过磷酸钙的肥料。栽植时，将苗木根系自然舒展，与前后左右苗木对齐，然后边填表土边踏实。栽植深度以培土到苗木原土印上2～3厘米为宜，不要将苗木埋得过深。定植好后及时浇定根水，以提高成活率。

十四、金钱松 *Pseudolarix amabilis*（Nelson） Rehd

1.形态特征及习性

松科金钱松属乔木（图7-66），高达40米，胸径达1.7米；树干（图7-67）通直，树皮粗糙，灰褐色，裂成不规则的鳞片状块片。枝（图7-68）平展，树冠宽塔形；一年生长枝淡红褐色或淡红黄色，无毛，有光泽，二、三年生枝淡黄灰色或淡褐灰色，稀淡紫褐色，老枝及短枝呈灰色、暗灰色或淡褐灰色；矩状短枝生长极慢，有密集成环节状的叶枕。叶（图7-68）条形，柔软，镰状或直，上部稍宽，长2～5.5厘米，宽1.5～4毫米（幼树及萌生枝的叶长达7厘米，宽5毫米），先端锐尖或尖，上面绿色，中脉微明显，下面蓝绿色，中脉

图7-66　金钱松全株

图7-67　金钱松树干

图 7-68　金钱松枝叶

图 7-69　金钱松花果

明显，每边有 5～14 条气孔线，气孔带较中脉带为宽或近于等宽；长枝的叶辐射伸展，短枝的叶簇状密生，平展成圆盘形，秋后叶呈金黄色。雄球花黄色，圆柱状，下垂，长 5～8 毫米，梗长 4～7 毫米；雌球花紫红色，直立，椭圆形，长约 1.3 厘米，有短梗。球果卵圆形或倒卵圆形，长 6～7.5 厘米，径 4～5 厘米，成熟前绿色或淡黄绿色，熟时淡红褐色，有短梗；中部的种鳞卵状披针形，长 2.8～3.5 厘米，基部宽约 1.7 厘米，两侧耳状，先端钝有凹缺，腹面种翅痕之间有纵脊凸起，脊上密生短柔毛，鳞背光滑无毛；苞鳞长约为种鳞的 1/4～1/3，卵状披针形，边缘有细齿；种子卵圆形，白色，长约 6 毫米，种翅三角状披针形，淡黄色或淡褐黄色，上面有光泽，连同种子几乎与种鳞等长。花期 4 月，球果 10 月成熟。图 7-69 所示为金钱松花果。

金钱松喜光，初期稍耐阴，以后需光性增强。适生于年均温 15.0～18.0℃，绝对最低温度不到－10℃的地区。金钱松抗火灾的性能较强。

产于江苏南部（宜兴）、浙江、安徽南部、福建北部、江西、湖南、湖北利川至四川万县交界地区。

2. 繁殖育苗及栽培管理技术

播种繁殖采种应选 20 龄以上生长旺盛的母树。在球果尚未充分成熟时要及早采收，若采收晚了种子伴随种鳞一起脱落。苗圃土壤应接种菌根。移植宜在萌芽前进行，应注意保护并多带菌根。金钱松为菌根性树种，宜在林间播种育苗。或用菌根土覆盖苗床，圃地适宜连作。一年生苗木高 15～20 厘米，一般留床培育两年，用三年生苗木造林。种子丰收年份，实行直播造林或人工促进天然更新，也容易成功。利用10年生以下幼树枝条扦插，成活率可达70%。

金钱松为菌根性树种，宜在海拔400～500米山地建立永久性育苗基地，或在土内有菌丝体的林间育苗。平原和丘陵地区可选择比较荫蔽的土壤肥沃、湿润、疏松的地方作苗圃。施足基肥后整地筑床，要精耕细作，打碎泥块，平整床面。播种季节在3月上旬到中旬，播种前种子用40℃的温水浸种催芽18～24小时，再用0.5%福尔马林溶液消毒。条播育苗，条距20厘米，播种沟内要铺上一层细土。每亩用种子15千克。播后要薄土覆盖，可用焦泥灰盖种，以仍能见到部分种子为宜，然后盖草。

播种2周后幼苗出土，20天出齐。待幼苗大部分出土后，揭除盖草。5～7月可每月施化肥1～2次，每亩每次施硫酸铵2～5千克。当年生苗高10厘米，须留床一年，第二年春季萌发前，施稀薄人粪尿或施硫酸铵（2～3千克/亩），间苗后每亩保留6万～8万株，2年生苗高30厘米以上。

金钱松初期生长比较缓慢，可结合间种套种，每年除草松土抚育2～3次，抚育时，不宜打枝，一般5～6年即可郁闭。郁闭后，每隔3～4年进行砍杂、除蔓1次。

知识链接：

金钱松为著名的古老残遗植物，最早的化石发现于西伯利亚东部与西部的晚白垩纪地层中，古新世至上新世在斯匹次卑尔根群岛、欧洲、亚洲中部、美国西部、中国东北部及日本亦有发现。由于气候的变迁，尤其是更新世的大冰期的来临，使各地的金钱松灭绝。只在中国长江中下游少数地区幸存下来。因分布零星，个体稀少，结实有明显的间歇性，因而亟待保护。

金钱松木材纹理通直，硬度适中，材质稍粗，性较脆，可作建筑、板材、家具、器具及木纤维工业原料等用；树皮可提栲胶，入药（俗称土槿皮）有助于治顽癣和食积等症；根皮亦可药用，也可作造纸胶料；种子可榨油。

十五、枫香 *Liquidambar formosana* Hance

1. 形态特征及习性

金缕梅科枫香树属落叶乔木（图 7-70、图 7-71），高达 30 米，胸径最大可达 1 米，树皮灰褐色，方块状剥落；小枝干后灰色，被柔毛，略有皮孔；芽体卵形，长约 1 厘米，略被微毛，鳞状苞片敷有树脂，干后棕黑色，有光泽。叶（图 7-71）薄革质，阔卵形，掌状 3 裂，中央裂片较长，先端尾状渐尖，两侧裂片平展；基部心形；上面绿色，干后灰绿色，不发亮；下面有短柔毛，或变秃净仅在脉腋间有毛；掌状脉 3～5 条，在上下两面均显著，网脉明显可见；边缘有锯齿，齿尖有腺状突；叶柄长达 11 厘米，常有短柔毛；托叶线形，游离，或略与叶柄连生，长 1～1.4 厘米，红褐色，被毛，早落。

图 7-70　枫香树全株

图 7-71　枫香树秋景

雄性短穗状花序常多个排成总状，雄蕊多数，花丝不等长，花药比花丝略短。雌性头状花序有花 24～43 朵，花序柄长 3～6 厘米，偶有皮孔，无腺体；萼齿 4～7 个，针形，长 4～8 毫米，子房下半部藏在头状花序轴内，上半部游离，有柔毛，花柱长 6～10 毫米，先端常卷曲。头状果序（图 7-72）圆球形，木质，直径 3～4 厘米；蒴果下半部藏于花序轴内，有宿存花柱及针刺状萼齿。种子多数，褐色，多角形或有窄翅。

喜温暖湿润气候，性喜光，幼树稍耐阴，耐瘠薄土壤，不耐水涝。多生于平地、村落附近，及低山的次生林。在湿润肥沃而深厚的红黄壤土上生长良好。深根性，主根粗长，抗风力强，不耐移植及修剪。种子有隔年发芽的习性。不耐寒，黄河以北不能露地越冬，不耐盐碱及干旱。在海南岛常组成次生林的优势种，性耐火烧，萌生力极强。

图 7-72　枫香树的果实

2.繁殖育苗

枫香树常行播种繁殖。在进行种子的采集时应选择生长10年以上、无病虫害发生、长势健壮、树干通直的优势树作为采种母树。枫香花4月上旬开花，10月下旬果实成熟。果穗球形，径2.5～3.5厘米，由多数蒴果组成。每一蒴果仅有1～2枚可孕的黑色种子，顶端具倒卵形短翅。可孕的种子有翅，为黑色；不孕种子无翅，为黄色，较淡。果实成熟后开裂，种子易飞散。当果实的颜色由绿变成黄褐(稍带青)、尚未开裂时，应将其击落，以便于收集。收集的果实应置于阳光下进行晾晒，一般3～5天即可。在晾晒的过程中，应常用木锨翻动果实，待蒴果裂开后将种子取出。然后用细筛除去含有的杂质即可获得纯净的枫香种子。以鲜果的重量进行计算，出种率为1.5%～2.0%。采集的种子应装于麻袋内置于通风干燥处进行贮藏。

枫香树的育苗圃地以选择在交通状况良好、与水源距离近、土层深厚、土壤疏松、土质较肥沃、pH值为5.5～6.0的沙质壤土为佳。为了减少病害，最好选择在前茬为水稻田的地块上进行枫香树的育苗。不宜选择过于黏重的土壤或蔬菜地，这些土壤细菌较多，容易使幼苗发生根腐病。

因枫香种子籽粒小（千粒重仅为3.2～5.6克，1千克种子的粒数为18万～32万粒，场圃发芽率20%～57%，播种量为每亩0.5～1.0千克)，播种前可不进行处理。播种既可在冬季进行，也可选择春季进行，但相比较而言，冬播的种子发芽早而整齐。春季播种一般在 3 月中旬进行。播种可采取 2 种方式，分别为撒播、条播，撒播应用得一般较多。

(1) 撒播　将种子均匀撒在苗床上，方法简单，省力，出苗量高，播种量为 22.5～30.0 千克/公顷。

(2) 条播　播种的行距控制在 20～25 厘米，沟底的宽度为 6～10 厘米，播种时均匀地将种子撒在沟内，一般播种量为 15.0～22.5 千克/公顷。播种结束后应及时覆土，以微可见种子为佳，细土应先用筛子筛后再进行覆盖，并在其上覆盖一层稻草。也可不覆土，直接将稻草或茅草覆盖在播种后的苗床上，为了防止草被风吹起，应用棍子压上，或用竹片、薄膜穹形盖好，不仅可以起到保暖、防风的作用，还可以防止鸟兽的危害。图 7-73 所示为枫香条播播种苗。

3. 苗期管理

(1) 适时揭草　播种后 25 天左右种子开始发芽，45 天幼苗基本出齐。场圃发芽率为 12.3%～57%，平均为 35.6%。当幼苗基本出齐时，要及时揭草。揭草最好分两次进行，第一次揭去 1/2，5 天后再揭剩下的部分。揭草时动作要轻，以防带出幼苗（图 7-74）。

图 7-73　枫香条播播种苗

图 7-74　苗期覆盖，适时揭去

(2) 间苗补苗　揭草后，幼苗长至 3～5 厘米时，应选阴天或小雨天，及时进行间苗和补苗。将较密的苗木用竹签移出，去掉泥土，将根放在 0.01%ABT 3 号或 ABT 6 号生根粉溶液中浸 1～2 分钟，再补栽于缺苗的苗床上，株行距一般为 5 厘米×8 厘米，栽后及时浇透水。间苗后的枫香苗密度控制在 100 株/米^2 左右。

(3) 施肥与排灌　幼苗揭草后 40 天，可选择合适的氮肥进行追施。第1次追肥的浓度应小于0.1%，施肥量为22.5千克/公顷。以后根据苗木的实际情况，每隔1个月左右追肥1次，浓度控制在0.5%～1.0%，施肥量为45～60千克/公顷。在枫香树的整个生长季节应施肥2～3次。前期主要施氮肥，后期施磷、钾肥。施肥应选择在15:00以后进行。当施肥的浓度超过0.8%时，施肥后应用清水冲洗。遇下雨时，为了防止苗木出现烂根现象，应及时排除苗圃地的积水；在遇到持续干旱的天气时，应及时浇灌苗地，满足苗木生长对水分的需求。

（4）松土除草　在苗木生长期间，要及时松土除草。苗小时，一定要用人工拔草。枫香苗木长到30厘米以上时，可用1∶3000浓度果尔除草剂进行化学除草，每亩每次用量为15毫升。施药时应将喷雾器头对准条播行距中间喷雾，注意药液不要喷洒到嫩叶和幼茎上，枫香幼苗对果尔除草剂敏感，以免产生药害。撒播枫香苗圃地不宜使用果尔溶液进行喷雾处理。如育苗面积较大，确需进行化学除草的，可用25毫升果尔，加水1千克，与25千克细沙拌匀，堆放2小时，摊开晾干，然后均匀撒在苗床上，并用棕将枫香苗上的沙轻轻扫落即可（部分枫香幼苗会受到轻微药害，10天后会恢复生长）。

（5）病虫防治　枫香幼苗具有较强的适应性，因此一般不易发生病虫害。但在刚揭草时，由于苗木长势较为幼嫩，短期内有病虫发生。可在揭草后7天选择合适的药剂进行喷雾，一般可用百菌清2000倍液，以后隔20～30天喷百菌清1000倍液或多菌灵800～1000倍液1次。当有虫害发生时，可喷甲胺磷1000倍液进行防治。

十六、二球悬铃木 *Platanus acerifolia* Willd.

1.形态特征及习性

悬铃木科悬铃木属落叶大乔木（图7-75），高30余米；树皮（图7-76）光滑，大片块状脱落。嫩枝密生灰黄色茸毛；老枝秃净，红褐色。叶（图7-77）阔卵形，宽12～25厘米，长10～24厘米，上下两面嫩时有灰黄色毛被，下面的毛被更厚而密，以后变秃净，仅在背脉

图7-75　二球悬铃木全株

图 7-76　二球悬铃木主干

图 7-77　二球悬铃木的叶片和果实

腋内有毛；基部截形或微心形，上部掌状 5 裂，有时 7 裂或 3 裂；中央裂片阔三角形，宽度与长度约相等；裂片全缘或有 1～2 个粗大锯齿；掌状脉 3 条，稀为 5 条，常离基部数毫米，或为基出；叶柄长 3～10 厘米，密生黄褐色毛被；托叶中等大，长约 1～1.5 厘米，基部鞘状，上部开裂。花通常 4 数。雄花的萼片卵形，被毛；花瓣矩圆形，长为萼片的 2 倍；雄蕊比花瓣长，盾形药隔有毛。果枝有头状果序（图 7-77）1～2 个，稀为 3 个，常下垂；头状果序直径约 2.5 厘米，宿存花柱长 2～3 毫米，刺状，坚果之间无突出的茸毛，或有极短的毛。果序常 2 个生于总柄。

喜光，不耐阴，生长迅速，成荫快，喜温暖湿润气候，在年平均气温 13～20℃、降水量 800～1200 毫米的地区生长良好，北京幼树易受冻害，须防寒。对土壤要求不严，耐干旱、瘠薄，亦耐湿。根系浅，易被风刮倒，萌芽力强，耐修剪。抗烟尘、硫化氢等有害气体，对氯气、氯化氢抗性弱。

原产于欧洲，现广植于全世界。中国南北各地均有栽培，尤以长江中、下游各城市为多见，在新疆北部伊犁河谷地带亦可生长。

知识链接：

二球悬铃木是世界著名的城市绿化树种、优良庭荫树和行道树，有“行道树之王”之称，以其生长迅速、株形美观、适应性较强等特点广泛分布于全球的各个城市。随着人们生活水平的提高和社会的不断进步，园林绿化市场持续升温，不同品种的观赏植物越来越多地应用于园林绿化中。注意要和一球悬铃木、三球悬铃木区别（图 7-78、图 7-79）。

图 7-78　一球悬铃木叶片和果实

图 7-79　三球悬铃木叶片和果实

2. 繁殖育苗及栽培管理技术

（1）播种繁殖　选择成熟果在 10 月下旬左右采摘，剥出种子，在当年或翌年春季选择排水良好的沙壤地作为苗圃，施足基肥，翻耕平整后播种。条播行距 30 厘米，播深 1～2 厘米，覆土，镇压后灌水。实际生产中因怕品种变异、根系发育不强、生长较慢等，此法一般采用较少。

（2）扦插繁殖　秋季选择枝芽饱满、无病虫害、粗细均匀的健壮枝条剪穗，可结合当年秋季树木整形进行。剪穗应在避风阴凉处或室内进行。插穗长 15～18 厘米，剪口平滑，防止裂皮、创伤，每个插穗保留 2 个节、3 个饱满芽苞，上下切口一般离芽 1 厘米，每 50 根 1 捆，捆扎整齐。选排水良好的背风向阳处挖一深 1 米、宽 1.2 米的坑，坑长按插穗多少确定（图 7-80），将插穗基部朝下，直立排放于坑内覆土，这样有利于切口的自然愈合，

图 7-80　二球悬铃木插穗

以便次年取出扦插。坑内覆土厚度应视温度变化进行增土或减土，避免覆土过厚或过少引起“发烧”和冻害现象。根据气温条件，在4月中下旬，气温回升，地温上升后进行扦插。扦插地要求排水良好、土质肥沃、土地平整。插穗可用萘乙酸10毫克/升浸泡3小时，以提高生根效果。按株行距20～30厘米进行扦插，先用引插棍扎出孔再插入插条，深度为条长的1/2左右，扦插深度以露头3～4厘米为宜。

(3) 栽培管理　因二球悬铃木以扦插繁殖为主，所以栽培管理也以扦插繁殖为主。扦插后及时浇足头水，过10～15天浇足第2水。适时松土除草以提高地温，促进早发芽、早生根，提高育苗成活率。在夏季苗木管理中，要特别抓住6月至8月上旬的二球悬铃木猛长期，在猛长期到来之前5～7天开始，分多次追施氮肥，多灌水，以提高苗木质量。8月下旬之后不可再追肥、灌水，否则秋梢伸长，推迟落叶期，冬春两季易冻梢，影响苗木和园林绿化质量。对当年扦插苗，因较弱小，不便于包扎处理，可在次年春季后视生长状况，剪除冻枝，去弱留强，保留健壮枝条。经1年生长直径可达1厘米左右，在秋季用石灰和食盐混合液刷干，及时冬灌，可起到较好的防冻效果。

十七、梧桐 *Firmiana platanifolia* (L. f.) Marsili

1. 形态特征及习性

梧桐科梧桐属乔木（图7-81），高达15～20米，胸径50厘米。树干挺直（图7-82），光洁，分枝高；树皮绿色或灰绿色，平滑，常不裂。小枝粗壮，绿色，芽鳞被锈色柔毛；老枝光滑，红褐色。

图7-81　梧桐全株

图7-82　梧桐树干

叶（图7-83）大，阔卵形，宽10～22厘米，长10～21厘米，3～5裂至中部，长比宽略短，基部截形、阔心形或稍呈楔形，裂片宽三角形，边缘有数个粗大锯齿，上下两面幼时被灰黄色茸毛，后变无毛；叶柄长3～10厘米，密被黄褐色茸毛；托叶长1～1.5厘米，基部鞘状，上部开裂。

圆锥花序（图7-84）长约20厘米，被短茸毛；花单性，无花瓣；萼管长约2毫米，裂片5，条状披针形，长约10毫米，外面密生淡黄色短茸毛；雄花的雄蕊柱约与萼裂片等长，花药约15，生雄蕊柱顶端；雌花的雌蕊具柄5，心皮的子房部分离生，子房基部有退化雄蕊。蓇葖，在成熟前即裂开，纸质，长7～9.5厘米；蓇葖果，种子球形，分为5个分果，分果成熟前裂开呈小艇状，种子生在边缘。

果枝有球形果实（图7-84），通长2个，常下垂，直径约2.5～3.5厘米。小坚果长约0.9厘米，基部有长毛。花期5月，果期9～10月。种子4～5，球形。种子在未成熟期时成球成青色，成熟后橙红色。

图7-83　梧桐叶

图7-84　梧桐花果

梧桐树喜光，喜温暖湿润气候，耐寒性不强；喜肥沃、湿润、深厚而排水良好的土壤，在酸性、中性及钙质土上均能生长，但不宜在积水洼地或盐碱地栽种，不耐草荒。积水易烂根，受涝五天即可致死。通常在平原、丘陵及山沟生长较好。

深根性，植根粗壮；萌芽力弱，一般不宜修剪。生长尚快，寿命较长，能活百年以上。发叶较晚，而秋天落叶早。对多种有毒气体都有较强抗性。怕病毒病，怕大袋蛾，怕强风。宜植于村边、宅旁、山坡、石灰岩山坡等处。

原产地中国，华北至华南、西南地区广泛栽培，尤以长江流域为多。

2. 繁殖育苗及栽培管理技术

（1）繁殖方法　常用播种繁殖（图 7-85），扦插、分根也可（图 7-86 所示为梧桐插穗）。垄播时，在垄的两侧开宽、深各 5 厘米的播种沟。开沟时做到深浅一致，大小相等，沟线端直。播种时做到撒种均匀，不漏播，不重播，覆土厚度 3～5 厘米，播种量为每亩 15 千克，行间距 20 厘米，然后用镇压机镇压或踩实。最后灌透水一次。

图 7-85　梧桐播种苗

图 7-86　梧桐插穗

秋季果熟时采收，晒干脱粒后当年秋播，也可干藏或沙藏至翌年春播。条播行距 25 厘米，覆土厚约 15 厘米，每亩播种量约 15 千克。沙藏种子发芽较整齐；干藏种子常发芽不齐，故在播前最好先用温水浸种催芽处理。1 年生苗高可达 50 厘米以上，第二年春季分栽培养，3 年生苗木即可出圃定植。

（2）栽培管理技术

① 除草松土。播种后独行菜、葎草、苋菜等双子叶杂草将大量滋生，可人工清除，也可喷洒 1∶1000 的 2,4-D。除草时要以“除小、除早、除了”为原则，松土厚度 2～3 厘米。

② 施肥灌溉。当苗高 3～5 厘米时施肥，复合肥每亩施 8～10 千克，结合灌溉施用，以后根据土壤墒情浇水。

③ 病虫害防治。梧桐幼苗期，要注意苗木立枯病预防，通过提早播种、高垄育苗、土壤消毒、种子发芽出土时每隔10天喷洒一次5%多菌灵（连续喷洒三次）等措施，可以得到较好的效果。其他病虫害较少，未见危害发生。

④ 移植。容器苗管理，当苗高5厘米、植株基部半木质化时，进行移栽。移栽前，做长×宽为（15～20）米×（2～3）米的畦。移栽时去掉容器，连同培养基一起移植到畦中，株行距为20厘米×40厘米，每亩8300余株。然后灌透水一次，7月份施尿素一次，每亩用量8～10千克，以后依土壤墒情灌溉。

十八、合欢 *Albizia julibrissin* Durazz.

1.形态特征及习性

豆科合欢属落叶乔木（图7-87），高可达16米；树干灰黑色；嫩枝、花序和叶轴被茸毛或短柔毛。

托叶线状披针形，较小叶小，早落；二回羽状复叶，互生；总叶柄长3～5厘米，总花柄近基部及最顶1对羽片着生处各有一枚腺体；羽片4～12对，栽培的有时达20对；小叶10～30对，线形至长圆形，长6～12毫米，宽1～4毫米，向上偏斜，先端有小尖头，有缘毛，有时在下面或仅中脉上有短柔毛；中脉紧靠上边缘。图7-88所示为合欢枝叶。

图7-87　合欢全株

图7-88　合欢枝叶

头状花序在枝顶排成圆锥大花序（图7-89）；花粉红色；花萼管状，长3毫米；花冠长8毫米，裂片三角形，长1.5毫米，花萼、花冠外均被短柔毛；雄蕊多数，基部合生，花丝细长；子房上位，花柱几与花丝等长，柱头圆柱形。

荚果（图7-90）带状，长9～15厘米，宽1.5～2.5厘米，嫩荚有柔毛，老荚无毛。花期6～7月；果期8～10月。

图7-89　合欢的花

图7-90　合欢的荚果

合欢喜温暖湿润和阳光充足的环境，对气候和土壤适应性强，宜在排水良好、肥沃土壤生长，但也耐瘠薄土壤和干旱气候，不耐水涝，耐轻度盐碱，对二氧化硫、氯化氢等有害气体有较强的抗性。生长迅速。

产于中国黄河流域及以南各地。分布于华东、华南、西南地区以及辽宁、河北、河南、陕西等省。朝鲜、日本、越南、泰国、缅甸、印度、伊朗及非洲东部也有分布，美洲亦有栽培。

2.繁殖育苗及栽培管理技术

（1）繁殖方法　合欢常采用播种繁殖，于9～10月间采种，采种时要选择籽粒饱满、无病虫害的荚果，将其晾晒脱粒，干藏于干燥通风处，以防发霉。

春季育苗，播种前将种子浸泡8～10小时后取出播种。开沟条播，沟距60厘米，覆土2～3厘米，播后保持畦土湿润，约10天发芽。1公顷用种量约150千克。苗出齐后，应加强除草、松土、追肥等管理工作。第2年春或秋季移栽，株距3～5米。移栽后2～3年，每年春秋季除草松窝，以促进生长。

由于合欢种皮坚硬，为使种子发芽整齐，出土迅速，播前2周需用0.5%高锰酸钾冷水溶液浸泡2小时，捞出后用清水冲洗干净置于80℃左右的热水中浸种30秒（最长不能超过1分钟，否则影响发芽率），24小时后即可进行播种。利用这种方法催芽发芽率可达80%～90%，且出苗后生长健壮不易发病（图7-91）。

（2）栽培管理技术　合欢苗栽培以春季为宜，要求随挖、随栽、随浇。合欢因其树姿开展、花形优美，常用作行道树。因自然分枝点很低且角度大，所以行道树定干一般在3米以上。目前培育高干合欢用强修剪加扶木绑扎的方法，费工费力，效果不佳。根据近年来的工作经验，可将1年生苗移植后不截干，培养1年，让根系充分生长，翌年再行截干，第2年秋后干高可达3米以上，达到行道树定干要求，且树干通直。此法简单易行、省工。4年生苗即可定植，定植应选择平地及缓坡地，于早春萌动前进行裸根栽植，栽植穴内以堆肥作底肥，对新定植的小苗，每年落叶后要作定冠修剪，连续修剪3～4年。由于合欢根系浅，故栽植时不要过深，干旱季节要适时浇水，以保持土壤湿润，可有效防止病害产生。由于合欢主干纤细，移栽时应小心细致，注意保护根系；必要时对大苗进行拉绳扶植，以防被风吹倒或歪斜。定植后要增加浇水次数，且每次要浇透。秋末施足基肥，以利于根系生长和下年花叶繁茂。为满足园林艺术的要求，每年冬末需剪去细弱枝、病虫枝，并对侧枝适当修剪调整，以保证主干端正。图7-92所示为合欢作景观树树姿。

图7-91　合欢播种苗

图7-92　合欢作景观树树姿

十九、国槐 Sophora japonica Linn

1. 树种简介

豆科槐属乔木（图7-93），高达25米；树皮灰褐色，具纵裂纹。当年生枝绿色，无毛。羽状复叶（图7-94）长达25厘米；叶轴初被疏柔毛，旋即脱净；叶柄基部膨大，包裹着芽；托叶形状多变，有时呈卵形，叶状，有时线形或钻状，早落；小叶4～7对，对生或近互生，纸质，卵状披针形或卵状长圆形，长2.5～6厘米，宽1.5～3厘米，先端渐尖，具小尖头，基部宽楔形或近圆形，稍偏斜，下面灰白色，初被疏短柔毛，旋变无毛；小托叶2枚，钻状。

图7-93　国槐全株

图7-94　国槐枝叶

圆锥花序（图7-95）顶生，常呈金字塔形，长达30厘米；花梗比花萼短；小苞片2枚，形似小托叶；花萼浅钟状，长约4毫米，萼齿5，近等大，圆形或钝三角形，被灰白色短柔毛，萼管近无毛；花冠白色或淡黄色，旗瓣近圆形，长和宽约11毫米，具短柄，有紫色脉纹，先端微缺，基部浅心形，翼瓣卵状长圆形，长10毫米，宽4毫米，先端浑圆，基部斜戟形，无皱褶，龙骨瓣阔卵状长圆形，与翼瓣等长，宽达6毫米；雄蕊近分离，宿存；子房近无毛。

荚果（图7-96）串珠状，长2.5～5厘米或稍长，径约10毫米，种子间缢缩不明显，种子排列较紧密，具肉质果皮，成熟后不开裂，具种子1～6粒；种子卵球形，淡黄绿色，干后黑褐色。

花期7～8月，果期8～10月。

图 7-95　槐花

图 7-96　国槐的荚果

喜光而稍耐阴。能适应较冷气候。根深而发达。对土壤要求不严，在酸性至石灰性及轻度盐碱土，甚至含盐量在 0.15%左右的条件下都能正常生长。抗风，也耐干旱、瘠薄，尤其能适应城市土壤板结等不良环境条件，但在低洼积水处生长不良。对二氧化硫和烟尘等污染的抗性较强。幼龄时生长较快，以后中速生长，寿命很长。老树易成空洞，但潜伏芽寿命长，有利于树冠更新。

原产于中国，现南北各省广泛栽培，华北和黄土高原地区尤为多见。日本、越南也有分布，朝鲜并见有野生，欧洲、美洲各国均有引种。

2. 繁殖育苗技术

(1) 播种繁殖　国槐育苗地应选择地势平坦、排灌条件良好、土质肥沃、土层深厚的壤土或沙壤土。其对中性、石灰性和微酸性土质均能适应，在轻度盐碱土（含盐量 0.15%左右）上能正常生长，但干旱、瘠薄及低洼积水圃地生长不良。播种前应采用浸种法或沙藏法加以处理。播种时间一般采用春播，在 4 月上中旬播种为宜。播种量每亩 10～12 千克。可采用垄播或做畦两种方式。垄播时垄距 70～80 厘米，垄底宽 40～50 厘米，面宽 30 厘米左右，垄高 15～20 厘米，播幅 10 厘米，覆土 1.5～2 厘米。也可做畦，不起垄，行距 60～70 厘米，播幅 5 厘米。播后镇压，使种子与土壤密切结合，有条件时可覆膜。图 7-97 所示为槐播种苗。

图 7-97　槐播种苗

知识链接：

① 浸种法。先用80℃水浸种，不断搅拌，直至水温下降到45℃以下，放置24小时，将膨胀种子取出。对未膨胀的种子采用上述方法反复2～3次，使其达到膨胀程度。将膨胀种子用湿布或草帘覆盖闷种催芽，经1.5～2天，20%左右种子萌动即可播种。

② 沙藏法。一般于播种前10～15天对种子进行沙藏。沙藏前，将种子在水中浸泡24小时，使沙子含水量达到60%，即手握成团，触之即散。将种子沙子按体积比1∶3进行混拌均匀，放入提前挖好的坑内，然后覆盖塑料布。沙藏期间，每天要翻1遍，并保持湿润，有50%种子发芽时即可播种。

（2）埋根繁殖　槐落叶后即可引进种根，定植前以沙土埋藏保存，掌握好沙土湿度，既不可让根段脱水干枯，又不可湿度太重而使根段霉变腐烂。育苗选择土层深厚、地势平坦、灌排方便、无病虫传染源的沙壤土最好。每亩施2500千克畜禽粪肥，或施50千克磷肥和二铵作基肥。用呋喃丹等杀虫剂杀灭地下害虫。地要深翻、整细、耙平，畦宽1米左右。育苗时间南方3月上中旬，北方3月下旬至4月上旬。选择1～2年生直径5～10毫米无病虫害痕迹的光滑根段，剪成5～7厘米长备用。顺畦开沟，沟距50厘米，深度5厘米，然后将根段以30厘米的株距平放于沟内，覆盖细沙土，浇透定根水，盖好地膜，一个月左右即可出苗（图7-98）。

图7-98　槐的埋根繁殖

3.栽培管理技术

（1）定苗　播后一般7～10天开始出苗，10～15天出齐。覆膜地块要在幼苗长出2～3片真叶时揭去地膜。在苗高15厘米时分2～3次间苗，定苗株距10～15

厘米，亩留苗量8000株左右。

（2）移栽　用于绿化苗木，一般3～4年才能出圃，由于苗木顶端枝条芽密，间距短，树干极易弯曲，翌年春季将一年生苗按株距40～50厘米、行距70～80厘米进行移栽，栽后即可将主干于距地面3～5厘米处截干。因槐树具萌芽力，截干后易发生大量萌芽，当萌芽嫩枝长到20厘米左右时，选留1条直立向上的壮枝作主干，将其余枝条全部抹除。以后随时注意除蘖去侧，对主干上、中、下部的细弱侧枝暂时保留，对防止主干弯曲有利。

（3）肥水管理　国槐苗要根据气候条件、土壤质地等因素，决定浇水次数。一般情况下，出苗后至雨季前浇2～3次水，圃地封冻前浇1次封冻水，遇涝害时及时排水。播种前，育苗地亩施基肥（以有机肥或圈肥为主）3000千克左右，到6月上旬结合浇水可亩追施速效氮肥（如尿素）8～10千克，7～8月份追施尿素（最好掺入适量复混肥）2～3次，每次施肥量30千克左右。9月份以后不再浇水施肥，以促进苗木木质化。

二十、杜仲 *Eucommia ulmoides*

1.形态特征及习性

杜仲为杜仲科杜仲属落叶乔木（图7-99），高可达20米，胸径约50厘米。树皮灰褐色，粗糙，内含橡胶，折断拉开有多数细丝。嫩枝有黄褐色毛，不久变秃净，老枝有明显的皮孔。芽体卵圆形，外面发亮，红褐色，有鳞片6～8片，边缘有微毛。叶（图7-100）椭圆形、卵形或矩圆形，薄革质，长6～15厘米，宽3.5～6.5厘米；基

图7-99　杜仲全株

图7-100　杜仲叶片

部圆形或阔楔形，先端渐尖；上面暗绿色，初时有褐色柔毛，不久变秃净，老叶略有皱纹，下面淡绿，初时有褐毛，以后仅在脉上有毛；侧脉6～9对，与网脉在上面下陷，在下面稍突起，边缘有锯齿。叶柄长1～2厘米，上面有槽，被散生长毛。花（图7-101）生于当年枝基部，雄花无花被；花梗长约3毫米，无毛；苞片倒卵状匙形，长6～8毫米，顶端圆形，边缘有睫毛，早落；雄蕊长约1厘米，无毛，花丝长约1毫米，药隔突出，花粉囊细长，无退化雌蕊。雌花单生，苞片倒卵形，花梗长8毫米，子房无毛，1室，扁而长，先端2裂，子房柄极短。翅果（图7-102）扁平，长椭圆形，长3～3.5厘米，宽1～1.3厘米，先端2裂，基部楔形，周围具薄翅。坚果位于中央，稍突起，子房柄长2～3毫米，与果梗相接处有关节。种子扁平，线形，长1.4～1.5厘米，宽3毫米，两端圆形。早春开花，秋后果实成熟。

图7-101　杜仲的花

图7-102　杜仲果实

杜仲喜温暖湿润气候和阳光充足的环境，能耐严寒，成株在－30℃的条件下可正常生存，我国大部分地区均可栽培，适应性很强，对土壤没有严格选择，但以土层深厚、疏松肥沃、湿润、排水良好的壤土最适宜。杜仲树的生长速度在幼年期较缓慢，速生期出现在7～20年，20年后生长速度又逐年降低，50年后，树高生长基本停止，植株自然枯萎。

多生长于海拔300～500米的低山、谷地或低坡的疏林里，对土壤的选择并不严格，在瘠薄的红土或岩石峭壁均能生长。

杜仲是中国的特有种。分布于陕西、甘肃、河南（淅川）、湖北、四川、云南、贵州、湖南、安徽、江西、广西及浙江等省（区），现各地广泛栽种。

2.繁殖育苗及栽培管理技术

（1）繁殖方法

① 种子繁殖　选新鲜、饱满、黄褐色有光泽的种子，于冬季11～12月或春季2～3月，月均温达10℃以上时播种，一般暖地宜冬播，寒地可秋播或春播，以满足种子萌发所需的低温条件。种子忌干燥，故宜趁鲜播种。如需春播，则采种后应将种子进行层积处理，种子与湿沙的比例为1∶10。或于播种前，用20℃温水浸种2～3天，每天换水1～2次，待种子膨胀后取出，稍晒干后播种，可提高发芽率。

条播，行距20～25厘米，每亩用种量8～10千克。播种后盖草，保持土壤湿润，以利于种子萌发。幼苗出土后，于阴天揭除盖草。每亩可产苗木3万～4万株（图7-103）。

② 嫩枝扦插繁殖　春夏之交，剪取一年生嫩枝，剪成长5～6厘米的插条，插入苗床，入土深2～3厘米，在土温21～25℃下，经15～30天即可生根。如用0.05毫升/升萘乙酸处理插条24小时，插条成活率可达80%以上。

③ 根插繁殖　在苗木出圃时，修剪苗根，取径粗1～2厘米的根，剪成10～15厘米长的根段，进行扦插，粗的一端微露地表，在断面下方可萌发新梢，成苗率可达95%以上。

④ 压条繁殖　春季选强壮枝条压入土中，深15厘米，待萌蘖抽生高达7～10厘米时，培土压实。经15～30天，萌蘖基部可发生新根。深秋或翌春挖起，将萌蘖一一分开即可定植（图7-104）。

图7-103　杜仲条播播种苗

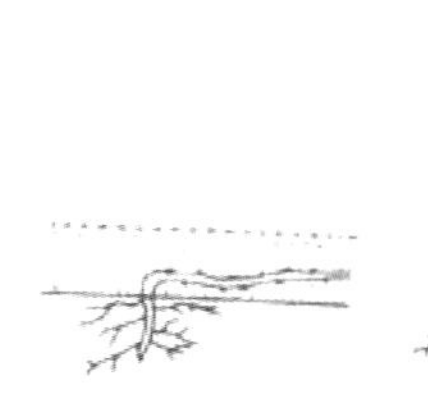

(a) 埋条

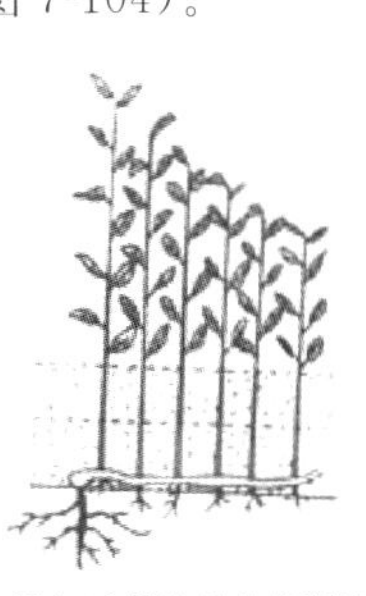

(b) 埋条后萌发及生根情况

图7-104　杜仲带根埋条繁殖

⑤ 嫁接繁殖　用二年生苗作砧木，选优良母本树上一年生枝作接穗，于早春切接于砧木上，成活率可达90%以上。

（2）栽培管理技术

① 选地整地　选土层深厚、疏松肥沃、土壤酸性至微碱性、排水良好的向阳缓坡地，深翻土壤，耙平，挖穴。穴内施入土杂肥2.5千克、饼肥0.2千克、骨粉或过磷酸钙0.2千克及火土灰等。播种前浇透水，待水渗下后，将处理好的种子撒下。种子相距约3厘米，覆细土0.7～1厘米，播后畦面盖草。播种量每公顷52.5～90千克。

② 苗期管理　种子出苗后，注意中耕除草，浇水施肥。幼苗忌烈日，要适当遮阴，旱季要及时喷灌防旱，雨季要注意防涝。结合中耕除草追肥4～5次，每次每亩施尿素1～1.5千克，或腐熟稀粪肥3000～4000千克。实生苗若树干弯曲，可于早春沿地表将地上部全部除去，促发新枝，从中选留1个壮旺挺直的新枝作新干，其余全部除去。

③ 定植　1～2年生苗高达1米以上时即可于落叶后至翌春萌芽前定植。幼树生长缓慢，宜加强抚育，每年春夏应进行中耕除草，并结合施肥。秋天或翌春要及时除去基生枝条，剪去交叉过密枝。对成年树也应酌情追肥。北方地区8月停止施肥，避免晚期生长过旺而降低抗寒性。

二十一、香椿 *Toona sinensis*（A. Juss.）Roem.

1. 形态特征及习性

楝科香椿属乔木（图7-105）；树皮粗糙，深褐色，片状脱落（图7-106）。叶（图7-107）具长柄，偶数羽状复叶，长30～50厘米或更长；小叶16～20，对生或互生，纸质，卵状披针形或卵状长椭圆形，长9～15厘米，宽2.5～4厘米，先端尾尖，基部一侧圆形，另一侧楔形，不对称，边全缘或有疏离的小锯齿，两面均无毛，无斑点，背面常呈粉绿色；侧脉每边18～24条，平展，与中脉几成直角开出，背面略凸起；小叶柄长5～10毫米。

圆锥花序（图7-108）与叶等长或更长，被稀疏的锈色短柔毛或有时近无毛，小聚伞花序生于短的小枝上，多花；花长4～5毫米，具短花梗；花萼5齿裂或浅波状，外面被柔毛，且有睫毛；花瓣5，白

图 7-105　香椿全株

图 7-106　香椿茎干

色，长圆形，先端钝，长 4～5 毫米，宽 2～3 毫米，无毛；雄蕊 10，其中 5 枚能育，5 枚退化；花盘无毛，近念珠状；子房圆锥形，有 5 条细沟纹，无毛，每室有胚珠 8 颗，花柱比子房长，柱头盘状。

图 7-107　香椿枝叶

图 7-108　香椿的花

蒴果狭椭圆形，长 2～3.5 厘米，深褐色，有小而苍白色的皮孔，果瓣薄；种子基部通常钝，上端有膜质的长翅，下端无翅。花期 6～8 月，果期 10～12 月。

香椿喜温，适宜在平均气温 8～10℃ 的地区栽培，抗寒能力随树龄的增加而提高。用种子直播的一年生幼苗在−10℃左右可能受冻。

原产中国中部和南部。东北自辽宁南部，西至甘肃，北起内蒙古南部，南到广东广西，西南至云南均有栽培。其中尤以山东、河南、河北栽植最多。河南信阳地区有较大面积的人工林。陕西秦岭和甘肃小陇山有天然分布。垂直分布在海拔1500米以下的山地和广大平原地区，最高达海拔1800米。

2.繁殖育苗及栽培管理技术

（1）繁殖方法　香椿的繁殖分播种繁殖和分株繁殖（也称根蘖繁殖）两种。

播种繁殖由于香椿种子发芽率较低，因此，播种前，要将种子在30～35℃温水中浸泡24小时，捞起后，置于25℃处催芽。至胚根露出时播种（播种时的地温最低在5℃左右）。出苗后，2～3片真叶时间苗，4～5片真叶时定苗，株行距为15厘米×25厘米。图7-109所示为香椿播种苗。

分株繁殖，可在早春挖取成株根部幼苗，栽植在苗地上，当次年苗长至2米左右，再行定植（图7-110）。也可采用断根分蘖方法，于冬末春初，在成树周围挖60厘米深的圆形沟，切断部分侧根，而后将沟填平，由于香椿根部易生不定根，因此断根先端萌发新苗，次年即可移栽。移栽后喷施新高脂膜，可有效防止地上水分蒸发，使苗体水分不蒸腾，隔绝病虫害，缩短缓苗期。

图7-109　香椿播种苗

图7-110　香椿分株苗

（2）栽培管理技术　播后7天左右出苗，未出苗前严格控制浇水，以防土壤板结影响出苗。当小苗出土长出4～6片真叶时，应进行间苗和定苗。定苗前先浇水，以株距20厘米定苗。株高50厘米左右时，进行苗木的矮化处理。用15%多效唑200～400倍液，每10～15天喷1次，连喷2～3次，即可控制徒长，促苗矮化，增加物质积累。在进行多效唑处理的同时结合摘心，可以增加分枝数。

香椿为速生木本蔬菜，需水量不大，肥料以钾肥需求较高，每300米^{2}的温棚，底肥需充分腐熟的优质农家肥2500千克左右、草木灰75～150千克或磷酸二氢钾3～6千克、碳酸二铵3～6千克。每次采摘后，根据地力、香椿长势及叶色，适量追肥、浇水。

二十二、臭椿 *Ailanthus altissima* (Mill.) Swingle

1. 形态特征及习性

苦木科臭椿属落叶乔木（图7-111），高可达20余米，树皮平滑而有直纹（图7-112）；嫩枝有髓，幼时被黄色或黄褐色柔毛，后脱落。

图7-111　臭椿全株

图7-112　臭椿主干

叶（图7-113）为奇数羽状复叶，长40～60厘米，叶柄长7～13厘米，有小叶13～27个；小叶对生或近对生，纸质，卵状披针形，长

图 7-113　臭椿枝叶

图 7-114　臭椿的花果

7～13 厘米，宽 2.5～4 厘米，先端长渐尖，基部偏斜，截形或稍圆，两侧各具 1 个或 2 个粗锯齿，齿背有腺体 1 个，叶面深绿色，背面灰绿色，揉碎后具臭味。

圆锥花序（图 7-114）长 10～30 厘米；花淡绿色，花梗长 1～2.5 毫米；萼片 5，覆瓦状排列，裂片长 0.5～1 毫米；花瓣 5，长 2～2.5 毫米，基部两侧被硬粗毛；雄蕊 10，花丝基部密被硬粗毛，雄花中的花丝长于花瓣，雌花中的花丝短于花瓣；花药长圆形，长约 1 毫米；心皮 5，花柱黏合，柱头 5 裂。

翅果（图 7-114）长椭圆形，长 3～4.5 厘米，宽 1～1.2 厘米；种子位于翅的中间，扁圆形。

花期 4～5 月，果期 8～10 月。

喜光，不耐阴。适应性强，除黏土外，于各种土壤和中性、酸性及钙质土都能生长，适生于深厚、肥沃、湿润的沙质土壤。耐寒，耐旱，不耐水湿，长期积水会烂根死亡。深根性。垂直分布在海拔 100～2000 米范围内。

分布于中国北部、东部及西南部，东南至台湾省。中国除黑龙江、吉林、新疆、青海、宁夏、甘肃和海南外，各地均有分布。向北直到辽宁南部，共跨 22 个省（区），以黄河流域为分布中心。世界各地广为栽培。

2. 繁殖育苗及栽培管理技术

(1) 繁殖方法　用种子繁殖或用根蘖苗分株繁殖。

一般用播种繁殖。播种育苗容易，以春季播种为宜。在黄河流域一带有晚霜危害，春播不宜过早。种子千粒重 28～32 克，发芽率

图 7-115 臭椿播种育苗

70%左右。播种量每亩3～5千克。通常用低床或垄作育苗。栽植造林多在春季，一般在苗木上部壮芽膨胀呈球状时进行造林。在干旱多风地区也可截干造林。立地条件较好的阴坡或半阴坡也可直播造林。图7-115所示为臭椿播种育苗。

臭椿的根蘖性很强，也可采用分根、分蘖等方法繁殖。

(2) 栽培管理　臭椿的栽植冬春两季均可，春季栽苗宜早栽，在苗干上部壮芽膨大呈球状时栽植成活率最高，栽植时要做到穴大、深栽、踩实、少露头。干旱或多风地带宜采用截干造林。臭椿多“四旁”栽植，一般采用壮苗或3～5年幼树栽植，栽后及时浇水，确保成活。

二十三、紫薇 *Lagerstroemia indica* L.

1. 形态特征及习性

千屈菜科紫薇属落叶灌木或小乔木（图7-116），高可达7米；树皮平滑，灰色或灰褐色；枝干（图7-117）多扭曲，小枝纤细，具4棱，略成翅状。叶（图7-118）互生或有时对生，纸质，椭圆形、阔矩圆形或倒卵形，长2.5～7厘米，宽1.5～4厘米，顶端短尖或钝形，有时微凹，基部阔楔形或近圆形，无毛或下面沿中脉有微柔毛，侧脉3～7对，小脉不明显；无柄或叶柄很短。花（图7-119）色

图 7-116 紫薇全株

图 7-117 紫薇枝干

图 7-118　紫薇枝叶

图 7-119　紫薇的花

玫红、大红、深粉红、淡红色或紫色、白色，直径 3～4 厘米，常组成 7～20 厘米的顶生圆锥花序；花梗长 3～15 毫米，中轴及花梗均被柔毛；花萼长 7～10 毫米，外面平滑无棱，但鲜时萼筒有微突起短棱，两面无毛，裂片 6，三角形，直立，无附属体；花瓣 6，皱缩，长 12～20 毫米，具长爪；雄蕊 36～42，外面 6 枚着生于花萼上，比其余的长得多；子房 3～6 室，无毛。蒴果椭圆状球形或阔椭圆形，长 1～1.3 厘米，幼时绿色至黄色，成熟时或干燥时呈紫黑色，室背开裂；种子有翅，长约 8 毫米。花期 6～9 月，果期 9～12 月。

喜暖湿气候，喜光，半阴生，略耐阴，喜肥，尤喜深厚肥沃的沙质壤土，在钙质土或酸性土上也能生长良好，好生于略有湿气之地，亦耐干旱，忌涝，忌种在地下水位高的低湿地方，性喜温暖，而能抗寒，萌蘖性强。紫薇还具有较强的抗污染能力，对二氧化硫、氟化氢及氯气的抗性较强。

原产于亚洲。中国广东、广西、湖南、福建、江西、浙江、江苏、湖北、河南、河北、山东、安徽、陕西、四川、云南、贵州及吉林均有生长或栽培，广植于热带地区。

2. 繁殖育苗及栽培管理技术

(1) 繁殖方法　紫薇常用繁殖方法为播种和扦插（图 7-120、图 7-121）两种方法，其中扦插方法更好。扦插与播种相比成活率更高，植株的开花更早，成株快，而且苗木的生产量也较高。

图 7-120　紫薇播种苗

图 7-121　紫薇扦插生根苗

① 播种繁殖。紫薇的播种繁殖方法可一次得到大量健壮整齐的苗木。播种繁殖过程包括种子采集、整地做床、种子催芽处理、播种。

紫薇一般在 3～4 月播种，播种在室外露地，将种子均匀撒入已平整好的苗床。每隔 3～4 厘米撒 2～3 粒左右。播种后覆盖约 2 厘米厚的细土，约 10～14 天后种子大部分发芽出土，出土后要保证土壤的湿润度。在幼苗长出 2 对真叶后，为保证幼苗有足够的生长空间和营养面积，可选择雨后对圃地进行间苗处理，使苗间空气流通、日照充足。生长期要加强管理，6～7 月追施薄肥 2～3 次，夏天防止干旱，要常浇水，保持圃地湿润，但切记不可过多。当年冬季苗高可达到 50～70 厘米，长势良好的植株可当年开花。冬季落叶后及时修剪侧枝和开花枝，在次年早春时节移植。

② 扦插繁殖。紫薇扦插繁殖可分为嫩枝扦插和硬枝扦插。嫩枝扦插一般在 7～8 月进行，此时新枝生长旺盛，最具活力，扦插成活率高。选择半木质化的枝条，剪成 10 厘米左右长的插穗，枝条上端保留 2～3 片叶子。扦插深度约为 8 厘米，插后灌透水，为保湿保温在苗床覆盖一层塑料薄膜，搭建遮阴网进行遮阴，一般在 15～20 天左右便可生根，将薄膜去掉，保留遮阴网，在生长期适当浇水，当年枝条可达到 70 厘米，成活率高。硬枝扦插一般在 3 月下旬至 4 月初枝条发芽前进行。在长势良好的母株上选择粗壮的一年生枝条，剪成 10～15 厘米长的枝条，扦插深度约为 8～13 厘米。插后灌透水，为保湿保温在苗床覆盖一层塑料薄膜，当苗木生长至 15～20 厘米的时

候可将薄膜掀开，搭建遮阴网。在生长期适当浇水，当年生枝条可长至 80 厘米左右。

（2）栽培管理　紫薇栽培管理粗放，但要及时剪除枯枝、病虫枝，并烧毁。为了延长花期，应适时剪去已开过花的枝条，使之重新萌芽，长出下一轮花枝。为了树干粗壮，可以大量剪去花枝，集中营养培养树干。实践证明：管理适当，紫薇一年中经多次修剪可使其多次开花，开花时间长达 100～120 天。

春冬两季应保持盆土湿润，夏秋季节每天早晚要浇水一次，干旱高温时每天可适当增加浇水次数，以河水、井水、雨水以及贮存 2～3 天的自来水浇施。

二十四、梅花 *Armeniaca mume*

1. 形态特征及习性

蔷薇科杏属小乔木，稀灌木，高 4～10 米（图 7-122）；树皮浅灰色或带绿色，平滑；小枝绿色，光滑无毛。

叶片（图 7-123）卵形或椭圆形，长 4～8 厘米，宽 2.5～5 厘米，先端尾尖，基部宽楔形至圆形，叶边常具小锐锯齿，灰绿色，幼嫩时两面被短柔毛，成长时逐渐脱落，或仅下面脉腋间具短柔毛；叶柄长 1～2 厘米，幼时具毛，老时脱落，常有腺体。

花（图 7-124）单生或有时 2 朵同生于 1 芽内，直径 2～2.5 厘米，香味浓，先于叶开放；花梗短，长约 1～3 毫米，常无毛；花萼通常红褐色，但有些品种的花萼为绿色或绿紫色；萼筒宽钟形，无毛或有时被短柔毛；萼片卵形或近圆形，先端圆钝；花瓣倒卵形，白色

图 7-122　梅花全株

图 7-123　梅花枝叶

图 7-124　梅花的花

图 7-125　梅花果实

至粉红色；雄蕊短或稍长于花瓣；子房密被柔毛，花柱短或稍长于雄蕊。

果实（图 7-125）近球形，直径 2～3 厘米，黄色或绿白色，被柔毛，味酸；果肉与核粘贴；核椭圆形，顶端圆形而有小突尖头，基部渐狭成楔形，两侧微扁，腹棱稍钝，腹面和背棱上均有明显纵沟，表面具蜂窝状孔穴。

花期冬春季，果期 5～6 月（在华北果期延至 7～8 月）。

梅喜温暖气候，耐寒性不强，较耐干旱，不耐涝，寿命长，可达千年；花期对气候变化特别敏感，梅喜空气湿度较大，但花期忌暴雨。

梅花系我国特产，我国是野生梅花的世界分布中心，也是梅花的世界栽培中心。原产于我国西南地区及湖北、广西等省（区），早春开花。我国各地均有栽培，但以长江流域以南各省最多，江苏北部和河南南部也有少数品种，某些品种已在华北引种成功。日本和朝鲜也有。

2. 繁殖育苗技术

梅花是中国的传统花卉。梅花的繁殖以嫁接为主，偶尔用扦插法和压条法，播种应用少。播种繁殖多用于培育砧木或选育新品种。

（1）播种繁殖　梅花果实 6 月或稍变色时采收，通过后熟阶段，立秋之后再除去果皮和果肉，洗净晾干备用。在年内（秋季）播种为好，具体时间可以在 9 月下旬。播种时，应将土地深翻细耙，整平、做畦，按40厘米的行距开沟，沟深3～5厘米，将种子按5～7厘米的间隔，一粒接一粒地放在土沟里，浇足水分，用细土或沙子覆盖。翌年春季，待幼苗长至10～15厘米时，便可进行移植。如果春季播种繁殖，那么应该在种子洗净晾干后用湿沙层积沙藏，早春取出条播。

（2）嫁接繁殖　梅花的很多品种，如金钱绿萼梅、送春梅、凝香梅等，只能采取嫁接的方法繁殖。嫁接有枝接与芽接两种。砧木除用梅的实生苗外，也用桃（包括毛桃、山桃）、李、杏作砧木，以梅砧最好，亲和力强，成活率高，长势好，寿命亦长。

枝接在2月中旬至3月上旬或10月中旬至11月进行。接穗选择健壮枝条的中段，长5～6厘米，带有2～3个芽，采用切接或劈接。

芽接以立秋前后（8月上旬）进行成活率高，多采用丁字形芽接法。接活后的当年初冬，在接芽以上5厘米处截去砧木，并修剪侧枝。翌年春接芽抽梢，待长大再将残存的砧木剪除，并随时抹去砧芽。

以桃为砧，种子易得，嫁接易活，且接后生长快，开花多，故目前在生产上普遍应用。但是接后梅树易遭虫害，寿命缩短。为了解决这一矛盾，嫁接操作时，可将砧木距离地面2厘米处剪除地上部分，接穗选择当年生长健壮枝条，接时应注意形成层必须密切结合，再用塑料条扎紧，封土直到看不见接合处为止。一个月后检查是否成活，并剪除根部萌芽，保持封土不垮。成活后也不要急于一下子去土，要逐渐助芽出土，以免新芽吹干。随苗株的长高，加土培实，使接穗生根，这样可以克服桃砧木寿命短的缺点，大致经过2～3年接穗也能长出很多的新根，类似扦插的效果。图7-126所示为嫁接后的梅花。

（3）扦插繁殖　扦插繁殖梅花操作简便，技术也不复杂，同时能够完全保持原品种的优良特性。梅花扦插成活率因品种不同而有差别，在常规条件下，素白台阁梅成活率最高，一般可达80%以上；小绿萼梅、宫粉梅等成活率达60%；朱砂梅、龙游梅、大羽梅、送春梅等品种则不易成活。用吲哚丁酸500毫克/升或萘乙酸1000毫克/升水剂快浸处理插条，成活率有所提高，对难以生根品种也能促进生根。

梅花的扦插以11月份为好，因此时落叶，枝条储有充足的养料，

图 7-126　嫁接后的梅花

容易生根成活。选一年生 10～12 厘米长的粗壮枝条作插穗，扦插时将大部分枝条埋入土中，土面仅留 2～3 厘米，并且留一芽在外。要求扦插地土质疏松，排水良好。扦插后浇一次透水，加盖塑料薄膜，这样能保持小范围的温度和湿度，提高扦插成活率，以后视需要补充水分。扦插后土壤的含水量不能过大，否则影响插条愈合生根。翌年成活后，逐渐给以通风使之适应环境，最后揭去薄膜。第三年春季便可进行定株移栽。若春插，则越夏期间须搭荫棚。

（4）压条繁殖　压条繁殖宜在 2～3 月进行，选择 1～2 年生枝条，在压入土壤的枝条下方割伤 2～3 刀，注意不要割得太深，如割伤木质部会影响生根，将割伤那段埋入土中，操作时要注意不能使芽苞受损。压后还要培土，最好用疏松肥沃的沙质土壤。夏季注意浇水，保持土壤湿润，秋季生根后就可割离成为新植株。

高压法往往用作繁殖大苗，来年早春即可开花。可于梅雨季节在母株上选适当枝条刻伤，用塑料膜包疏松的混合土（如泥炭加水藓），两头扎紧，保持湿度。约一个月后检查，已生根者可在压条之下截一切口，深及枝条中部，一星期后再全部切离培养。

3. 栽培管理技术

（1）栽植　在南方可地栽，在黄河流域耐寒品种也可地栽，但在北方寒冷地区则应盆栽，在室内越冬。在落叶后至春季萌芽前均可栽植。为提高成活率，应避免损伤根系，带土团移栽。地栽应选在背风向阳的地方。盆栽则用腐叶土 3 份、园土 3 份、河沙 2 份、腐熟的厩肥2份，均匀混合后制成培养土。栽后浇1次透水。放庇荫处养护，待恢复生长后移至阳光下正常管理。

（2）光照与温度　喜温暖和充足的光照。除杏梅系品种能耐－25℃低温外，一般耐－10℃低温。耐高温，在40℃条件下也能生长。在年平均气温16～23℃地区生长发育最好。对温度非常敏感，在早春平均气温达－5～7℃时开花。

（3）浇水与施肥　生长期应注意浇水，经常保持盆土湿润偏干状态，既不能积水，也不能过湿过干，浇水掌握见干见湿的原则。一般天阴、温度低时少浇水，反之多浇水。夏季每天可浇2次，春秋季每天浇1次，冬季则干透浇透。施肥应合理，栽植前施好基肥，同时掺入少量磷酸二氢钾，花前再施1次磷酸二氢钾，花期施1次腐熟的饼肥，补充营养。6月还可施1次复合肥，以促进花芽分化。秋季落叶后，施1次有机肥，如腐熟的粪肥等。

二十五、三角枫 *Acer buergerianum* Miq.

1.形态特征及习性

槭树科槭属落叶乔木（图7-127），高5～10米，稀达20米。树皮（图7-128）褐色或深褐色，粗糙。小枝细瘦；当年生枝紫色或紫绿色，近于无毛；多年生枝淡灰色或灰褐色，稀被蜡粉。冬芽小，褐色，长卵圆形，鳞片内侧被长柔毛。

图7-127　三角枫全株

图7-128　三角枫树皮

叶（图 7-129）纸质，基部近于圆形或楔形，外貌椭圆形或倒卵形，长 6～10 厘米，通常浅 3 裂，裂片向前延伸，稀全缘，中央裂片三角卵形，急尖、锐尖或短渐尖；侧裂片短钝尖或甚小，以至于不发育，裂片边缘通常全缘，稀具少数锯齿；裂片间的凹缺钝尖；上面深绿色，下面黄绿色或淡绿色，被白粉，略被毛，在叶脉上较密；初生脉 3 条，稀基部叶脉也发育良好，致成 5 条，在上面不显著，在下面显著；侧脉通常在两面都不显著；叶柄长 2.5～5 厘米，淡紫绿色，细瘦，无毛。

花多数常成顶生被短柔毛的伞房花序，直径约 3 厘米，总花梗长 1.5～2 厘米，开花在叶长大以后；萼片 5，黄绿色，卵形，无毛，长约 1.5 毫米；花瓣 5，淡黄色，狭窄披针形或匙状披针形，先端钝圆，长约 2 毫米；雄蕊 8，与萼片等长或微短，花盘无毛，微分裂，位于雄蕊外侧；子房密被淡黄色长柔毛，花柱无毛，很短，2 裂，柱头平展或略反卷；花梗长 5～10 毫米，细瘦，嫩时被长柔毛，渐老近于无毛。

翅果（图 7-130）黄褐色；小坚果特别凸起，直径 6 毫米；翅与小坚果共长 2～2.5 厘米，稀达 3 厘米，宽 9～10 毫米，中部最宽，基部狭窄，张开成锐角或近于直立。

花期 4 月，果期 8 月。

生于海拔 300～1000 米的阔叶林中。弱阳性树种，稍耐阴。喜温暖、湿润环境及中性至酸性土壤。耐寒，较耐水湿，萌芽力强，耐修剪。树系发达，根蘖性强。

产于中国山东、河南、江苏、浙江、安徽、江西、湖北、湖南、

图 7-129　三角枫叶片

图 7-130　三角枫翅果

贵州和广东等省。日本也有分布。

2.繁殖育苗及栽培管理技术

(1) 繁殖方法

① 播种繁殖。播种前首先要对种子进行挑选，种子选得好不好，直接关系到播种能否成功。最好是选用当年采收的种子。种子保存的时间越长，其发芽率越低。因三角枫种子很小，用手或其他工具难以夹起来，可以把牙签的一端用水沾湿，把种子一粒一粒地粘放在基质的表面上，覆盖基质1厘米厚，然后把播种的花盆放入水中，水的深度为花盆高度的1/2～2/3，让水慢慢地浸上来（这个方法称为“盆浸法”）。图7-131所示为三角枫播种苗。

图7-131 三角枫播种苗

② 扦插繁殖。常于春末或秋初用当年生的枝条进行嫩枝扦插，或于早春用去年生的枝条进行老枝扦插。建议使用已经配制好并且消过毒的扦插基质；用中粗河沙也行，但在使用前要用清水冲洗几次。海沙及盐碱地区的河沙不要使用，它们不适合花卉植物的生长。

③ 压条繁殖。选取健壮的枝条，从顶梢以下大约15～30厘米处把树皮剥掉一圈，剥后的伤口宽度在1厘米左右，深度以刚刚把表皮剥掉为限。剪取一块长10～20厘米、宽5～8厘米的薄膜，上面放些淋湿的园土，像裹伤口一样把环剥的部位包扎起来，薄膜的上下两端扎紧，中间鼓起。约4～6周后生根。生根后，把枝条连根系一起剪下，就成了一棵新的植株。

(2) 栽培管理 三角枫根系较发达，萌芽力强，小苗可裸根栽植，但大苗须带泥球。经常喷叶面水，缺水的三角枫生长慢，枝条细弱，生长旺盛的进入5月底就应施肥，整个生长期结合松土、除草，长势良好。

二十六、五角枫 Acer mono Maxim

1.形态特征及习性

槭树科槭属落叶乔木（图 7-132），高达 15～20 米。树皮（图 7-133）粗糙，常纵裂，灰色，稀深灰色或灰褐色。

图 7-132　五角枫全株秋景

图 7-133　五角枫茎干

小枝细瘦，无毛，当年生枝绿色或紫绿色，多年生枝灰色或淡灰色，具圆形皮孔。冬芽近于球形，鳞片卵形，外侧无毛，边缘具纤毛。

叶（图 7-134）纸质，基部截形或近于心脏形，叶片的外貌近于椭圆形，长 6～8 厘米，宽 9～11 厘米，常 5 裂，有时 3 裂及 7 裂的叶生于同一树上；裂片卵形，先端锐尖或尾状锐尖，全缘，裂片间的凹缺常锐尖，深达叶片的中段，上面深绿色，无毛，下面淡绿色，除了在叶脉上或脉腋被黄色短柔毛外，其余部分无毛；主脉 5 条，在上面显著，在下面微凸起，侧脉在两面均不显著；叶柄长 4～6 厘米，细瘦，无毛。

花多数，杂性，雄花与两性花同株，多数常成无毛的顶生圆锥状伞房花序，长与宽均约 4 厘米，生于有叶的枝上，花序的总花梗长 1～2 厘米，花的开放与叶的生长同时；萼片 5，黄绿色，长圆形，顶端钝形，长 2～3 毫米；花瓣 5，淡白色，椭圆形或椭圆倒卵形，长约 3 毫米；雄蕊 8，无毛，比花瓣短，位于花盘内侧的边缘，花药黄色，椭圆形；子房无毛或近于无毛，在雄花中不发育，花柱无毛，很短，柱头 2 裂，反卷；花梗长 1 厘米，细瘦，无毛。

翅果（图 7-135）嫩时紫绿色，成熟时淡黄色；小坚果压扁状，长 1～1.3 厘米，宽 5～8 毫米；翅长圆形，宽 5～10 毫米，连同小坚

图 7-134　五角枫叶片

图 7-135　五角枫的果实

果长 2～2.5 厘米，张开成锐角或近于钝角。

花期 5 月，果期 9 月。

稍耐阴，深根性，喜湿润肥沃土壤，在酸性、中性上均可生长。萌蘖性强。

该种分布很广，产于东北、华北和长江流域各地。俄罗斯西伯利亚东部、蒙古、朝鲜和日本也有分布。模式标本采自西伯利亚东部。

知识链接：

五角枫集中分布于中国东北小兴安岭和长白山林区。

2.繁殖育苗及栽培管理技术

（1）繁殖方法　常见播种繁殖，于 4 月中旬进行。采用条播种，播种沟深 4～5 厘米，播幅 4～5 厘米，每亩播种量 20～25 千克。种子播前最好经过湿沙层积催芽。湿沙层积催芽的种子发芽率高，出苗整齐迅速。播种下种要均匀，播后覆土 2～3 厘米，然后镇压 1 遍。图 7-136 所示为五角枫播种苗。

图 7-136　五角枫播种苗

(2) 栽培管理　播种后经过2～3周种子发芽出土，湿沙层积催芽的种子可提前出土。出土后3～4天长出真叶，1周内出齐，3周后开始间苗。苗木速生期追施化肥2次，每次每亩追碳酸氢铵10千克。苗期灌水5～6次，及时松土除草，保持床面湿润、疏松、无草。

二十七、樱花 *Cerasus yedoensis* (Matsum.) Yu et Li

1. 形态特征及习性

蔷薇科樱属乔木（图7-137），高4～16米，树皮灰色。小枝淡紫褐色，无毛，嫩枝绿色，被疏柔毛。冬芽卵圆形，无毛。叶片（图7-138）椭圆卵形或倒卵形，长5～12厘米，宽2.5～7厘米，先端渐尖或骤尾尖，基部圆形，稀楔形，边有尖锐重锯齿，齿端渐尖，有小腺体，上面深绿色，无毛，下面淡绿色，沿脉被稀疏柔毛，有侧脉7～10对；叶柄长1.3～1.5厘米，密被柔毛，顶端有1～2个腺体或有时无腺体；托叶披针形，有羽裂腺齿，被柔毛，早落。

花序（图7-139）伞形总状，总梗极短，有花3～4朵，先于叶开放，花直径3～3.5厘米；总苞片褐色，椭圆卵形，长6～7毫米，宽4～5毫米，两面被疏柔毛；苞片褐色，匙状长圆形，长约5毫米，宽2～3毫米，边有腺体；花梗长2～2.5厘米，被短柔毛；萼筒管状，长7～8毫米，宽约3毫米，被疏柔毛；萼片三角状长卵形，长约5毫米，先端渐尖，边有腺齿；花瓣白色或粉红色，椭圆卵形，先端下凹，全缘二裂；雄蕊约32枚，短于花瓣；花柱基部有疏柔毛。

核果近球形，直径0.7～1厘米，黑色，核表面略具棱纹。花期4月，果期5月。

图7-137　樱花全株

图7-138　樱花叶片

樱花为温带、亚热带树种，性喜阳光和温暖湿润的气候条件，有一定抗寒能力。对土壤的要求不严，宜在疏松肥沃、排水良好的沙质壤土中生长，但不耐盐碱土。根系较浅，忌积水低洼地。有一定的耐寒和耐旱力，但对烟及风抗性弱，因此不宜种植于有台风的沿海地带。

原产于日本。分布于北半球温和地带：亚洲、欧洲至北美洲。主要种类分布在中国西部和西南部以及日本和朝鲜。北京、西安、青岛、南京、南昌等城市常见庭院栽培。

2.繁殖育苗技术

繁殖方法以播种、扦插和嫁接繁育为主。以播种方式养殖樱花，注意勿使种胚干燥，应随采随播或湿沙层积后翌年春播。嫁接养殖可用樱桃、山樱桃的实生苗作砧木。在3月下旬切接或8月下旬芽接，接活后经3～4年培育，可出圃栽种。

（1）播种　有结实樱花种子采后就播，不宜干燥。因种子有休眠或经沙藏于次年春播，以培育实生苗作嫁接之用。

（2）扦插　在春季用一年生硬枝，夏季用当年生嫩枝。扦插可用NAA处理，苗床需遮阴保湿，介质需通气良好，才有高的成活率。

（3）嫁接　因樱花多数种类不会结实，因此，嫁接可用单瓣樱花或山樱桃作砧木，于3月下旬切接或8月下旬芽接均可。接活后经3～4年的培育，可出圃栽种。樱花也可高枝换头嫁接（图7-140），将削好的接穗用劈接法插入砧木，用塑料袋缠紧，套上塑料袋以保温防护，成活率高，可用来更换新品种。

图7-139　樱花的花

图7-140　樱花的高位嫁接

3. 栽培管理技术

(1) 栽种　栽植前要把地整平，可挖直径 0.8 米、深 0.6 米的坑，坑里先填入 10 厘米的有机肥，把苗放进坑里，使苗的根向四周伸展。樱花填土后，向上提一下苗使根伸展开，再进行踏实。栽植深度在离苗根上层 5 厘米左右，栽好后浇水，充分灌溉，用棍子架好，以防被大风吹倒。栽种时，每坑槽施腐熟堆肥 15～25 千克，7 月每株施硫酸铵 1～2 千克。花后和早春发芽前，需剪去枯枝、病弱枝、徒长枝，尽量避免粗枝的修剪，以保持树冠圆满。

(2) 浇水　定植后苗木易受旱害，除定植时充分灌水外，以后 8～10 天灌水一次，保持土壤潮湿但无积水。灌后及时松土，最好用草将地表薄薄覆盖，减少水分蒸发。在定植后 2～3 年内，为防止树干干燥，可用稻草包裹。但 2～3 年后，树苗长出新根，对环境的适应性逐渐增强，则不必再包草。

(3) 施肥　樱花每年施肥两次，以酸性肥料为好。一次是冬肥，在冬季或早春施用豆饼、鸡粪和腐熟肥料等有机肥；另一次在落花后，施用硫酸铵、硫酸亚铁、过磷酸钙等速效肥料。一般大樱花树施肥，可采取穴施的方法，即在树冠正投影线的边缘，挖一条深约 10 厘米的环形沟，将肥料施入。此法既简便又利于根系吸收，以后随着树的生长，施肥的环形沟直径和深度也随之增加。樱花根系分布浅，要求排水透气良好，因此在树周围特别是根系分布范围内，切忌人畜、车辆踏实土壤。行人践踏会使树势衰弱，寿命缩短，甚至造成烂根死亡。

二十八、白蜡 *Fraxinus chinensis* Roxb.

1. 形态特征及习性

木犀科梣属落叶乔木（图 7-141），高 10～12 米；树皮灰褐色，纵裂。芽阔卵形或圆锥形，被棕色柔毛或腺毛。小枝黄褐色，粗糙，无毛或疏被长柔毛，旋即秃净，皮孔小，不明显。羽状复叶（图 7-142）长 15～25 厘米；叶柄长 4～6 厘米，基部不增厚；叶轴挺直，上面具浅沟，初时疏被柔毛，旋即秃净。小叶（图 7-142）5～7 枚，硬纸质，卵形、倒卵状长圆形至披针形，长 3～10 厘米，宽 2～4 厘米，顶生小叶与侧生小叶近等大或稍大，先端锐尖至渐尖，基部钝圆或楔形，叶缘具整齐锯齿，上面无毛，下面无毛或有时沿中脉两侧被白色长柔毛，中脉在上面平坦，侧脉8～10对，下面凸起，细脉在两面凸起，明显网结；小叶柄长3～5毫米。圆锥花序（图7-143）顶生或腋生枝梢，长8～10厘米；花序梗长2～4厘米，无毛或被细柔毛，光滑，无皮孔；花雌雄异株；雄花密集，花萼小，钟状，长约1毫米，无花冠，花药与花丝近等长；雌花疏离，花萼大，桶状，长2～3毫米，4浅裂，花柱细长，柱头2裂。翅果（图7-144）匙形，长3～4厘米，宽4～6毫米，上中部最宽，先端锐尖，常呈犁头状，基部渐狭，翅平展，下延至坚果中部，坚果圆柱形，长约1.5厘米；宿存萼紧贴于坚果基部，常在一侧开口深裂。花期4～5月，果期7～9月。

产于南北各地区。多为栽培，也见于海拔800～1600米山地杂木林中。越南、朝鲜也有分布。

图7-141　白蜡全株

图7-142　白蜡树枝叶

图7-143　白蜡的花

图7-144　白蜡果实

白蜡树属于喜光树种，对霜冻较敏感。喜深厚较肥沃湿润的土壤，常见于平原或河谷地带，较耐轻盐碱性土。

2. 繁殖育苗技术

（1）播种育苗　春播宜早，一般在2月下旬至3月上旬播种。开沟条播，每亩用种量3～4千克，播种深度为4厘米，深度要均匀，应随开沟，随播种，随覆土，覆土厚度2～3厘米。覆土后进行镇压。图7-145所示为白蜡播种小苗。

（2）扦插育苗　春季3月下旬至4月上旬进行，扦插前细致整地，施足基肥，使土壤疏松，水分充足。从生长迅速、无病虫害的健壮幼龄母树上选取1年生萌芽枝条，一般枝条粗度为1厘米以上，长度15～20厘米，上切口平剪，下切口为马耳形。每穴插2～3根，使插条分散开，行距40厘米，株距20厘米，春插宜深埋，砸实、少露头，每亩插4000株（图7-146）。

图7-145　白蜡播种小苗

图7-146　白蜡扦插苗

3. 栽培管理技术

（1）灌溉排水　在幼苗生长过程中，加强对幼苗的抚育管理，是培育壮苗的关键。根据苗木生长的不同时期，合理地确定灌溉时间和数量。在种子发芽期，床面要经常保持湿润，灌溉应少量多次；幼苗出齐后，子叶完全展开，进入旺盛生长期，灌溉量要多，次数要少，每2～3天灌溉1次，每次要浇透浇足。灌溉时间宜在早晚进行。秋季多雨时要及时排水。

（2）除草　本着“除早、除小、除了”的原则，及时拔除杂草，除草最好在雨后或灌溉后进行，苗木进入生长盛期应进行松土，初期宜浅，后期稍深，以不伤苗木根系为准。苗木硬化期，为促进苗木木质化，应停止松土除草。

（3）施肥　苗木施肥应以基肥为主，但其营养不一定能满足苗木生长的需要，为使苗木速生粗壮，在苗木生长旺盛期应施化肥加以补充。幼苗期施氮肥，苗木速生期多施氮肥、钾肥或几种肥料配合使用，生长后期应停施氮肥，多施钾肥，追肥应以速效性肥料（如尿素、磷酸二氢钾、过磷酸钙）为主，少量多次。

（4）间苗　为调整苗木密度，需进行间苗和补苗。白蜡种子育苗的圃地，一般间苗两次，第1次在苗木出齐长出两对真叶时进行，第2次在苗木叶子互相重叠时进行。间苗应留优去劣，除去发育不良的、有病虫害的、有机械损伤的和过于密集的苗子。最好在雨后土壤湿润时进行间苗。

二十九、扁桃 *Amygdalus communis* L.

1. 形态特征及习性

蔷薇科桃属中型乔木或灌木（图7-147），高（2)3～6(8）米；枝直立或平展，无刺，具多数短枝，幼时无毛，一年生枝浅褐色，多年生枝灰褐色至灰黑色；冬芽卵形，棕褐色。一年生枝上的叶互生，短枝上的叶常靠近而簇生。叶片（图7-148）披针形或椭圆状披针形，长3～6(9）厘米，宽1～2.5厘米，先端急尖至短渐尖，基部宽楔形至圆形，幼嫩时微被疏柔毛，老时无毛，叶边具浅钝锯齿；叶柄长1～2(3）厘米，无毛，在叶片基部及叶柄上常具2～4腺体。花单生，先于叶开放，着生在短枝或一年生枝上；花梗长3～4毫米；萼筒圆筒形，长5～6毫米，宽3～4毫米，外面无毛；萼片宽长圆形至宽披针形，长约5毫米，先端圆钝，边缘具柔毛；花瓣长圆形，长1.5～2厘米，先端圆钝或微凹，基部渐狭成爪，白色至粉红色。雄蕊长

图7-147　扁桃全株

短不齐；花柱长于雄蕊，子房密被茸毛状毛。果实（图 7-149）斜卵形或长圆卵形，扁平，长 3～4.3 厘米，直径 2～3 厘米，顶端尖或稍钝，基部多数近截形，外面密被短柔毛；果梗长 4～10 毫米；果肉薄，成熟时开裂；核卵形、宽椭圆形或短长圆形，核壳硬，黄白色至褐色，长 2.5～3(4) 厘米，顶端尖，基部斜截形或圆截形，两侧不对称，背缝较直，具浅沟或无，腹缝较弯，具多少尖锐的龙骨状突起，沿腹缝线具不明显的浅沟或无沟，表面多少光滑，具蜂窝状孔穴；种仁味甜或苦。花期 3～4 月，果期 7～8 月。

图 7-148　扁桃枝叶

图 7-149　扁桃果实

知识链接：

扁桃是出产自中国新疆广受欢迎的一种坚果。扁桃抗旱性强，可作桃和杏的砧木。木材坚硬，浅红色，磨光性好，可制作小家具和工具。扁桃仁含脂肪（40%～70%）、苦杏仁酶、苦杏仁素、配糖体等，可作糖果、糕点、制药和化妆品工业的原料。核壳中提取出的物质可作酒类的着色剂，并能增进特别的风味。

由于长期栽培的结果，在世界各地产生了不少食用、药用及观赏的类型。供药用及食用者，依种仁味之甜苦，可分一些变种。

2.繁殖育苗及栽培管理技术

(1) 繁殖方法　扁桃常行播种繁殖。

应选择30～100年生，生长快、分枝较高、主干明显，通直圆满、冠幅圆整，花期长、产果量多、各年产量较稳定，果实可食部分多（核小）、风味香甜，无病虫害的优良树木作采种母树。当果实内青色变为黄绿色或黄色、种皮稍软时即可采集。采回果实，选择果形大、外果皮光滑、无病斑的果实去除果肉后，用清水洗净果核，忌强光暴晒。

扁桃种子（图7-150）不耐贮藏，在贮运过程中，应注意保持种子润湿，不能脱水，同时也要防止发热霉坏。一般用干净细河沙催芽，将洗净的种子平放在沙床上，再盖上1厘米厚的湿沙层积催芽，经常保持湿润，4～5周便可陆续萌发出苗。也可将种子腹部插入沙床中，相距2厘米，行距2.5～3厘米，以便发芽后取出种子，每平方米埋种子250～280粒。以上两种催芽方法种子发芽后，均应按发芽先后分批移入苗圃育苗，这样育苗生长较一致。大量培育苗木而无沙床时，可将洗净种子堆放在阴凉通风处，堆放高度5～6厘米，上盖草帘，淋水（喷水）保湿，但堆放后要注意经常检查，防止种子发热霉坏。如需远途运输，可将洗净的种子放在通风处晾干，混以湿润木糠或湿润河沙，包装起运，途中应防止久堆，到达目的地后应及时洗净放入沙床催芽。

按种植行距27～28厘米开沟播种，将催芽的种子每隔10厘米平放1粒，每亩播种量120～150千克，覆土2厘米，盖草喷水，经常

图7-150　扁桃种子

图7-151　扁桃播种幼苗

保湿，切忌过干或过湿，一般10天左右幼芽出土，要及时揭开盖草，改搭荫棚，以免妨碍幼芽出土或日晒烫伤嫩苗。图7-151所示为扁桃播种幼苗。

（2）栽培管理技术　扁桃发芽率可达90%，种子具多胚性，每1粒种子能生苗1～4株，一般只留壮苗1株，将其余除去。但生产性用苗较多，为了节省种子，可将每粒种子发出的苗丛分开移植，但应注意淘汰长势过弱的苗。当幼苗长出第1片真叶，可进行第1次追肥，以后每隔4～8周追肥1次，同时进行灌溉，并进行中耕除草，到秋季要停止施用氮肥，增施钾肥。有霜区苗木应注意防霜，一年生苗高约30厘米即可出圃。如作街道、庭院绿化用苗，要再移植1次，培育粗壮大苗，并促进侧根发达，使形成密集根团。移植时要注意勿伤根系太多，对株行距要适当放宽，一般80厘米×80厘米。施足基肥，加强抚育管理，修枝整形，三年生大苗可高达1.5米。

三十、桃 *Amygdalus persica* L.

1.形态特征及习性

蔷薇科桃属乔木（图7-152），高3～8米；树冠宽广而平展；树皮暗红褐色，老时粗糙呈鳞片状；小枝细长，无毛，有光泽，绿色，向阳处转变成红色，具大量小皮孔；冬芽圆锥形，顶端钝，外被短柔毛，常2～3个簇生，中间为叶芽，两侧为花芽。

叶片（图7-153）长圆披针形、椭圆披针形或倒卵状披针形，长7～15厘米，宽2～3.5厘米，先端渐尖，基部宽楔形，上面无毛，下

图7-152　桃树全株

图7-153　桃叶片

图 7-154 桃花

图 7-155 桃核

面在脉腋间具少数短柔毛或无毛，叶边具细锯齿或粗锯齿，齿端具腺体或无腺体；叶柄粗壮，长 1～2 厘米，常具 1 至数枚腺体，有时无腺体。

花（图 7-154）单生，先于叶开放，直径 2.5～3.5 厘米；花梗极短或几无梗；萼筒钟形，被短柔毛，稀几无毛，绿色而具红色斑点；萼片卵形至长圆形，顶端圆钝，外被短柔毛；花瓣长圆状椭圆形至宽倒卵形，粉红色，罕为白色；雄蕊约 20～30，花药绯红色；花柱几与雄蕊等长或稍短；子房被短柔毛。

果实形状和大小均有变异，卵形、宽椭圆形或扁圆形，直径 (3)5～7(12) 厘米，长几乎与宽相等，色泽变化由淡绿白色至橙黄色，常在向阳面具红晕，外面密被短柔毛，稀无毛，腹缝明显，果梗短而深入果洼；果肉白色、浅绿白色、黄色、橙黄色或红色，多汁有香味，甜或酸甜；核（图 7-155）大，离核或粘核，椭圆形或近圆形，两侧扁平，顶端渐尖，表面具纵、横沟纹和孔穴；种仁味苦，稀味甜。

花期 3～4 月，果实成熟期因品种而异，通常为 8～9 月。

主要经济栽培地区在中国华北、华东各省，较为集中的地区有北京海淀、平谷，天津蓟州，山东蒙阴、肥城、青州、青岛，河南商水、开封，河北抚宁、遵化、深州、临漳，陕西宝鸡、西安，甘肃天水，四川成都，辽宁大连，浙江奉化，上海，江苏无锡、徐州。

原产于中国，各地区广泛栽培。世界各地均有栽植。

2. 繁殖育苗技术

以嫁接为主，也可用播种、扦插和压条法繁殖。

（1）扦插　春季用硬枝扦插，梅雨季节用软枝扦插。扦插枝条必须生长健壮，充实。硬枝扦插时间以春季为主，插条按 20 厘米左右斜剪（图 7-156），为防止病害侵染和促进生根，插条下端最好用杀菌剂 50%多菌灵 600～1200 倍液，以及吲哚丁酸 750～4500 毫克/升快速蘸再进行扦插，株行距 4 厘米×30 厘米，扦插深度以插条长度的 2/3 为宜。

图 7-156　桃树插穗

图 7-157　桃树插皮接

（2）嫁接　繁殖砧木多用山桃或桃的实生苗（本砧），枝接、芽接的成活率均较高。

① 枝接。在 3 月份芽已开始萌动时进行。常用切接，砧木用一、二年生实生苗为好（图 7-157）。

② 芽接。在 7～8 月进行，多用“丁”形接（图 7-158）。砧木以一年生充实的实生苗为好。

（3）播种　桃的花期为 3～4 月，果熟期 6～8 月。采收成熟的果实，堆积捣烂，除去果肉，晾干收集纯净苗木种子即可秋播。播种前，浸种 5～7 天。秋播者翌年发芽早，出苗率高，生长迅速且强健。翌春播种，苗木种子需湿沙贮藏 120 天以上，采用条播，条幅 10 厘米，深 1～2 厘米，播后覆土 6 厘米。每亩播种量 25～30 千克。幼苗

图 7-158　桃树带木质部芽接

3 厘米高时间苗、定苗，株距 20～25 厘米。

3. 栽培管理技术

（1）育苗　作为砧木用的幼苗，在苗高 25～30 厘米时摘心，使苗木增粗，到夏末秋初，可达到嫁接时对砧木需要的粗度。移植宜在早春或秋季落叶后进行。小苗可裸根或沾泥浆移植，大苗移植需带土球。大苗培育需进行整形修剪以构成骨架。桃树一般多整成自然杯状形树冠和自然开心形树冠。

（2）栽植　栽植株行距为 4 米×5 米或 3 米×4 米，每公顷栽植 500～840 株。栽植时期从落叶后至萌芽前均可。桃园不可连作，否则幼树长势明显衰弱，叶片失绿，新根变褐且多分杈，枝干流胶。这种忌连作现象在沙质土或肥力低的土壤中表现严重。主要原因是前作残根在土中分解产生苯甲醛和氰酸等有毒物质，抑制、毒害根系，同时还与连作时土壤中的线虫增殖、积累有关。

（3）施肥　桃对氮、磷、钾的需要量比例约为 1∶0.5∶1。幼年树需注意控制氮肥的施用，否则易引起徒长。盛果期后增施氮肥，以增强树势。桃果实中钾的含量为氮的 3.2 倍，增施钾肥，果大产量高。结果树年施肥 3 次：基肥在 10～11 月结合土壤深耕时施用，以有机肥为主，占全年施肥量的 50%；壮果肥在 4 月下旬至 5 月果实硬核期施，早熟种以施钾肥为主，中晚熟种施氮量占全年的 15%～20%、磷占 20%～30%、钾占 40%；采果肥在采果前后施用，施用量占全年的 15%～20%。此外，桃园需经常中耕除草，保持土壤疏松，及时排水，防止积水烂根。

第二节 常见园林灌木的栽培育苗技术

一、月季 Rosa chinensis Jacq

1.形态特征及习性

月季是蔷薇科蔷薇属直立灌木（图 7-159），高 1～2 米；小枝粗壮，圆柱形，近无毛，有短粗的钩状皮刺（图 7-160）。小叶（图 7-161）3～5，稀 7，连叶柄长 5～11 厘米，小叶片宽卵形至卵状长圆形，长 2.5～6 厘米，宽 1～3 厘米，先端长渐尖或渐尖，基部近圆形或宽楔形，边缘有锐锯齿，两面近无毛，上面暗绿色，常带光泽，下面颜色较浅，顶生小叶片有柄，侧生小叶片近无柄，总叶柄较长，有散生皮刺和腺毛；托叶大部贴生于叶柄，仅顶端分离部分成耳状，边缘常有腺毛。

图 7-159　月季全株

图 7-160　月季的皮刺

花（图 7-162）几朵集生，稀单生，直径 4～5 厘米；花梗长 2.5～6 厘米，近无毛或有腺毛，萼片卵形，先端尾状渐尖，有时呈叶状，边缘常有羽状裂片，稀全缘，外面无毛，内面密被长柔毛；花瓣重瓣至半重瓣，红色、粉红色至白色，倒卵形，先端有凹缺，基部楔形；花柱离生，伸出萼筒口外，约与雄蕊等长。果卵球形或

图 7-161　月季的叶片

图 7-162　月季的花

梨形，长 1～2 厘米，红色，萼片脱落。花期 4～9 月，果期 6～11 月。

月季对气候、土壤要求虽不严格，但以疏松、肥沃、富含有机质、微酸性、排水良好的壤土较为适宜。性喜温暖、日照充足、空气流通的环境。大多数品种最适温度白天为 15～26℃，晚上为 10～15℃。冬季气温低于 5℃ 即进入休眠。有的品种能耐－15℃ 的低温和 35℃ 的高温。夏季温度持续 30℃ 以上时，即进入半休眠状态，植株生长不良，虽也能孕蕾，但花小瓣少，色暗淡而无光泽，失去观赏价值。

中国是月季的原产地之一。在中国主要分布于湖北、四川和甘肃等省的山区，尤以上海、南京、常州、天津、郑州和北京等地种植最多。

2. 繁殖育苗技术

(1) 嫁接法　嫁接常用野蔷薇作砧木，分芽接和枝接两种。芽接成活率较高，一般于 8～9 月进行，嫁接部位要尽量靠近地面。具体方法是：在砧木茎枝的一侧用芽接刀于皮部做“T”形切口，然后从月季当年生长发育良好的枝条中部选取接芽。将接芽插入“T”形切口后，用塑料袋扎缚，并适当遮阴，这样经过两周左右即可愈合（图 7-163、图 7-164）。

图 7-163　月季嫁接

图 7-164　通过嫁接的树状月季景致漂亮

（2）播种法　即春季播种繁殖。可穴播，也可沟播，通常在 4 月上中旬即可发芽出苗。移植时间分春植和秋植两种，一般在秋末落叶后或初春树液流动前进行（图 7-165、图 7-166）。

图 7-165　月季播种苗

图 7-166　月季种子

（3）分株法　分株繁殖多在早春或晚秋进行，方法是将整株月季带土挖出进行分株，每株有 1～2 条枝并略带一些须根，将其定植于盆中或露地，当年就能开花。

（4）扦插法　一般在早春或晚秋月季休眠时，剪取成熟的带 3～4 个芽的枝条进行扦插。如果嫩枝扦插，要适当遮阴，并保持苗床湿润。扦插后一般 30 天即可生根，成活率 70%～80%。扦插时若用生根粉蘸枝，成活率更高（图 7-167、图 7-168）。

（5）压条法　一般在夏季进行，方法是把月季枝条从母体上弯下来压入土中，在入土枝条的中部，把下部半圈树皮剥掉，露出枝端，等这根枝条生出不定根并长出新叶以后，再与母体切断（图 7-169、图 7-170）。

图 7-167　月季扦插

图 7-168　月季扦插生根

图 7-169　月季的压条繁殖

图 7-170　月季高空压条

3. 栽培管理技术

（1）行距　露地栽月季，根系发达，生长迅速，植株健壮，花朵微大，观赏价值高。在管理时根据不同的类型、生长习惯和地理条件来选择栽培措施。栽培密度直立品种为 75 厘米×75 厘米，扩张性品种株行距为 100 厘米×100 厘米，纵生性品种株行距为 40 厘米×50 厘米，藤木品种株行距为 200 厘米×200 厘米。月季地栽的株距为 50～100 厘米，根据苗的大小和需要而定。

（2）土壤　露地栽培以选择地势较高、阳光充足、空气流通、土壤微酸性的土地为宜。栽培时深翻土地，并施入有机肥料作基肥。盆栽月季花宜用腐殖质丰富而呈微酸性肥沃的沙质土壤，不宜用碱性土。在每年的春天新芽萌动前要更换一次盆土，以利于其旺盛生长，换土有助于月季当年开花。可以用各种材质的花盆栽种月季，瓦盆也是可以的。配制营养土应该注意排水、通风及各种养分的搭配。其比例是园土：腐叶土：砻糠灰=5：3：2。每年越冬前后适合翻盆、修根、换土，逐年加大盆径，以泥瓦盆为佳。

（3）光照　月季喜光，在生长季节要有充足的阳光，每天至少要有6小时以上的光照，否则，只长叶子不开花，即便是结了花蕾，开花后花色不艳也不香。

（4）浇水　给月季浇水是有讲究的，要做到见干见湿，不干不浇，浇则浇透。月季花怕水淹，盆内不可有积水，水大易烂根。月季浇水因季节而异，冬季休眠期保持土壤湿润，不干透就行。开春枝条萌发，枝叶生长，适当增加水量，每天早晚浇1次水。在生长旺季及花期需增加浇水量，夏季高温，水的蒸发量加大，植物处于虚弱半休眠状态，最忌干燥脱水，每天早晚各浇一次水，避免阳光暴晒。高温时浇水，每次浇水应有少量水从盆底渗出，说明已浇透，浇水时不要将水溅在叶上，防止病害。

（5）越冬　冬天如果有保暖条件，室温最好保持在18℃以上，且每天要有6小时以上的光照。如果没有保暖措施，那就任其自然休眠。到了立冬时节，待叶片脱落以后，每个枝条只保留5厘米的枝条，5厘米以上的枝条全部剪去，然后把花盆放在0℃左右的阴凉处保存，盆土要偏干一些，但不能干得过度，防止干死。图7-171所示为月季包裹防寒。

图7-171　月季包裹防寒

（6）施肥　月季喜肥。盆栽月季要勤施肥，在生长季节，要十天浇一次淡肥水。不论使用哪一种肥料，切记不要过量，防止出现肥害，伤害花苗。但是，冬天休眠期不可施肥。月季喜肥，基肥以迟效性的有机肥为主，如腐熟的牛粪、鸡粪、豆饼、油渣等。每半月加液肥水一次，能常保叶片肥厚，深绿有光泽。早春发芽前，可施一次较浓的液肥，在花期注意不施肥，6 月花谢后可再施一次液肥，9 月间第四次或第五次腋芽将发时再施一次中等液肥，12 月休眠期施腐熟的有机肥越冬。冬耕可施人粪尿或撒上腐熟有机肥，然后翻入土中，生长期要勤施肥，花谢后追施 1～2 次速效肥。高温干旱应施薄肥，入冬前施最后一次肥，在施肥前还应注意及时清除杂草。

二、杜鹃 *Rhododendron simsii* Planch

1. 形态特征及习性

杜鹃科杜鹃属落叶灌木（图 7-172），高 2～5 米；分枝多而纤细，密被亮棕褐色扁平糙伏毛。叶（图 7-173）革质，常集生枝端，卵形、椭圆状卵形、倒卵形或倒卵形至倒披针形，长 1.5～5 厘米，宽 0.5～3 厘米，先端短渐尖，基部楔形或宽楔形，边缘微反卷，具细齿，上面深绿色，疏被糙伏毛，下面淡白色，密被褐色糙伏毛，中脉在上面凹陷，下面凸出；叶柄长 2～6 毫米，密被亮棕褐色扁平糙伏毛。

图 7-172　杜鹃全株及花

图 7-173　杜鹃叶片

花芽卵球形，鳞片外面中部以上被糙伏毛，边缘具睫毛。花 2～3(6) 朵簇生于枝顶；花梗长 8 毫米，密被亮棕褐色糙伏毛；花萼 5 深裂，裂片三角状长卵形，长 5 毫米，被糙伏毛，边缘具睫毛；花冠阔漏斗形，玫瑰色、鲜红色或暗红色，长 3.5～4 厘米，宽 1.5～2 厘米，裂片 5，倒卵形，长 2.5～3 厘米，上部裂片具深红色斑点；雄蕊 10，长约与花冠相等，花丝线状，中部以下被微柔毛；子房卵球形，10 室，密被亮棕褐色糙伏毛，花柱伸出花冠外，无毛。

蒴果卵球形，长达 1 厘米，密被糙伏毛；花萼宿存。

花期 4～5 月，果期 6～8 月。

杜鹃生于海拔 500～1200(2500) 米的山地疏灌丛或松林下，喜欢酸性土壤，在钙质土中生长得不好，甚至不生长。因此土壤学家常常把杜鹃作为酸性土壤的指示作物。杜鹃性喜凉爽、湿润、通风的半阴环境，既怕酷热又怕严寒，生长适温为 12～25℃，夏季气温超过 35℃，则新梢、新叶生长缓慢，处于半休眠状态。夏季要防晒遮阴，冬季应注意保暖防寒。忌烈日暴晒，适宜在光照强度不大的散射光下生长，光照过强，嫩叶易被灼伤，新叶老叶焦边，严重时会导致植株死亡。冬季，露地栽培杜鹃要采取措施进行防寒，以保其安全越冬。观赏类的杜鹃中，西鹃抗寒力最弱，气温降至 0℃ 以下容易发生冻害。

产自中国江苏、安徽、浙江、江西、福建、台湾、湖北、湖南、广东、广西、四川、贵州和云南。

知识链接：

全世界的杜鹃属物种有 900 多种，而杜鹃的园艺品种都是由杜鹃原种（*Rhododendron simsii* Planch）（野生资源）通过杂交或芽变不断选育出来的后代。近一个多世纪来，世界上已有园艺品种近万个。中国从 20 世纪 20～30 年代开始从日本、欧美等引进杜鹃进行栽培，也有少量通过杂交培育出一些新品种，如近几年来培育出的“复色仿西鹃”“笑二乔”“重瓣紫萼杜鹃”“紫楼春”“矮化云锦杜鹃”“恨天高”，以及高山落叶杜鹃杂交种“红蝴蝶”“紫蝴蝶”“白蝴蝶”等新品种。

杜鹃花分为“五大”品系，即：春鹃品系、夏鹃品系、西鹃品系、东鹃品系、高山杜鹃品系（图 7-174～图 7-178）。

2. 繁殖育苗技术

杜鹃的繁殖，可以用扦插、嫁接、压条、分株、播种五种方法。其中以采用扦插法最为普遍，繁殖量最大；压条成苗最快；嫁接繁殖最复杂，只有扦插不易成活的品种才用嫁接；播种主要用于培育品种。

图 7-174　春鹃品系

图 7-175　夏鹃品系

图 7-176　西鹃品系

图 7-177　东鹃品系

图 7-178　高山杜鹃品系

（1）扦插　此法应用最广，优点是操作简便、成活率高、生长迅速、性状稳定。采用扦插繁殖，扦插盆以 20 厘米口径的新浅瓦盆为好，因其透气性良好，易于生根。可用 20%腐殖园土、40%马粪屑、40%的河沙混合而成的培养土为基质。扦插的时间在春季（5 月）和秋季（10 月）最好，这时气温在 20～25℃之间，最适宜扦插。扦插时，选用当年生半木质化发育健壮的枝梢作插穗，带节切取 6～10 厘米，切口要求平滑整齐，剪除下部叶片，只留顶端 3～4 片小叶。购买维生素 B_{12} 针剂 1 支，打开后，把扦插条在药液中蘸一下，取出晾一会儿即可进行扦插。插前，应在前一天用喷壶将盆内培养土喷潮，但不可喷得过多，到第二天正好潮润，最适合扦插。插的深度为3～4厘米。插时，先用筷子在土中钻个洞，再将插穗插入，用手将土压实，使盆土与插穗充分接触，然后浇一次透水。插好后，花盆最好用塑料袋罩上，袋口用带子扎好，需要浇水时再打开，浇水后重新扎好。扦插过的花盆应放置在无阳光直晒处，扦插的盆土10天内每天都要喷水，除雨天外，阴天可喷1次，气候干燥时宜喷2次，但每天喷水量都不宜过多。10天后仍要经常注意保持土壤湿润。4～5星期内要遮阴，直至萌芽以后才可逐渐让其接受一些阳光。一般生根约需2个月。此后只需要在中午遮阴2～3小时，其余时间可任其接受光照，以利于在其光合作用中自行制造养分。图7-179所示为杜鹃扦插生根。

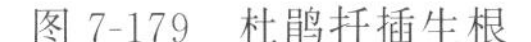

图7-179　杜鹃扦插生根

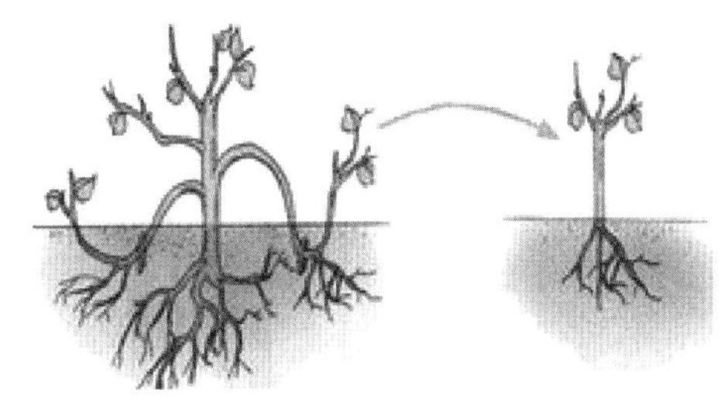

图7-180　杜鹃的压条繁殖

（2）压条　一般采用高枝压条。杜鹃压条常在4～5月间进行。具体操作方法是：先在盆栽的杜鹃的母株上取2～3年生的健壮枝条，离枝条顶端10～12厘米处用锋利的小刀割开约1厘米宽的一圈环形枝皮，将韧皮部的筛管轻轻剥离干净，切断叶子制造有机物向下输送的渠道，使之聚集，以加速细胞分裂而形成瘤状突起，萌发根芽；然后用一块长方形塑料薄膜松松地包卷两圈，在环形切口下端2～3厘米处用细绳扎紧，留塑料薄膜上端张开成喇叭袋子状，随即将潮湿的泥土和少许苔藓填入，再把袋的上端口扎紧，将花盆移到阳光直射不到的地方做日常管理。浇水时应向叶片喷水，让水沿着枝干下流，慢慢渗入袋中，保持袋内泥土经常湿润，以利于枝条上伤口愈合，使之及早萌生新的根须。大约在3～4个月后根须长至2～3厘米长时，即可切断枝条，使其离开母株，栽入新的盆土中（图7-180）。

(3) 嫁接　可一砧接多穗、多品种，生长快，株形好，成活率高。

① 时间。5～6 月间，采用嫩梢劈接或腹接。

② 砧木。选用 2 年生的毛鹃，要求新梢与接穗粗细得当，砧木品种以毛鹃“玉蝴蝶”“紫蝴蝶”为好。

③ 接穗。在西鹃母株上，剪取 3～4 厘米长的嫩梢，去掉下部的叶片，保留端部的 3～4 片小叶，基部用刀片削成楔形，削面长约 0.5～1.0 厘米。

④ 嫁接管理。在毛鹃当年生新梢 2～3 厘米处截断，摘去该部位叶片，纵切 1 厘米，插入接穗楔形端，皮层对齐，用塑料薄膜带绑扎接合部，套正塑料袋扎口保湿；置于荫棚下，忌阳光直射和暴晒。接后 7 天，只要袋内有细小水珠且接穗不萎蔫，即有可能成活；2 个月去袋，翌春再解去绑扎带（图 7-181、图 7-182）。

图 7-181　杜鹃嫁接（单干式）

图 7-182　杜鹃嫁接苗

(4) 播种　杜鹃绝大多数都能结实采种，仅有重瓣不结实。一般种子的成熟期从每年的 10 月至翌年 1 月，当果皮由青转黄至褐色时，果的顶端裂开，种子开始散落，此时要随时采收。未开裂已变褐的均采下来，放在室内通风良好处摊晾，使之自然开裂，再去掉果壳等杂质，装入纸袋或布袋中，保存在阴凉通风处。如果有温室条件，随采随播发芽率高。一般播种时间 3～4 月份，采用盆播，因为种子小，把盆里外洗干净，放在阳光下晒干，灭菌消毒，土壤也灭菌消毒，装盆土要通透性好的、湿润肥沃、含有丰富的有机质的酸性土。为了出苗均匀，种子掺些细土，撒入盆内，上面盖一层薄细土。浇水用窨水法渗入盆内，把盆放在前窗台上，盖一层玻璃或塑料薄膜，目的是提高盆内温度。小苗出土后，逐渐减少覆盖时间，因苗嫩小，注意温度，突然高低变化，强光的照射。苗长得很慢，5～6 月份才长出 2～3 片真叶，这时在室内做第一次移栽，株行距 2～3 厘米，苗高 2～3 厘米（大约 11 月份），大苗移栽在 10 厘米盆中一株，小苗栽三株。用细喷壶浇水和淡肥水。播种后第二年春季出花房，放在荫棚下养护。6 月换入 13.3 厘米盆中，第三年植株有 20 厘米高，已有分枝几个，也有花蕾出现，换入 16.7 厘米盆中，以后根据植株的大小，逐年换盆。图 7-183 所示为杜鹃播种苗。

图 7-183 杜鹃播种苗

3. 栽培管理技术

（1）土壤 杜鹃是喜阴的植物，太阳的直射对它生长不利，所以杜鹃专类园最好选择在有树影遮阴的地方，或者在做绿化设计时，就考虑到这一点，有意地在专类园中配置乔木。杜鹃喜排水良好的酸性土壤，但由于各专类园和景观都要用水泥做道路和铺装，使得杜鹃栽植地土壤板结，碱性严重，所以必须把栽植地的土壤进行更换，并加一定量的泥炭土。

长江以北均以盆栽观赏。盆土用腐叶土、沙土、园土（7∶2∶1），掺入饼肥、厩肥等，拌匀后进行栽植。一般春季 3 月上盆或换土。长江以南地区以地栽为主，春季萌芽前栽植，地点宜选在通风、半阴的地方，土壤要求疏松、肥沃，含丰富的腐殖质，以酸性沙质壤土为宜，并且不宜积水，否则不利于杜鹃正常生长。栽后踏实，浇水。

（2）栽种 杜鹃最适宜在初春或深秋时栽植，如在其他季节栽植，必须架设荫棚，定植时必须使根系和泥土匀实，但又不宜过于紧实，而且使根茎附近土壤面呈弧形状态，这样既可保护植株浅表性的根系不受严寒的冻害，又有利于排水。

（3）温度　4 月中下旬搬出温室，先置于背风向阳处，夏季进行遮阴，或放在树下疏荫处，避免强阳光直射。生长适宜温度 15～25℃，最高温度 32℃。秋末（10 月中旬）开始搬入室内，冬季置于阳光充足处，室温保持 5～10℃，最低温度不能低于 5℃，否则停止生长。

（4）浇水　杜鹃对土壤干湿度要求是润而不湿。一般春秋季节，对露地栽种的杜鹃可以隔 2～3 天浇一次透水，在炎热夏季，每天至少浇一次水。日常浇水，切忌用碱性水，浇水时还应注意水温不宜过冷，尤其在炎热夏天，用过冷水浇透，造成土温骤然降低，影响根系吸水，干扰植株生理平衡。

栽植和换土后浇 1 次透水，使根系与土壤充分接触，以利于根部成活生长。生长期注意浇水，从 3 月开始，逐渐加大浇水量，特别是夏季不能缺水，经常保持盆土湿润，但勿积水，9 月以后减少浇水，冬季入室后则应盆土干透再浇。

（5）湿度　杜鹃喜欢空气湿度大的环境，但有些杜鹃专类园都建在广场、道路两旁，空气流动快，比较干燥，所以必须经常对杜鹃叶片进行喷水或对周围空气进行喷雾，使杜鹃园周围空气保持湿润。

（6）施肥　在每年的冬末春初，最好能对杜鹃园施一些有机肥料作基肥。4～5 月份杜鹃开花后，由于植株在花期中消耗掉大量养分，随着叶芽萌发，新梢抽长，可每隔 15 天左右追一次肥。入伏后，枝梢大多已停止生长，此时正值高温季节，生理活动减弱，可以不再追肥。秋后，气候渐趋凉爽，且时有秋雨绵绵，温湿度宜于杜鹃生长，此时可做最后一次追肥，入冬后一般不宜施肥。

合理施肥是养好杜鹃的关键，杜鹃喜肥又忌浓肥，在春秋生长旺季每 10 天施 1 次稀薄的饼肥液水，可用淘米水、果皮、菜叶等沤制发酵而成。在秋季还可增加一些磷、钾肥，可用鱼、鸡的内脏、洗肉水加淘米水和一些果皮沤制而成。除上述自制家用肥料外，还可购买一些家用肥料配合使用，但切记要“薄”肥适施。入冬前施 1 次干肥（少量），换盆时不要施盆底肥。另外，无论浇水或施肥时用水均不要直接使用自来水，应酸化处理（加硫酸亚铁或食醋），在 pH 值达到 6 左右时再使用。

三、八角金盘 *Fatsia japonica*（Thunb.） Decne. et Planch

1. 形态特价及习性

五加科八角金盘属常绿灌木或小乔木（图 7-184），高可达 5 米。茎光滑无刺。叶柄长 10～30 厘米；叶片（图 7-185）大，革质，近圆形，直径 12～30 厘米，掌状 7～9 深裂，裂片长椭圆状卵形，先端短渐尖，基部心形，边缘有疏离粗锯齿，上表面暗亮绿色，下面色较浅，有粒状突起，边缘有时呈金黄色；侧脉在两面隆起，网脉在下面稍显著。圆锥花序顶生，长 20～40 厘米；伞形花序（图 7-186）直径 3～5 厘米，花序轴被褐色茸毛；花萼近全缘，无毛；花瓣 5，卵状三角形，长 2.5～3 毫米，黄白色，无毛；雄蕊 5，花丝与花瓣等长；子房下位，5 室，每室有 1 胚球；花柱 5，分离；花盘凸起半圆形。果（图 7-186）近球形，直径 5 毫米，熟时黑色。花期 10～11 月，果熟期翌年 4 月。

图 7-184　八角金盘全株

图 7-185　八角金盘叶片

图 7-186　八角金盘花果

喜温暖湿润的气候，耐阴，不耐干旱，有一定耐寒力。宜种植于排水良好和湿润的沙质壤土中。

原产于日本南部，中国华北、华东及云南昆明均有分布。

2. 繁殖育苗技术

（1）扦插繁殖　通常多采用扦插繁殖，春插于 3～4 月，秋插在 8 月，选二年生硬枝，剪成 15 厘米长的插穗，斜插入沙床 2/3，保湿，并用塑料拱棚封闭，遮阴。夏季 5～7 月用嫩枝扦插，保持温度及遮阴，并适当通风，生根后拆去拱棚，保留荫棚。图 7-187 所示为八角金盘叶片扦插。

图 7-187　八角金盘叶片扦插

图 7-188　八角金盘播种苗

（2）播种繁殖　播种繁殖在 4 月下旬采收种子，采后堆放后熟，水洗净种，随采随播，种子平均发芽率为 26.3%，发芽率较低，由此，随采随播不是八角金盘理想的播种方式。因为八角金盘果实为浆果，种子含水量较高，而且有一层黏液附着在刚洗干净的种子表面，妨碍氧气进入种子内部，造成种子缺氧，而且容易使种子发生霉变，导致种子发芽率下降。而经过阴干的种子恰好克服了这些缺点，种子阴干 5 天、15 天、25 天后平均发芽率分别为 60.0%、75.3%、51.0%，种子发芽率较随采随播分别提高了 33.7%、49%和 24.7%。如不能当年播种，自然干藏的种子发芽率为 18.5%，冰箱干藏的种子发芽率为 48.7%，冰箱干藏的种子发芽率较自然干藏的种子发芽率提高了 30.2 个百分点；说明八角金盘的种子经过冰箱干藏后能够相对地延长其寿命，而且对于提高种子发芽率也有一定的促进作用。播前应先搭好荫棚，播后 1 个月左右发芽出土，及时揭草，保持床土湿润，入冬幼苗需防旱，留床一年或分栽，培育地选择有庇荫而湿润之处的旷地，需搭荫棚；在 3～4 月带泥球移植。图 7-188 所示为八角金盘播种苗。

（3）分株繁殖　结合春季换盆进行，将长满盆的植株从盆内倒出，修剪生长不良的根系，然后把原植株丛切分成数丛或数株，栽植到大小合适的盆中，放置于通风阴凉处养护，2～3 周即可转入正常管理。分株繁殖要随分随种，以提高成活率。

3. 栽培管理技术

幼苗移栽在 3～4 月进行，栽后搭设荫棚，并保湿，每年追肥 4～5 次。地栽设暖棚越冬。4～10 月为八角金盘的旺盛生长期，可每 2 周左右施 1 次薄液肥，10 月以后停止施肥。在夏秋高温季节，要勤浇水，并注意向叶面和周围空间喷水，以提高空气湿度。10 月份以后控制浇水。八角金盘性喜冷凉环境，生长适温约在 10～25℃，属于半阴性植物，忌强日照。温室栽培，冬季要多照阳光，春夏秋三季应遮光 60% 以上，如夏季短时间阳光直射，也可能发生日烧病。长期光照不足，则叶片会变细小。4 月份出室后，要放在荫棚或树荫下养护。八角金盘在白天 18～20℃、夜间 10～12℃的室内生长良好。长时间的高温，叶片变薄而大，易下垂。越冬温度应保持在 7℃以上。每 1～2 年翻土换盆 1 次，一般在 3～4 月进行。翻土换盆时，盆底要放入基肥。盆土可用腐殖土或泥炭土 2 份，加河沙或珍珠岩 1 份配成，也可用细沙栽培。

知识链接：

八角金盘是优良的观叶植物。八角金盘四季常青，叶片硕大，叶形优美，浓绿光亮，是深受欢迎的室内观叶植物。适应室内弱光环境，为宾馆、饭店、写字楼和家庭美化常用的植物材料。或作室内花坛的衬底。叶片又是插花的良好配材。适宜配植于庭院、门旁、窗边、墙隅及建筑物背阴处，也可点缀在溪流滴水之旁，还可成片群植于草坪边缘及林地。另外，还可小盆栽供室内观赏。对二氧化硫抗性较强，适于厂矿区、街坊种植。

四、小叶黄杨 *Buxus sinica var. parvifolia* M. Cheng

1. 形态特征及习性

黄杨科黄杨属常绿灌木（图 7-189），高 2 米。茎枝四棱，光滑，密集，小枝节间长3～5毫米。叶（图7-190）小，对生，革质，椭圆形或倒卵形，长1～2厘米，先端圆钝，有时微凹，基部楔形，最宽处在中部或中部以上；有短柄，表面暗绿色，背面黄绿，表面有柔毛，背面无毛，两面均光亮。花（图7-191）多在枝顶簇生；雄花具与萼片等长的退化雄蕊，花淡黄绿色，没有花瓣，有香气。花期3～4月，果期8～9月。

图7-192所示为小叶黄杨的果实。

图7-189　小叶黄杨全株

图7-190　小叶黄杨枝叶

图7-191　小叶黄杨的花

图7-192　小叶黄杨的果实

性喜肥沃湿润土壤，忌酸性土壤。抗逆性强，耐水肥，抗污染，能吸收空气中的二氧化硫等有毒气体，有耐寒、耐盐碱、抗病虫害等许多特性。

产于安徽（黄山）、浙江（龙塘山）、江西（庐山）、湖北（神农架及兴山）；生于岩上，海拔1000米。

2.繁殖育苗技术

（1）扦插繁殖　于4月中旬和6月下旬随剪条随扦插。扦插深度为 3～4 厘米，扦插密度为 278 株/米^2。插前灌足底水，插后浇封闭水，然后在畦面上做成拱棚，用塑料薄膜覆盖，每隔 7 天浇 1 次透水，温度保持在 20～30℃，温度过高要用草帘遮阴，相对湿度保持在 75%～85%。图 7-193 所示为小叶黄杨扦插繁殖。

图 7-193　小叶黄杨扦插繁殖

图 7-194　小叶黄杨种子

(2) 播种繁殖　小叶黄杨喜光，在阳光充足和半阴环境下均能正常生长，选择四周开阔、阳光充足、水肥土壤条件良好的地段种植。除去杂草和砾石，施入腐熟基肥，地耙平，深翻，确保土壤相对含水量在 75%～80%。

种子（图 7-194）采集时间是育苗出苗率的关键，采集过早种子成熟度差，出苗率低；采集过晚种子又因自然脱落而白白浪费。只有掌握最佳采种时间，才能获得最佳种源。调查发现各地因气候不同采种时间也应不同，丹东地区最佳采种时间在 7 月 25 日至 8 月 5 日。

种子采集后放在烈日下暴晒会降低含水量，导致出苗率低。采集后要放在阴凉通风处自然堆放，种果堆放不能超过 1 厘米。待放到种子开裂后，去除种皮杂质，把种子装入袋中，放在阴凉处备用。

育苗地以沙质土为好，播种前要做 80 厘米宽、15～20 厘米厚的土床，长度视种量多少而定。土壤要用 0.1%辛硫磷或五氯硝基苯进行消毒。

9 月上中旬播种。播种前种子要用清水浸泡 30 小时，水量应以浸过种子为宜。在床面上开条状沟，深度3厘米，播前先把种子按对应苗床分成若干份，然后将种子均匀撒入沟内，并轻踩一遍土格子，然后覆土1厘米，用木板把床面刮平，再用稻草把苗床覆盖，稻草应对放，厚度30厘米。用喷壶浇1次透水，以后每周往稻草上浇2～3次透水，浇到10月中旬种子生根为止。图7-195所示为小叶黄杨播种苗。

4月份为尽快提高地温，应分2次进行撤草。随着苗木的生长，杂草也会伴生，要及时除草。发生病虫害应及时防治。由于小叶黄杨播种时密度较大，苗木在越冬时必须起出进行假植，9月中下旬进苗，并按大小进行分类，每捆50～100株假植，10月中旬进行覆土，以不露叶为宜。第2年春季（4月份）起出移植。

图7-195　小叶黄杨播种苗

图7-196　绿篱小叶黄杨覆盖越冬

3. 栽培管理技术

（1）浇水　4～6月，由于小叶黄杨苗木为萌动至开花期，生长量较大，应及时补充水分。6～9月，由于温度高且干旱，要满足苗木对水分的需求，尽量多叶面喷雾，且不积水。10～11月，苗木生长趋缓，应适当控水，并于11月底浇冬水，来年3月中旬浇返青水。

（2）追肥　结合浇水，分次施肥，增施磷酸二铵45千克/公顷、尿素30千克/公顷。尿素应在7月后停止施用，防止苗木徒长，冬季来临时，苗木来不及木质化，容易遭受冻害。

（3）除草　全年共除草4～5次，以把圃地杂草除净为原则，除草应不伤苗木根部，除草较深，可提高地温，有利于加快小叶黄杨苗木的生长。

（4）越冬管理　由于有些地区冬天寒冷，昼夜温差大，对于2年生的小叶黄杨要做好越冬前的防护措施，如入冬前用竹竿搭架盖无纺布，将无纺布底部四周压实等（图7-196）。

五、大叶黄杨 *Buxus megistophylla* Levl

1.形态特征及习性

卫矛科卫矛属灌木或小乔木（图7-197），高0.6～2.2米，胸径5厘米。小枝四棱形（或在末梢的小枝亚圆柱形，具钝棱和纵沟），光滑、无毛。叶（图7-198）革质或薄革质，卵形、椭圆状或长圆状披针形至披针形，长4～8厘米，宽1.5～3厘米（稀披针形，长达9厘米，或菱状卵形，宽达4厘米），先端渐尖，顶钝或锐，基部楔形或急尖，边缘下曲，叶面光亮，中脉在两面均凸出，侧脉多条，与中脉成40°～50°角，通常两面均明显，仅叶面中脉基部及叶柄被微细毛，其余均无毛；叶柄长2～3毫米。花序（图7-199）腋生，花序轴长5～7毫米，有短柔毛或近无毛；苞片阔卵形，先端急尖，背面基部被毛，边缘狭，干膜质；雄花8～10朵，花梗长约0.8毫米，外萼片阔卵形，长约2毫米，内萼片圆形，长2～2.5毫米，背面均无毛，雄蕊连花药长约6毫米；不育雌蕊高约1毫米，雌花萼片卵状椭圆形，长约3毫米，无毛；子房长2～2.5毫米，花柱直立，长约2.5毫米，先端微弯曲，柱头倒心形，下延达花柱的1/3处。蒴果（图7-200）近球形，长6～7毫米，宿存花柱长约5毫米，斜向挺出。花期3～4月，果期6～7月。

大叶黄杨喜光，稍耐阴，有一定的耐寒力，在淮河流域可露地自然越冬，华北地区需保护越冬，在东北和西北的大部分地区均作盆栽。

图7-197　大叶黄杨全株

图7-198　大叶黄杨叶片

图 7-199　大叶黄杨的花

图 7-200　大叶黄杨果实

对土壤要求不严，在微酸、微碱土壤中均能生长，在肥沃和排水良好的土壤中生长迅速，分枝也多。产于贵州西南部、广西东北部、广东西北部、湖南南部、江西南部。

2. 繁殖育苗及栽培管理技术

（1）繁殖方法　可采用扦插、嫁接、压条繁殖，以扦插繁殖为主，极易成活。硬枝扦插在春、秋两季进行，扦插株行距保持 10 厘米×30 厘米。春季在芽将要萌发时采条，随采随插；秋季在 8～10 月进行，随采随插，插穗长 10 厘米左右，留上部一对叶片，将其余的剪去。插后遮阴，气温逐渐下降后去除遮阴并搭塑料小棚，翌年 4 月份去除塑料棚。夏季扦插可用当年生枝，2 年生枝也可，插穗长度 10 厘米左右（图 7-201）。

园艺变种的繁殖，可用丝棉木作砧木于春季进行靠接（图 7-202）。

图 7-201　大叶黄杨扦插苗生根

图 7-202　丝棉木嫁接大叶黄杨

压条宜选用2年生或更老的枝条进行，1年后可与母株分离。

（2）栽培管理　大叶黄杨喜湿润环境，种植后应立刻浇头水，第二天浇二水，第五天浇三水，三水过后要及时松土保墒，并视天气情况浇水，以保持土壤湿润而不积水为宜。夏天气温高时也应及时浇水，并对其进行叶面喷雾。需要注意的是，夏季浇水只能在早晚气温较低时进行，中午温度高时则不宜浇水。夏天大雨后，要及时将积水排除，积水时间过长容易导致根系因缺氧而腐烂，从而使植株落叶或死亡。入冬前应于10月底至11月初浇足浇透防冻水；3月中旬也应浇足浇透返青水，这次水对植株全年的生长至关重要，因为春季风力较大且持续时间长，缺水会影响新叶的萌发。

大叶黄杨喜肥，在栽植时应施足底肥，肥料以腐熟肥、圈肥或烘干鸡粪为好，底肥要与种植土充分拌匀，若不拌匀，种植后根系会被灼伤。在进入正常管理后，每年仲春修剪后施用一次氮肥，可使植株枝繁叶茂。在初秋施用一次磷、钾复合肥，可使当年生新枝条加速木质化，利于植株安全越冬。在植株生长不良时，可采取叶面喷施的方法来施肥，常用的有0.5%尿素溶液和0.2%磷酸二氢钾溶液，可使植株加速生长。

六、牡丹 *Paeonia suffruticosa* Andr

1.形态特征及习性

牡丹是毛茛科芍药属落叶灌木（图7-203），茎高达2米，分枝短而粗。

叶（图7-204）通常为二回三出复叶，偶尔近枝顶的叶为3小叶；顶生小叶宽卵形，长7～8厘米，宽5.5～7厘米，3裂至中部，裂片不裂或2～3浅裂，表面绿色，无毛，背面淡绿色，有时具白粉，沿叶脉疏生短柔毛或近无毛，小叶柄长1.2～3厘米；侧生小叶狭卵形或长圆状卵形，长4.5～6.5厘米，宽2.5～4厘米，不等2裂至3浅裂或不裂，近无柄；叶柄长5～11厘米，和叶轴均无毛。

花（图7-205）单生枝顶，直径10～17厘米；花梗长4～6厘米；苞片5，长椭圆形，大小不等；萼片5，绿色，宽卵形，大小不等；

花瓣5，或为重瓣，玫瑰色、红紫色、粉红色至白色，通常变异很大，倒卵形，长5～8厘米，宽4.2～6厘米，顶端呈不规则的波状；雄蕊长1～1.7厘米，花丝紫红色、粉红色，上部白色，长约1.3厘米，花药长圆形，长4毫米；花盘革质，杯状，紫红色，顶端有数个锐齿或裂片，完全包住心皮，在心皮成熟时开裂；心皮5，稀更多，密生柔毛。蓇葖长圆形，密生黄褐色硬毛。图7-206所示为牡丹的种子。花期5月；果期6月。

图7-203 牡丹全株形态

图7-204 牡丹叶片

图7-205 不同颜色的牡丹花

图7-206 牡丹种子

牡丹性喜温暖、凉爽、干燥、阳光充足的环境。喜阳光，也耐半阴，耐寒，耐干旱，耐弱碱，忌积水，怕热，怕烈日直射。适宜在疏松、深厚、肥沃、地势高燥、排水良好的中性沙壤土中生长。酸性或黏重土壤中生长不良。

知识链接：

中国牡丹资源特别丰富，根据中国牡丹争评国花办公室专组人员调查，中国各地均有牡丹种植。大体分野生种、半野生种及园艺栽培种几种类型。

牡丹栽培面积最大最集中的有菏泽、洛阳、北京、临夏、彭州、铜陵等。通过中原花农冬季赴广东、福建、浙江、海南进行牡丹催花，促使了牡丹在以上几个地区安家落户，使牡丹的栽植遍布中国各省（市、自治区）。

2.繁殖育苗技术

牡丹繁殖方法有分株、嫁接、播种等，但以分株及嫁接居多，播种方法多用于培育新品种。

（1）分株　牡丹的分株繁殖在明代已被广泛采用。具体方法为：将生长繁茂的大株牡丹，整株掘起，从根系纹理交接处分开。每株所分子株多少以原株大小而定，大者多分，小者可少分。一般每3～4枝为一子株，且有较完整的根系（图7-207）。再以硫黄粉少许和泥，将根上的伤口涂抹、擦匀，即可另行栽植。分株繁殖的时间是在每年的秋分到霜降期间，适时进行为好。此时，气温和地温较高，牡丹处于半休眠状态，但还有相当长的一段营养生长时间，进行分株栽培对根部生长影响不甚严重，分株栽植后还能生出一些新根和少量的株芽。若分株栽植过迟，当年根部生长很弱，或不发生新根，次年春，植株发育更弱，根弱则不耐旱，容易死亡。如分株过早，气温、地温较高，还能迅速生长，容易引起秋发。

图7-207　牡丹的分株繁殖所埋的根系

牡丹分株的母株，一般是利用健壮的株丛。进行分株繁殖的母株上应尽量保留根蘖，新苗上的根应全部保留，以备生长5年可以多分生新苗。这样的株苗栽后易成活，生长亦较旺盛。根保留得越多，生长越旺。

（2）嫁接　牡丹的嫁接繁殖，依所用砧木的不同分为两种：一种是野生牡丹；一种是芍药根。常用的牡丹嫁接方法主要有嵌接法、腹接法和芽接法三种。

① 嵌接法。用芍药根作砧木，因芍药根柔软无硬心，容易嫁接，根粗而短，养分充足，接活后初期生长旺盛。如用牡丹根嫁接，木质部较硬，嫁接时比较困难，但寿命较长。一般每年的9月下旬至10月上旬为最佳嫁接时间。其砧木是用直径2～3厘米、长10～15厘米的粗壮而无病虫害的芍药根（图7-208、图7-209）。

图7-208　牡丹的插皮接

图7-209　用芍药作砧木嫁接牡丹

② 腹接法。腹接法是种高接换头改良品种的方法，它是利用劣种牡丹或8～10年生的药用牡丹植株上的众多枝条，嫁接成不同色泽的优良品种的方法。嫁接时间为7月上旬至8月中旬。先选择品种优良、植株肥壮、无病虫的牡丹植株，剪取由地面发出的土芽枝或当年生的短枝长5～7厘米，最好是有2～3个壮芽的短枝作接穗。接穗上留一个叶柄。选好接穗后，在接穗下部芽的背面斜削一刀，成马耳形，再在马耳形的另一面斜削成楔形，使嫁接后两面都能接触到木质部和韧皮部之间的形成层组织，这样才易成活。牡丹腹接前后，除在雨季不加灌溉外，应保持植株正常生长的适宜湿度。

③ 芽接法。芽接法是牡丹繁殖和培养多品种、多花色于一株的

有效方法。在5～7月间进行。嫁接时以晴天为好。其方法有贴皮法和换芽法两种。贴皮法是在砧木的当年生枝条上连同木质部切削去一块长方形或盾形的切口，再将接穗的腋芽连同木质部削下一大小、形状和砧木上相同的芽块。然后迅速将芽块贴在砧木的切口上，用塑料绳扎紧。换芽法是将砧木上嫁接部位的腋芽连同形成层一起去掉，保留木质部上完整的芽胚，然后用同样方法把接穗的腋芽剥下，迅速套在砧木的芽胚上，注意两者应相吻合，最后用塑料绳扎紧。嫁接后的植株应及时浇水、松土、施肥，促其愈合（图7-210）。

图7-210　牡丹芽接苗

（3）扦插　扦插繁殖，是利用牡丹枝条易生不定根而繁殖新株的一种方法，属无性繁殖方法之一。方法是将扦插的枝条先剪下，脱离母株，再插入土壤或其他基质内使之生根，成为新株（图7-211）。牡丹扦插繁殖的枝条，要选择由牡丹根部发出的当年生土芽枝，或在牡丹整形修剪时，选择茎干充实，顶芽饱满而无病虫害的枝条作穗，长10～18厘米。牡丹的根为肉质根，喜高燥、忌潮湿、耐干旱。因此，育苗床应选择通风向阳处，筑成高床育苗。扦插时，插完一畦浇灌一畦，一次浇透。

（4）播种　播种繁殖，以种子繁衍后代或选育新品种，是一种有性繁殖方法（图7-212）。播种前必须对土壤进行较细致地整理消毒，土地要深耕细作，施足底肥。然后筑成70～80厘米宽的小畦，穴播、条播均可。播种不可过深，以3～4厘米为度，播种后覆土与地面平。再轻轻将土壤踏实，随即浇透水。

（5）压条　牡丹压条法，是利用枝条能产生不定根的原理而进行的繁殖方法。将枝条压倒或在植株上用土压埋，不脱离母株，土壤保持湿润，枝条被埋处生根，然后剪掉栽植，成为新株。此法同样属牡丹的无性繁殖法。这种方法主要有：套盆培土压条法和双平法。

图 7-211　牡丹的扦插繁殖

图 7-212　牡丹播种苗

（6）组织培养　植物的组织培养繁殖，根据植物组织细胞的全能性，利用牡丹的胚、花芽、茎尖、嫩叶和叶柄进行离体培养（图 7-213）。一般是将这些材料放入 75%酒精中浸泡 5～10 分钟，并立即投入无菌水中洗涤，然后在 5%安替福民溶液中浸 7～10 分钟进行表面灭菌，再用无菌水冲洗 3～4 次，最后放在培养基上进行无菌培养。基本培养基为 MS，其他附加成分主要有：不同浓度或不同组合的吲哚乙酸、萘乙酸、吲哚丁酸、赤霉素、水解蛋白等。

图 7-213　牡丹组织培养苗

3. 栽培管理技术

（1）栽植　土壤要求质地疏松、肥沃，中性微碱。将所栽牡丹苗的断裂根、病根剪除，浸杀虫、杀菌剂放入事先准备好的盆钵或坑内，根系要舒展，填土至盆钵或坑多半处将苗轻提晃动，踏实封土，深以根茎处略低于盆面或地平为宜。

（2）浇水　栽植后浇一次透水。牡丹忌积水，生长季节酌情浇水。北方干旱地区一般浇花前水、花后水、封冻水。盆栽为便于管理可于花开后剪去残花连盆埋入地下。

（3）施肥　栽植一年后，秋季可进行施肥，以腐熟有机肥料为主。结合松土，撒施、穴施均可。春、夏季多用化学肥料，结合浇水施花前肥、花后肥。盆栽可结合浇水施液体肥。

（4）修剪　栽植当年，多行平茬。春季萌发后，留5枝左右，其余抹除，集中营养，使第二年花大色艳。秋冬季，结合清园，剪去干花柄、细弱枝、无花枝。盆栽时，按需要修整成自己喜爱的形状。

（5）中耕　生长季节应及时中耕，拔除杂草，注意病、虫发生。秋冬，对两年生以上牡丹的田块实施翻耕。

（6）换盆　当盆栽牡丹生长三四年后，需在秋季换入加有新肥土的大盆或分株另栽。

（7）喷药　早春发芽前喷石硫合剂，夏季用杀虫、杀菌剂混合液，视病情每2周用药一次。结合施肥，可添加化学肥料及生长调节剂等。

（8）催花　为增加节日或庆典活动，按品种可提前50天左右将牡丹加温，温度控制在10～25℃，日均15℃左右。前期注意保持植株湿润，现蕾后注意通风透光，成蕾后，按花期要求进行控温。平时要行叶面施肥，保证充足水分供应。这样，冬春两季随时都能见花。

（9）观赏　单株牡丹自然花期10～15天左右，随温度升高而缩短，3～8℃可维持月余。大田栽植可采取临时搭棚遮风避光，延长观赏时间；盆栽时应移至阳光不能直射的地方，温度5～10℃，通风透光，视长相及盆土湿润程度适时浇水，花朵上不要淋水，这样花期最长；需插花时的剪切可在水中进行。插花用水应放入保鲜剂或加少许白糖，以延长插花的观赏时间。

七、榆叶梅 *Amygdalus triloba*

1.形态特征及习性

榆叶梅（图7-214）为蔷薇科桃属植物。短枝上的叶常簇生，一年生枝上的叶互生。叶片宽椭圆形至倒卵形，长2～6厘米，宽1.5～3(4)厘米，先端短渐尖，常3裂，基部宽楔形，上面具疏柔毛或无毛，下面被短柔毛，叶边具粗锯齿或重锯齿；叶柄长5～10毫米，被短柔毛。

花（图7-215）1～2朵，先于叶开放，直径2～3厘米；花梗长

图 7-214　榆叶梅开花全株

图 7-215　榆叶梅花

4～8毫米；萼筒宽钟形，长3～5毫米，无毛或幼时微具毛；萼片卵形或卵状披针形，无毛，近先端疏生小锯齿；花瓣近圆形或宽倒卵形，长6～10毫米，先端圆钝，有时微凹，粉红色；雄蕊约25～30，短于花瓣；子房密被短柔毛，花柱稍长于雄蕊。

图 7-216　榆叶梅叶片及果实

果实（图7-216）近球形，直径1～1.8厘米，顶端具短小尖头，红色，外被短柔毛；果梗长5～10毫米；果肉薄，成熟时开裂；核近球形，具厚硬壳，直径1～1.6厘米，两侧几不压扁，顶端圆钝，表面具不整齐的网纹。

花期4～5月，果期5～7月。

喜光，稍耐阴，耐寒，能在－35℃下越冬。对土壤要求不严，以中性至微碱性而肥沃土壤为佳。根系发达，耐旱力强，不耐涝，抗病力强。生于低至中海拔的坡地或沟旁乔、灌木林下或林缘。

产于黑龙江、吉林、辽宁、内蒙古、河北、山西、陕西、甘肃、山东、江西、江苏、浙江等省（区）。中国各地多数公园内均有栽植。

2. 繁殖育苗及栽培管理技术

（1）繁殖方法　榆叶梅种子一般于8月中旬成熟，当果皮呈橙黄色或红黄色时，即可采收，然后将采回的果实取肉后晾干，经筛选后装入麻袋或通透的容器内，置于阴凉干燥通风处贮藏。

榆叶梅的繁殖可以采取嫁接、播种、压条等方法，但以嫁接效果最好，只需培育两三年就可成株，开花结果。嫁接方法主要有切接和芽接两种，可选用山桃、榆叶梅实生苗和杏作砧木，砧木一般要培养两年以上，基径应在1.5厘米左右，嫁接前要事先截断，需保留地面上5～7厘米的树桩。

芽接于8月底到9月中旬，在事先选作接穗的枝条上定好芽位，接芽需粗壮、肥实，无干尖和病虫害。用经消毒的芽接刀在芽位下2厘米处向上呈30°角斜切入木质部，直至芽位上1厘米处，然后在芽位上方（1厘米处）横切一刀，将接芽轻轻取下，在砧木距地表3厘米处，用刀在树皮上切一个“T”形，长×宽为3厘米×2厘米，将树皮轻轻揭开，再把接芽嵌入“T”形切口中，使接芽与砧木紧密接合，再把塑料带剪成窄带绑扎好即可。嫁接后，接芽在7天左右没有萎蔫，说明已经成活，20天左右即可将塑料带拆除。

枝接于春季3月中上旬，取一年生重瓣榆叶梅的枝条作接穗，长约8厘米，需保留3～4个芽，在砧木横截面的一侧，用刀在木质部和树皮间垂直切下4厘米左右，将接穗的下端削成鸭嘴形，长约3.5厘米，然后将接穗垂直插入砧木的切口处，略微“露白”，再用塑料带紧紧缠绕，为了保湿可立即在周边培土，20天左右即可成活，一个月后将土轻轻扒开，拆去塑料带（图7-217）。

图7-217　榆叶梅枝接

（2）栽培管理　榆叶梅生性强健，喜阳光，耐干旱，耐寒冷。榆叶梅应栽种于光照充足的地方，在光照不足的地方栽植，植株瘦小而花少，甚至不能开花。榆叶梅在排水良好的沙质壤土中生长最好，在素沙土中也可正常生长，但在黏土中多生长不良，表现为叶片小而黄，不发枝，花小或无花。榆叶梅有一定的耐盐碱能力，在pH值为8.8，含盐量为0.3%的盐碱土中能正常生长，未见不良反应。榆叶梅怕涝，故不宜栽种于低洼处和池塘、沟堰边。

榆叶梅喜湿润环境，但也较耐干旱。移栽的头一年还应特别注意水分的管理，在夏季要及时供给植株充足的水分，防止因缺水而导致苗木死亡。在进入正常管理后，要注意浇好三次水，即早春的返青水、仲春的生长水、初冬的封冻水。早春的返青水对榆叶梅的开花质量和一年的生长影响至关重要，这一次浇水不仅可以防止早春冻害，还可及时供给植株生长的水分。这次浇水宜早不宜晚，一般应在3月初进行，过晚则起不到防寒、防冻的作用。

榆叶梅喜肥，定植时可施用几锹腐熟的牛马粪作底肥，从第二年进入正常管理后可于每年春季花落后、夏季花芽分化期、入冬前各施一次肥。榆叶梅在早春开花、展叶后，消耗了大量养分，此时对其进行追肥非常有利于植株花后的生长，可使植株生长旺盛，枝繁叶茂；夏秋的6～9月为其花芽分化期，此时应适量施入一些磷钾肥，这次肥不仅有利于花芽分化，而且有助于当年新生枝条充分木质化；入冬前结合浇冻水再施一些圈肥，这次肥可以有效提高地温，增强土壤的通透性，而且能在翌年初春及时供给植株需要的养分，这次肥宜浅不宜深，施肥后应注意及时浇水，可以采取环状施肥。

八、连翘 *Forsythia suspensa* (Thunb.) Vahl

1. 形态特征及习性

连翘属于木犀科连翘属落叶灌木（图7-218）。枝开展或下垂，棕色、棕褐色或淡黄褐色，小枝土黄色或灰褐色，略呈四棱形，疏生皮孔，节间中空，节部具实心髓。

叶（图7-219）通常为单叶，或3裂至三出复叶，叶片卵形、宽卵形或椭圆状卵形至椭圆形，长2～10厘米，宽1.5～5厘米，先端锐尖，基部圆形、宽楔形至楔形，叶缘除基部外具锐锯齿或粗锯齿，上面深绿色，下面淡黄绿色，两面无毛；叶柄长0.8～1.5厘米，无毛。

图 7-218　连翘全株

图 7-220　连翘叶片

图 7-219　连翘的花

图 7-221　连翘的果

花（图 7-220）通常单生或 2 至数朵着生于叶腋，先于叶开放；花梗长 5～6 毫米；花萼绿色，裂片长圆形或长圆状椭圆形，长（5）6～7 毫米，先端钝或锐尖，边缘具睫毛，与花冠管近等长；花冠黄色，裂片倒卵状长圆形或长圆形，长 1.2～2 厘米，宽 6～10 毫米；在雌蕊长 5～7 毫米的花中，雄蕊长 3～5 毫米，在雄蕊长 6～7 毫米的花中，雌蕊长约 3 毫米。

果（图 7-221）卵球形、卵状椭圆形或长椭圆形，长 1.2～2.5 厘米，宽 0.6～1.2 厘米，先端喙状渐尖，表面疏生皮孔；果梗长 0.7～1.5 厘米。

花期 3～4 月，果期 7～9 月。

连翘喜光，有一定程度的耐阴性；喜温暖，湿润气候，也很耐寒；耐干旱瘠薄，怕涝；不择土壤，在中性、微酸或碱性土壤中均能正常生长。

耐寒、耐旱、耐瘠，对气候、土质要求不高，适生范围广。在干旱阳坡或有土的石缝，甚至在基岩或紫色沙页岩的风化母质上都能生长。连翘根系发达，虽主根不太显著，但其侧根都较粗而长，须根众多，广泛伸展于主根周围，大大增强了吸收和固土能力。连翘耐寒力强，经抗寒锻炼后，可耐受－50℃低温，其惊人的耐寒性，使其成为北方园林绿化的佼佼者。连翘萌发力强，发丛快，可很快扩大其分布面。因此，连翘生命力和适应性都非常强。据实验表明：连翘可正常生长于海拔250～2200米、平均气温12.1～17.3℃、绝对最高温36～39.4℃、绝对最低温－4.8～14.5℃的地区，但以在阳光充足、深厚肥沃而湿润的立地条件下生长较好。

中国除华南地区外，其他各地均有栽培，主要产于河北、山西、陕西、山东、安徽西部、河南、湖北、四川。生于山坡灌丛、林下或草丛中，或山谷、山沟疏林中，海拔250～2200米。日本也有栽培。

2.繁殖育苗技术

连翘较易成活，栽培管理技术简单，既可播种育苗，也可扦插、分株、压条繁殖。

（1）播种　一般在3～5月播种。采用撒播或条播，播前须将畦面整平耙细，条播按15～20厘米开浅沟。由于贯叶连翘种子细小，又具光敏特性，所以应与拌有草木灰的沙土混匀播种，播后不覆土，施人畜粪水，7～10天后即可出苗。图7-222所示为连翘播种育苗。

（2）分株　在霜降后或春季发芽前，将3年以上的树旁发生的幼

图7-222　连翘播种育苗

图7-223　连翘的压条繁殖

条带土刨出移栽，或将整棵树刨出进行分株移栽。一般一株能分栽3～5株。采用此法关键是要让每棵分出的小株都带一点须根，这样成活率高，见效快。

（3）压条　在春季将植株下垂枝条压埋入土中，翌年春剪离母株定植（图7-223）。

一般以扦插繁殖为主，苗木宜于向阳而排水良好的肥沃土壤上栽植，若选地不当、土壤瘠薄，则生长缓慢，产量低，每年花后应剪除枯枝、弱枝及过密、过老枝条，同时注意根际施肥。

3. 栽培管理技术

（1）苗期管理　苗高大于7厘米时，进行第1次间苗，拔除生长细弱的密苗，保持株距12.5厘米左右；当苗高大于37.5厘米左右时，进行第2次间苗，去弱留强，按株行距20厘米留壮苗1株。加强苗床管理，及时中耕除草和追肥，可喷洒0.5%尿素（含N 46%）水溶液进行根外追肥，培育1年，当苗高125厘米以上时，即可出圃定植（图7-224）。

图7-224　间苗定植后的连翘

（2）除草施肥　定植后于每年冬季在株旁松土除草1次，并施入腐熟厩肥或饼肥和土杂肥，幼树每株2千克，结果树每株10千克，于株旁挖穴或开沟施入，施入后盖土、培土，以促幼树生长健壮，多开花结果。早期株行间可间作矮秆作物。

九、丁香 Syringa Linn.

1. 形态特征及习性

木犀科丁香属落叶灌木或小乔木（图7-225）。小枝近圆柱形或四棱形，具皮孔。冬芽被芽鳞，顶芽常缺，图7-226所示为丁香发芽态。叶（图7-227）对生，单叶，稀复叶，全缘，稀分裂；具叶柄。花（图7-228）两性，聚伞花序排列成圆锥花序，顶生或侧生，与叶同时抽生或叶后抽生；具花梗或无花梗；花萼小，钟状，具4齿或为

图 7-225　丁香全株

图 7-226　丁香发芽态

图 7-227　丁香叶片

图 7-228　紫丁香花

不规则齿裂，或近截形，宿存；花冠漏斗状、高脚碟状，裂片 4 枚，开展或近直立，花蕾时呈镊合状排列；雄蕊 2 枚，着生于花冠管喉部至花冠管中部，内藏或伸出；子房 2 室，每室具下垂胚珠 2 枚，花柱丝状，短于雄蕊，柱头 2 裂。果为蒴果，微扁，2 室，室间开裂；种子扁平，有翅；子叶卵形，扁平；胚根向上。染色体基数 $x=23$ 或 22.24。

丁香属主要分布于亚热带亚高山、暖温带至温带的山坡林缘、林下及寒温带的向阳灌丛中。生于山坡丛林、山沟溪边、山谷路旁及滩地水边，海拔 300～2400 米。

栽培品种庭园普遍栽培。喜光，喜温暖、湿润及阳光充足。稍耐阴，阴处或半阴处生长衰弱，开花稀少。具有一定耐寒性和较强的耐旱力。对土壤的要求不严，耐瘠薄，喜肥沃、排水良好的土壤，忌在低洼地种植，积水会引起病害，直至全株死亡。落叶后萌动前裸根移植，选土壤肥沃、排水良好的向阳处种植。

共35种，不包括自然杂交种，主要分布于欧洲东南部、日本、阿富汗、喜马拉雅地区、朝鲜和中国。

2.繁殖育苗技术

该属物种大部分可以人工栽培和种植，通常的繁殖方法有播种、扦插、嫁接、分株、压条。播种苗不易保持原有性状，但常有新的花色出现；种子须经层积，翌春播种。夏季用嫩枝扦插，成活率很高。

图7-229　小叶女贞为砧木嫁接丁香

（1）嫁接　是主要繁殖方法，以小叶女贞作砧木，行靠接、枝接、芽接均可（图7-229）。华北地区芽接一般在6月下旬至7月中旬进行。接穗选择当年生健壮枝上的饱满休眠芽，以不带木质部的盾状芽接法，接到离地面5～10厘米高的砧木干上。也可秋、冬季采条，经露地埋藏于翌春枝接，接穗当年可长至50～80厘米，第二年萌动前需将枝干离地面30～40厘米处短截，促其萌发侧枝。

（2）播种　可于春、秋两季在室内盆播或露地畦播。北方以春播为佳，于3月下旬进行冷室盆播，温度维持在10～22℃，14～25天即可出苗，出苗率40%～90%，若露地春播，可于3月下旬至4月初进行。播种前需将种子在0～7℃的条件下沙藏2个月，播后半个月即出苗。无论室内盆播还是露地条播，当出苗后长出4～5对叶片时，即要进行分盆移栽或间苗。分盆移栽为每盆1株。露地可间苗或移栽2次，株行距为15厘米×30厘米（图7-230、图7-231）。

（3）扦插　可于花后1个月，选当年生半木质化健壮枝条作插穗，插穗长15厘米左右，用50～100毫克/升的吲哚丁酸水溶液处理15～18小时，插后用塑料薄膜覆盖，1个月后即可生根，生根率达80%～90%。扦插也可在秋、冬季取木质化枝条作插穗，一般于露地

图 7-230　紫丁香种子

图 7-231　紫丁香小苗

埋藏，翌春扦插。

3. 栽培管理技术

丁香宜栽于土壤疏松而排水良好的向阳处。一般在春季萌发前裸根栽植，株距 2～3 米。2～3 年生苗栽植穴径应在 70～80 厘米，深 50～60 厘米。每穴施 100 克充分腐熟的有机肥料及 100～150 克骨粉，与土壤充分混合作基肥。

栽植后浇透水，以后每 10 天浇 1 次水，每次浇水后要松土保墒。灌溉可依地区不同而有别，华北地区，4～6 月是丁香生长旺盛并开花的季节，每月要浇 2～3 次透水，7 月以后进入雨季，则要注意排水防涝。到 11 月中旬入冬前要灌足水。

栽植 3～4 年生大苗，应对地上枝干进行强修剪，一般从离地面 30 厘米处截干，第 2 年就可以开出繁茂的花来。一般在春季萌动前进行修剪，主要剪除细弱枝、过密枝，并合理保留更新枝。花后要剪除残留花穗。

一般不施肥或仅施少量肥，切忌施肥过多，否则会引起徒长，从而影响花芽形成，反而使开花减少。但在花后应施些磷、钾肥及氮肥。

十、木槿 Hibiscus syriacus Linn

1. 形态特征及习性

锦葵科木槿属落叶灌木（图 7-232），高 3～4 米，小枝密被黄色星状茸毛。叶菱形至三角状卵形，长 3～10 厘米，宽 2～4 厘米，具深浅不同的 3 裂或不裂，先端钝，基部楔形，边缘具不整齐齿缺，下

图 7-232　木槿全株

图 7-233　木槿的花

面沿叶脉微被毛或近无毛；叶柄长 5～25 毫米，上面被星状柔毛；托叶线形，长约 6 毫米，疏被柔毛。花（图 7-233）单生于枝端叶腋间，花梗长 4～14 毫米，被星状短茸毛；小苞片 6～8，线形，长 6～15 毫米，宽 1～2 毫米，密被星状疏茸毛；花萼钟形，长 14～20 毫米，密被星状短茸毛，裂片 5，三角形；花钟形，淡紫色，直径 5～6 厘米，花瓣倒卵形，长 3.5～4.5 厘米，外面疏被纤毛和星状长柔毛；雄蕊柱长约 3 厘米；花柱枝无毛。蒴果卵圆形，直径约 12 毫米，密被黄色星状茸毛；种子肾形，背部被黄白色长柔毛。花期 7～10 月。

木槿喜光而稍耐阴，喜温暖、湿润气候，较耐寒，但在北方地区栽培需保护越冬，好水湿而又耐旱，对土壤要求不严，在重黏土中也能生长。萌蘖性强，耐修剪。

木槿原产于东亚，主要分布于中国台湾、福建、广东、广西、云南、贵州、四川、湖南、湖北、安徽、江西、浙江、江苏、山东、河北、河南、陕西等省（区）。

木槿属主要分布在热带和亚热带地区。木槿属物种起源于非洲大陆，非洲木槿属物种种类繁多，呈现出丰富的遗传多样性。

2.繁殖育苗技术

木槿的繁殖方法有播种、压条、扦插、分株，但生产上主要运用扦插繁殖和分株繁殖。

（1）扦插繁殖　扦插较易成活，扦插材料的取得也较容易，有的甚至用长枝，但入土深度至少要达 20 厘米，否则易倒伏或发芽后因根浅而易受旱害，当年夏、秋季节即可开花。在当地气温稳定通过15℃以后，选择1～2年生健壮、未萌芽的枝，切成长15～20厘米的小段，扦插时备好一根小棍，在苗床上插小洞，再将木槿枝条插入，压实土壤，入土深度10～15厘米，即入土深度达插条的2/3为宜，插后立即灌足水。扦插时不必施任何基肥。室内盆栽扦插时，选1～2年生健壮枝条，长10厘米左右，去掉下部叶片，上部叶片剪去一半，扦插于以粗沙为基质的小钵里，用塑料罩保温，保持较高的湿度，在18～25℃的条件下，20天左右即可生根（图7-234）。

图7-234　木槿扦插在黄土盆中

（2）分株繁殖　在早春发芽前，将生长旺盛的成年株丛挖起，以3根主枝为1丛，按株行距50厘米×60厘米进行栽植。

3.栽培管理技术

整好苗床，按畦带沟宽130厘米、高25厘米做畦，每平方米施入厩肥6千克、火烧土1.5千克、钙镁磷75克作为基肥。扦插要求沟深15厘米，沟距20～30厘米，株距8～10厘米，插穗上端露出土面3～5厘米或入土深度为插条的2/3，插后培土压实，及时浇水。扦插苗一般1个月左右生根出芽，采用塑料大棚等保温增温设施。也可在秋季落叶后进行扦插育苗，将剪好的插穗用100～200毫克/升的NAA溶液浸泡18～24小时，插到沙床上，及时浇水，覆盖农膜，保持温度18～25℃、相对湿度85%以上，生根后移到圃地培育。

木槿对土壤要求不严格，一般可利用房前屋后的空地、山坡地、边角荒地种植，也可作为绿篱在菜地、果园四周单行种植，或成片种植进行专业化生产。

木槿为多年生灌木，生长速度快，可1年种植多年采收。为获得较高的产量，便于田间管理及鲜花采收，可采用单行垄作栽培，垄间距110～120厘米，株距50～60厘米，垄中间开种植穴或种植沟。木槿移栽定植时，种植穴或种植沟内要施足基肥，一般以垃圾土或腐熟的厩肥等农家肥为主，配合施入少量复合肥。移栽定植最好在幼苗休眠期进行，也可在多雨的生长季节进行。移栽时要剪去部分枝叶以利于成活。定植后应浇 1 次定根水，并保持土壤湿润，直到成活。

当枝条开始萌动时，应及时追肥，以速效肥为主，促进营养生长；现蕾前追施 1～2 次磷钾肥，促进植株孕蕾；5～10 月盛花期间结合除草、培土进行追肥两次，以磷钾肥为主，辅以氮肥，以保持花量及树势；冬季休眠期间进行除草清园，在植株周围开沟或挖穴施肥，以农家肥为主，辅以适量无机复合肥，以供应来年生长及开花所需养分。长期干旱无雨天气，应注意灌溉，而雨水过多时要排水防涝。

十一、柽柳 *Tamarix chinensis*

1. 形态特征及习性

柽柳科柽柳属乔木或灌木（图 7-235），高 3～6(8) 米；老枝直立，暗褐红色，光亮，幼枝稠密细弱，常开展而下垂，红紫色或暗紫红色，有光泽；嫩枝繁密纤细，悬垂。叶（图 7-236）鲜绿色，从木质化生长枝上生出的绿色营养枝上的叶长圆状披针形或长卵形，长 1.5～1.8 毫米，稍开展，先端尖，基部背面有龙骨状隆起，常呈薄膜质；上部绿色营养枝上的叶钻形或卵状披针形，半贴生，先端渐尖而内弯，基部变窄，长 1～3 毫米，背面有龙骨状突起。每年开花两三次。每年春季开花，总状花序（图 7-237）侧生在木质化的小枝上，长 3～6 厘米，宽 5～7 毫米，花大而少，较稀疏而纤弱点垂，小枝亦下倾；有短总花梗，或近无梗，梗生有少数苞叶或无；苞片线状长圆形或长圆形，渐尖，与花梗等长或稍长；花梗纤细，较萼短；花 5 出；萼片 5，狭长卵形，具短尖头，略全缘，外面 2 片，背面具隆脊，长 0.75～1.25 毫米，较花瓣略短；花瓣 5，粉红色，通常卵状椭圆形或椭圆状倒卵形，稀倒卵形，长约 2 毫米，较花萼微长，果时宿存；花盘 5 裂，裂片先端圆或微凹，紫红色，肉质；雄蕊 5，长于或略长于花瓣，花丝着生在花盘裂片间，自其下方近边缘处生出；子房圆锥状瓶形，花柱 3，棍棒状，长约为子房之半。蒴果（图 7-238）圆锥形。花期 4～9 月。

喜生于河流冲积平原、海滨、滩头、潮湿盐碱地和沙荒地。

图 7-235　柽柳全株

图 7-236　柽柳枝叶

图 7-237　柽柳的花

图 7-238　柽柳的果实

其耐高温和严寒，为喜光树种，不耐阴，能耐烈日暴晒，耐干又耐水湿，抗风又耐碱土，能在含盐量1%的重盐碱地上生长。深根性，主侧根都极发达，主根往往伸到地下水层，最深可达10米多，萌芽力强，耐修剪和刈割。生长较快，年生长量50～80厘米，4～5年高达2.5～3.0米，大量开花结实，树龄可达百年以上。

野生于辽宁、河北、河南、山东、江苏（北部）、安徽（北部）等省；栽培于中国东部至西南部各地区。日本、美国也有栽培。

2.繁殖育苗技术

柽柳的繁殖方法主要有扦插、播种、压条、分株以及试管。

(1) 扦插育苗　选用直径1厘米左右的1年生枝条作为插条，剪成长25厘米左右的插条，春季、秋季均可扦插。采用平床扦插，床面宽1.2米，行距40厘米，株距10厘米左右。也可以丛插，每丛插2～3根插穗（图7-239）。为了提高成活率，扦插前可用ABT生根粉100毫克/千克浸泡2小时左右。扦插后立即灌水，以后每隔10天灌水1次，成活率可达90%以上。

图7-239　柽柳扦插苗

（2）播种育苗　柽柳对土壤要求不严格，既耐干旱，又耐水湿和盐碱。但是，为了培育全苗、壮苗，育苗地以选择土壤肥沃、疏松透气的沙壤土为好，平整土地，均匀撒一层有机肥，整理苗床，畦宽1米左右。播种各种柽柳种子成熟期不一致，有的种在5～6月，有的种则在秋季果熟。种子成熟后，果开裂，吐絮，随风飞扬，所以一定要及时采集。采种时，选择生长旺盛的植株，采收果实阴干，干后贮存，以防霉烂。柽柳种子没有后熟过程，可随采随播。有些柽柳种子发芽力丧失极快，采后20天发芽率从70%降至20%，2个月左右完全丧失发芽力。但有些种子不易丧失发芽能力。一般在夏季播种，也可以在来年春季播种。播种前先灌水，浇透床面，然后将种子均匀撒于床面上。由于种子细小，可混入沙子一起撒播，一般5克/米^{2}左右，再以薄薄的细土或细沙覆盖，也可以不覆盖，任其随水渗入土壤，并与土壤紧密接触。播种后3天大部分种子发芽出土，10天左右出齐苗。出苗期间要注意浇水，每隔3天浇1次小水，保持土壤湿润；苗出齐后，可以减少灌溉次数，加大灌溉量。实生苗1年可长到50～70厘米，可直接出圃造林。

（3）压条繁殖　选择生长健壮的植株，在枝条离地40厘米的近地一侧剥去树皮3～4厘米，露出形成层，然后将剥去树皮的部位置入土壤中，用带杈的木桩固定，使其与土壤紧密接触，适时浇水，5天左右即可生出不定根，10天左右，将其与母株分离、移植。

（4）分株繁殖　柽柳一般成簇分布，1簇柽柳大约有上百个枝条。在春天柽柳萌芽前，可将其连根刨出，1簇柽柳可分成10株左右，然后重新栽植。这种方法要有一定时间的缓苗期才能正常生长。

（5）试管繁殖　柽柳在初代培养时可以采用休眠芽作为外植体，取当年形成的直径在3毫米左右健康无病虫害的枝条，用解剖刀切成长度为1.5～2.0厘米的节段，每个节段带休眠芽。将切段先用自来水冲洗干净，再用70%～75%酒精浸泡30秒，同时不断用玻璃棒搅动，目的是使外植体的表面能够充分与酒精接触进行消毒。倒掉酒精后，立即用无菌水冲洗3～5遍，冲洗去残留的酒精。然后用5%次氯酸钠溶液或用0.1%氯化汞溶液浸泡7～8分钟，倒掉这些消毒液，再用无菌水冲洗3～5遍。在无菌操作台上将外植体取出放在已灭好菌的滤纸上吸去残留的水分，放在另一张已灭菌的滤纸上切割成带有1个叶芽的茎段。柽柳在初代培养时也可以采用叶片作为外植体。将处理好的外植体放在预培养基（MS+0.01毫克/升BA+0.01毫克/升NAA）上，经一周的观察将没有被污染的外植体转接上正式诱导分化的培养基（MS+0.5毫克/升BA+0.02毫克/升NAA+200毫克/升水解酪蛋白+5%蔗糖）上。培养室的温度在25～27℃，日光灯连续照射14小时，光强为2000勒克斯左右。经1个月培养茎段（叶片）可以分化出芽，将诱导出的幼芽从基部切下，转接到新配制的壮苗培养基上。壮苗培养基为1/2MS+2%蔗糖+100毫克/升水解酪蛋白。经1个月左右培养，即可长成带有4～5个叶健壮的小植株。将小苗切割成带有叶的茎段再次分别插入分化培养基中，如此反复循环即可获得大批的无根苗。这时将这些无根苗分别插入生根培养基中进行生根。生根培养基为：1/2MS+0.5毫克/升IBA+0.05毫克/升NAA+5%活性炭+2%蔗糖。12小时的光照与黑暗交替，光强为1500勒克斯，经1个月左右培养，即可长成带有6～7个叶健壮完整的小植株。

3.栽培管理技术

柽柳在定植后不需要特殊管理，栽培极易成活，对土质要求不严，疏松的沙壤土、碱性土、中性土均可。栽后适当浇水、追肥。柽柳极耐修剪，在春夏生长期可适当进行疏剪整形，剪去过密枝条，以利于通风透光，秋季落叶后可行1次修剪。在园林中栽植者可适当整形修剪以培育和保持优美的树形。在大面积栽植为采条或防风固沙用者，应注意保护芽条健壮生长，适当疏剪细弱冗枝，冬季适当培土根际。

十二、锦带花 *Weigela florida* (Bunge) A. DC.

1. 形态特征及习性

忍冬科锦带花属落叶灌木（图 7-240），高达 1～3 米；幼枝稍四方形，有 2 列短柔毛；树皮灰色。芽顶端尖，具 3～4 对鳞片，常光滑。叶（图 7-241）矩圆形、椭圆形至倒卵状椭圆形，长 5～10 厘米，顶端渐尖，基部阔楔形至圆形，边缘有锯齿，上面疏生短柔毛，脉上毛较密，下面密生短柔毛或茸毛，具短柄至无柄。

图 7-240 锦带花全株

图 7-241 锦带花叶片

花单生或成聚伞花序生于侧生短枝的叶腋或枝顶；萼筒长圆柱形，疏被柔毛，萼齿长约 1 厘米，不等，深达萼檐中部；花冠紫红色或玫瑰红色，长 3～4 厘米，直径 2 厘米，外面疏生短柔毛，裂片不整齐，开展，内面浅红色；花丝短于花冠，花药黄色；子房上部的腺体黄绿色，花柱细长，柱头 2 裂（图 7-242、图 7-243）。果实长 1.5～2.5 厘米，顶有短柄状喙，疏生柔毛；种子无翅。花期 4～6 月。

生于海拔 800～1200 米湿润沟谷、阴或半阴处，喜光，耐阴，耐寒；对土壤要求不严，能耐瘠薄土壤，但以深厚、湿润而腐殖质丰富的土壤生长最好，怕水涝。萌芽力强，生长迅速。

分布于中国黑龙江、吉林、辽宁、内蒙古、山西、陕西、河南、山东北部、江苏北部等地。生于海拔 100～1450 米的杂木林下或山顶灌木丛中。朝鲜和日本也有分布。

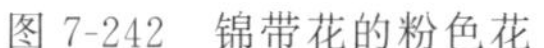
图 7-242 锦带花的粉色花

图 7-243 金叶锦带花

2.繁殖育苗技术

（1）播种 种子可于 9～10 月采收，采收后，将蒴果晾干、搓碎、风选去杂后即可得到纯净种子。千粒重 0.3 克，发芽率 50%。直播或于播前 1 周，用冷水浸种 2～3 小时，捞出放室内，用湿布包着催芽后播种，效果更好。播种于无风及近期无暴雨天气进行，床面应整平、整细。播种方式可采用床面撒播或条播，播种量 2 克/米^2，播后覆土厚度不能超过 0.3 厘米，播后 30 天内保持床面湿润，20 天左右出苗（图 7-244）。

图 7-244 锦带花播种繁殖幼苗

图 7-245 锦带花苗圃滴灌

（2）扦插 锦带花的变异类型应采用扦插法育苗，种子繁殖难以保持变异后的性状。黑龙江省的做法是在 4 月上旬剪取 1～2 年生未萌动的枝条，剪成长 10～12 厘米的插穗，用 α-萘乙酸 2000 毫克/千克的溶液蘸插穗后插入露地覆膜遮阳沙质插床中，沙床底部最好垫上一层腐熟的马粪增加地温。地温要求在 25～28℃，气温要求在 20～

25℃，棚内空气湿度要求在80%～90%，透光度要求在30%左右。50～60天即可生根，成活率在80%左右。

(3) 压条　在生长季节将其压入土壤中，进行压条繁殖。通常在花后选下部枝条压，下部枝条容易呈匍匐状，节处很容易生根成活。

(4) 分株　分株在早春和秋冬进行。多在春季萌动前后结合移栽进行，将整株挖出，分成数丛，另行栽种即可。

3. 栽培管理

锦带花适应性强，分蘖旺，容易栽培。选择排水良好的沙质壤土作为育苗地，1～2年生苗木或扦插苗均可上垄栽植培育大苗，株距50～60厘米，栽植后离地面10～15厘米平茬，定植3年后苗高100厘米以上时，即可用于园林绿化。

盆栽时可用园土3份和砻糠灰1份混合，另加少量厩肥等作基肥。也可栽种时施以腐熟的堆肥作基肥，以后每隔2～3年于冬季或早春的休眠期在根部开沟施一次肥。在生长季每月要施肥1～2次。

生长季节注意浇水，春季萌动后，要逐步增加浇水量，经常保持土壤湿润。夏季高温干旱易使叶片发黄干缩和枝枯，要保持充足水分并喷水降温或移至半阴湿润处养护。每月要浇1～2次透水，以满足生长需求。图7-245所示为锦带花苗圃滴灌设备。

十三、珍珠梅 *Sorbaria sorbifolia* (L.) A. Br.

1. 形态特征及习性

蔷薇科珍珠梅属灌木，高达2米，枝条开展（图7-246）；小枝圆柱形，稍屈曲，无毛或微被短柔毛，初时绿色，老时暗红褐色或暗黄褐色（图7-247）；冬芽卵形，先端圆钝，无毛或顶端微被柔毛，紫褐色，具有数枚互生外露的鳞片。羽状复叶，小叶片11～17枚，连叶柄长13～23厘米，宽10～13厘米，叶轴微被短柔毛；小叶片对生，相距2～2.5厘米，披针形至卵状披针形，长5～7厘米，宽1.8～2.5厘米，先端渐尖，稀尾尖，基部近圆形或宽楔形，稀偏斜，边缘有尖锐重锯齿，上下两面无毛或近于无毛，羽状网脉，具侧脉12～16对，下面明显；小叶无柄或近于无柄；托叶叶质，卵状披针形至三角披针形，先端渐尖至急尖，边缘有不规则锯齿或全缘，长8～13毫米，宽

图 7-246 珍珠梅全株

图 7-247 珍珠梅枝叶

5～8 毫米，外面微被短柔毛（图 7-247）。顶生大型密集圆锥花序（图 7-248），分枝近于直立，长 10～20 厘米，直径 5～12 厘米，总花梗和花梗被星状毛或短柔毛，果期逐渐脱落，近于无毛；苞片卵状披针形至线状披针形，长 5～10 毫米，宽 3～5 毫米，先端长渐尖，全缘或有浅齿，上下两面微被柔毛，果期逐渐脱落；花梗长 5～8 毫米；花直径 10～12 毫米；萼筒钟状，外面基部微被短柔毛；萼片三角卵形，先端钝或急尖，萼片约与萼筒等长；花瓣长圆形或倒卵形，长 5～7 毫米，宽 3～5 毫米，白色；雄蕊约长于花瓣 1.5～2 倍，生在花盘边缘；心皮 5，无毛或稍具柔毛。蓇葖果（图 7-248）长圆形，有顶生弯曲花柱，长约 3 毫米，果梗直立；萼片宿存，反折，稀开展。花期 7～8 月，果期 9 月。

图 7-248 珍珠梅的花果

珍珠梅耐寒，耐半阴，耐修剪。在排水良好的沙质壤土中生长较好。生长快，易萌蘖，是良好的夏季观花植物。

河北、江苏、山西、山东、河南、陕西、甘肃、内蒙古均有分布。

2.繁殖育苗技术

珍珠梅的繁殖以分株法为主，也可播种。但因种子细小，多不采用播种法。分株繁殖一般在春季萌动前或秋季落叶后进行。将植株根部丛生的萌蘖苗带根掘出，以3～5株为一丛，另行栽植。

（1）分株繁殖　珍珠梅在生长过程中，具有易萌发根蘖的特性，可在早春三四月进行分株繁殖。选择生长发育健壮、没有病虫害，并且分蘖多的植株作为母株。

方法是：将树龄5年以上的母株根部周围的土挖开，从缝隙中间下刀，将分蘖与母株分开，每蔸可分出5～7株。分离出的根蘖苗要带完整的根，如果根蘖苗的侧根又细又多，栽植时应适当剪去一些。这种繁殖法成活率高，成型见效快，管理上也较为简便，但繁殖数量有限。分株后浇足水，并将植株移入稍荫蔽处，一周后逐渐放在阳光下进行正常的养护。

（2）扦插繁殖　这种方法适合大量繁殖，一年四季均可进行，但以3月和10月扦插生根最快，成活率高。扦插土壤一般用园土5份、腐殖土4份、沙土1份，混合起沟做畦，进行露地扦插。插条要选择健壮植株上的当年生或二年生成熟枝条，剪成15～20厘米长，留4～5个芽或叶片。扦插时，将插条的2/3插入土中，土面只留最上端一两个芽或叶片。插条切口要平，剪成马蹄形，随剪随插，镇压插条基部土壤，浇一次透水。此后每天喷1～2次水，经常保持土壤湿润。20天后减少喷水次数，防止过于潮湿，引起枝条腐烂，1个月左右可生根移栽。

（3）压条繁殖　三四月份，将母株外围的枝条直接弯曲压入土中，也可将压入土中的部分进行环割或刻伤，以促进快速生根。待生长新根后与母株分离，春秋植树季节移栽即可。

3.栽培管理技术

珍珠梅适应性强，对肥料要求不高，除新栽植株需施少量底肥外，以后不需再施肥。但需浇水，一般在叶芽萌动至开花期间浇2～3次透水，立秋后至霜冻前浇2～3次水，其中包括1次防冻水，夏季视干旱情况浇水，雨多时不必浇水。花谢后花序枯黄，影响美观，因此应剪去残花序，使植株干净整齐，并且避免残花序与植株争夺养分与水分。秋后或春初还应剪除病虫枝和老弱枝，对一年生枝条可进行强修剪，促使枝条更新与花繁叶茂。

十四、紫玉兰 *Magnolia liliflora* Desr.

1. 形态特征及习性

木兰科木兰属落叶灌木（图 7-249），高达 3 米，常丛生，树皮灰褐色，小枝绿紫色或淡褐紫色。叶（图 7-250）椭圆状倒卵形或倒卵形，长 8～18 厘米，宽 3～10 厘米，先端急尖或渐尖，基部渐狭沿叶柄下延至托叶痕，上面深绿色，幼嫩时疏生短柔毛，下面灰绿色，沿脉有短柔毛；侧脉每边 8～10 条，叶柄长 8～20 毫米，托叶痕约为叶柄长之半。花蕾卵圆形，被淡黄色绢毛；花先于叶开放（图 7-251），瓶形，直立于粗壮、被毛的花梗上，稍有香气；花被片 9～12，外轮 3 片萼片状，紫绿色，披针形，长 2～3.5 厘米，常早落，内两轮肉质，外面紫色或紫红色，内面带白色，花瓣状，椭圆状倒卵形，长 8～10 厘米，宽 3～4.5 厘米；雄蕊紫红色，长 8～10 毫米，花药长约 7 毫米，侧向开裂，药隔伸出成短尖头；雌蕊群长约 1.5 厘米，淡紫色，无毛。聚合果深紫褐色，变褐色，圆柱形，长 7～10 厘米；成熟蓇葖近圆球形，顶端具短喙。花期 3～4 月，果期 8～9 月。

图 7-249　紫玉兰全株

图 7-250　紫玉兰叶片

图 7-251　紫玉兰的花先于叶开放

产于中国福建、湖北、四川、云南西北部。生于海拔300～1600米的山坡林缘。该种为中国两千多年的传统花卉，中国各大城市都有栽培，并已引种至欧美各国都市，花色艳丽，享誉中外。喜温暖湿润和阳光充足的环境，较耐寒，但不耐旱和盐碱，怕水淹，要求肥沃、排水好的沙壤土。

知识链接：

> 紫玉兰是著名的早春观赏花木，早春开花时，满树紫红色花朵，幽姿淑态，别具风情，适用于古典园林中庭前院后配植，也可孤植或散植于小庭院内。

2.繁殖育苗及栽培管理技术

紫玉兰用播种、嫁接、扦插、压条与分株繁殖。以果实变红并绽裂为采种适期，种子剥出晾干后进行沙藏，于次年3月，在室内点播，约20天出苗，5月移入苗床或苗圃，2～4年可出圃定植。嫁接用野生木兰或白玉兰作砧木，于春季萌芽前切接或劈接，5～8月用芽接。家庭少量繁殖，宜用高空压条法，选用健壮且形状好的枝条，在节下进行环状剥皮，深达木质部，内用苔藓或素土，外用塑料薄膜裹好捆紧，经常保持基质湿润。春季压的秋后切离，秋季压的次年春季切离，另植。

十五、黄栌 Cotinus coggygria Scop

1.形态特征及习性

漆树科黄栌属落叶小乔木或灌木（图7-252），树冠圆形，高可达3～5米，木质部黄色，树汁有异味；单叶（图7-253、图7-254）互生，叶片全缘或具齿，叶柄细，无托叶，叶倒卵形或卵圆形。圆锥花序（图7-253）疏松、顶生，花小、杂性，仅少数发育；不育花的花梗花后伸长，被羽状长柔毛，宿存；苞片披针形，早落；花萼5裂，宿存，裂片披针形；花瓣5枚，长卵圆形或卵状披针形，长度为花萼大小的2倍；雄蕊5枚，着生于环状花盘的下部，花药卵形，与花丝等长，花盘5裂，紫褐色；子房近球形，偏斜，1室1胚珠；花柱3枚，分离，侧生而短，柱头小而退化。核果小，干燥，肾形扁平，绿色，侧面中部具残存花柱；外果皮薄，具脉纹，不开裂；内果皮角质；种子（图 7-255）肾形，无胚乳。花期 5～6 月，果期 7～8 月。

图 7-252　黄栌秋色全株

图 7-253　黄栌叶片及花

图 7-254　黄栌秋叶

图 7-255　黄栌种子

黄栌性喜光，也耐半阴；耐寒，耐干旱瘠薄和碱性土壤，不耐水湿，宜植于土层深厚、肥沃而排水良好的沙质壤土中。生长快，根系发达，萌蘖性强。对二氧化硫有较强抗性。秋季当昼夜温差大于 10℃时，叶色变红。

原产于中国西南、华北和浙江；南欧、叙利亚、伊朗、巴基斯坦及印度北部亦产。

2. 繁殖育苗技术

(1) 播种　6～7 月，果实成熟后，即可采种，经湿沙贮藏 40～60 天播种。幼苗抗寒力较差，入冬前需覆盖树叶和草秸防寒。也可在采种后沙藏越冬，翌年春季播种（图 7-256）。

图 7-256　黄栌播种苗

(2) 分株　黄栌萌蘖力强，春季发芽前，选树干外围生长好的根蘖苗，连须根掘起，栽入圃地养苗，然后定植。

(3) 扦插　春季用硬枝插，需搭塑料拱棚，保温保湿。生长季节在喷雾条件下，用带叶嫩枝插，用 400～500 毫克/升吲哚丁酸处理剪口，30 天左右即可生根。生根后停止喷雾，待须根生长时，移栽成活率较高。图 7-257 所示为黄栌扦插苗。

图 7-257　黄栌扦插苗

3. 栽培管理技术

苗木出土后，根据幼苗生长的不同时期对水分的需求，确定合理的灌溉量和灌溉时间。一般在苗木生长的前期灌水要足，但在幼苗出土后 20 天以内严格控制灌水，在不致产生旱害的情况下，尽量减少灌水，间隔时间视天气状况而定，一般 10～15 天浇水一次。后期应适当控制浇水，以利于蹲苗，便于越冬。在雨水较多的秋季，应注意排水，以防积水，导致根系腐烂。

由于黄栌幼苗主茎常向一侧倾斜，故应适当密植。间苗一般分 2 次进行：第一次间苗，在苗木长出 2～3 片真叶时进行；第二次间苗在叶子相互重叠时进行。留优去劣，除去发育不良的、有病虫害的、有机械损伤的和过密的，同时使苗间保持一定距离，株距以7～200厘米为宜。另外可结合一、二次间苗进行补苗，最好在阴天或傍晚进行。

追肥本着“少量多次、先少后多”的原则。幼苗生长前期以氮肥、磷肥为主，苗木速生期应以氮肥、磷肥、钾肥混合，苗木硬化期以钾肥为主，停施氮肥，以促进苗木木质化，提高苗木抗寒越冬能力。

松土结合除草进行，除草要遵循“除早、除小、除了”的基本原则，有草就除，谨慎作业，切忌碰伤幼苗，导致苗木死亡。

十六、接骨木 Sambucus williamsii

1.形态特征及习性

忍冬科接骨木属落叶灌木或小乔木（图7-258），高5～6米；老枝淡红褐色，具明显的长椭圆形皮孔，髓部淡褐色（图7-259）。

图7-258　接骨木全株

图7-259　接骨木枝叶

羽状复叶有小叶2～3对，有时仅1对或多达5对，侧生小叶片卵圆形、狭椭圆形至倒矩圆状披针形，长5～15厘米，宽1.2～7厘米，顶端尖、渐尖至尾尖，边缘具不整齐锯齿，有时基部或中部以下具一至数枚腺齿，基部楔形或圆形，有时心形，两侧不对称，最下一对小叶有时具长0.5厘米的柄，顶生小叶卵形或倒卵形，顶端渐尖或尾尖，基部楔形，具长约2厘米的柄，初时小叶上面及中脉被稀疏短柔毛，后光滑无毛，叶搓揉后有臭气；托叶狭带形，或退化成带蓝色的突起（图7-259）。

花（图7-260）与叶同出，圆锥形聚伞花序顶生，长5～11厘米，宽4～14厘米，具总花梗，花序分枝多成直角开展，有时被稀疏短柔毛，随即光滑无毛；花小而密；萼筒杯状，长约1毫米，萼齿三角状

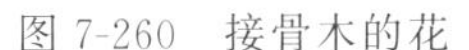

图 7-260　接骨木的花

图 7-261　接骨木的果实

披针形，稍短于萼筒；花冠蕾时带粉红色，开后白色或淡黄色，筒短，裂片矩圆形或长卵圆形，长约 2 毫米；雄蕊与花冠裂片等长，开展，花丝基部稍肥大，花药黄色；子房 3 室，花柱短，柱头 3 裂。

果实（图 7-261）红色，极少蓝紫黑色，卵圆形或近圆形，直径 3～5 毫米；分核 2～3 枚，卵圆形至椭圆形，长 2.5～3.5 毫米，略有皱纹。

适应性较强，对气候要求不严，喜向阳，但又稍耐荫蔽。以肥沃、疏松的土壤为好。较耐寒，又耐旱，忌水涝，根系发达，萌蘖性强，抗污染性强。

接骨木在世界范围内分布极广，在中国有土产的中国接骨木，在欧洲也有西洋接骨木，甚至也有了专为园艺观赏用的金叶接骨木。分布于林下、灌丛或平原路旁。生长于海拔 1000～1400 米的松林和桦木林中，以及山坡岩缝、林缘等处。

2. 繁殖育苗及栽培管理技术

（1）繁殖方法　播种、扦插、分株均可繁殖。

扦插，每年 4～5 月，剪取一年生充实枝条 10～15 厘米长，插于沙床，插后 30～40 天生根。分株，秋季落叶后，挖取母枝，将其周围的萌蘖枝分开栽植。栽培甚易，移植可在春秋进行。

采用育苗移栽法。果实成熟时，在株型好、长势健壮的植株上采种，净种后置于背阴处，用干净的布袋装盛，11 月上旬按 1∶3 的比例和沙子混合，保持湿润，在露天背阴处沙藏，上盖草帘或麻袋片，并经常进行翻倒。翌年 4 月初，种子按 15 克/米^2 的用种量进行撒播，

图 7-262　金叶接骨木播种苗

播种后在上面覆盖干净的细沙土，厚度 0.5 厘米，10 天左右可出苗（图 7-262），待长出 3～4 枚叶片后可选择阴天进行间苗，养护期间还应及时拔除杂草，6 月中旬追施一次尿素，秋末施一次牛马粪，并浇足浇透防冻水，翌年春天可进行移栽培育。

（2）栽培管理技术　每年春、秋季均可移苗，剪除柔弱、不充实和干枯的嫩梢。苗高 13～17 厘米时，进行第 1 次中耕除草，追肥；6 月进行第 2 次。肥料以人畜粪水为主，移栽后 2～3 年，每年春季和夏季各中耕除草 1 次。生长期可施肥 2～3 次，对徒长枝适当截短，增加分枝。接骨木虽喜半阴环境，但长期生长在光照不足的条件下，枝条柔弱细长，开花疏散，树姿欠佳。

园林应用接骨木枝叶繁茂，春季白花满树，夏秋红果累累，是良好的观赏灌木，宜植于草坪、林缘或水边。据测定，对氟化氢的抗性强，对氯气、氯化氢、二氧化硫、醛、酮、醇、醚、苯和安息香吡啉（致癌物质）等也有较强的抗性，故可用于城市、工厂的防护林。

接骨木常见病害有溃疡病、叶斑病和白粉病，可用 65%代森可湿性粉 1000 倍液喷洒。虫害有透翅蛾、夜蛾和蚧壳虫，可用 50%杀螟松乳油 1000 倍液喷杀。

十七、天目琼花 *Viburnum sargentii*

1. 形态特征及习性

忍冬科荚蒾属落叶灌木（图 7-263），高 2～3 米。小枝、叶柄和总花梗均无毛。叶下面仅脉腋集聚簇状毛，或有时脉上亦有少数长伏毛。树皮暗灰褐色，有纵条及软木条层；小枝褐色至赤褐色，具明显条棱。叶（图 7-264）浓绿色，单叶对生；卵形至阔卵圆形，长 6～12 厘米，宽 5～10 厘米，通常浅 3 裂，基部圆形或截形，具掌状 3 出脉，裂片微向外开展，中裂长于侧裂，先端均渐尖或突尖，边缘具不整齐的大齿，上面黄绿色，无毛，下面淡绿色，脉腋有茸毛；叶柄粗

图 7-263　天目琼花全株

图 7-264　天目琼花枝叶

图 7-265　天目琼花的花

图 7-266　天目琼花的果实

壮，无毛，近端处有腺点。伞形聚伞花序（图 7-265）顶生，紧密多花，由 6～8 小伞房花序组成，直径 8～10 厘米，能孕花在中央，外围有不孕的辐射花，总柄粗壮，长 2～5 厘米；花冠杯状，辐状开展，乳白色，5 裂，直径 5 毫米；花药紫色；不孕性花白色，直径 1.5～2.5 厘米，深 5 裂。核果（图 7-266）球形，直径的 8 毫米，鲜红色，有臭味，经久不落。种子圆形，扁平。花期 5～6 月。果期 8～9 月。

喜光又耐阴，耐寒，多生于夏凉湿润多雾的灌木丛中；对土壤要求不严，微酸性及中性土壤中都能生长。根系发达，移植容易成活。

原产于中国。天目琼花山野自生，天然分布于浙江、内蒙古、河北、甘肃及东北地区。国外分布于朝鲜、日本、俄罗斯等国。

2. 繁殖育苗技术

（1）扦插繁殖　常于春末秋初用当年生的枝条进行嫩枝扦插，或于早春用去年生的枝条进行老枝扦插（图 7-267）。进行嫩枝扦插时，在春末至早秋植株生长旺盛时，选用当年生粗壮枝条作为插穗。把枝条剪下后，选取壮实的部位，剪成 5～15 厘米长的段，每段要带 3 个以上的叶节。剪取插穗时需要注意的是，上面的剪口在最上一个叶节的上方大约 1 厘米处平剪，下面的剪口在最下面的叶节下方大约为 0.5 厘米处斜剪，上下剪口都要平整（刀要锋利）。进行老枝扦插时，在早春气温回升后，选取去年的健壮枝条作插穗。每段插穗通常保留 3～4 个节，剪取的方法同嫩枝扦插。

图 7-267　天目琼花的老枝扦插

（2）压条繁殖　选取健壮的枝条，从顶梢以下大约 15～30 厘米处把树皮剥掉一圈，剥后的伤口宽度在 1 厘米左右，深度以刚刚把表皮剥掉为限。剪取一块长 10～20 厘米、宽 5～8 厘米的薄膜，上面放些淋湿的园土，像裹伤口一样把环剥的部位包扎起来，薄膜的上下两端扎紧，中间鼓起。约 4～6 周后生根。生根后，把枝条连根系一起剪下，就成了一棵新的植株。

3. 栽培管理技术

天目琼花喜湿润环境，在圃间栽培要保持土壤湿润，过于干旱会影响生长，使叶片小而黄。春季移栽后要及时浇好头三水，三水过后可每月浇 1～2 次透水，每次浇水后要及时松土保墒。秋末要及时浇灌封冻水。翌年早春及时浇解冻水，此后每月浇一次透水，秋末按头年方法浇封冻水。第三年起可按第二年的方法浇水。

天目琼花喜肥，栽植时可施用经腐熟发酵的牛马粪作基肥，基肥要与栽培土充分拌匀。5 月中下旬可追施一次尿素，8 月初追施一次磷钾肥，秋末结合浇封冻水施用一次农家肥。第二年 4 月初、5 月初各施用一次尿素，可有效加速生长，8 月初追施磷钾肥，秋末按头年方法施用农家肥。此后每年可按第二年方法施肥。

十八、红瑞木 Swida alba Opiz

1. 形态特征及习性

山茱萸科梾木属灌木（图 7-268），高可达 3 米；树皮紫红色；幼枝有淡白色短柔毛，后即秃净而被蜡状白粉，老枝红白色，散生灰白色圆形皮孔及略为突起的环形叶痕。冬芽卵状披针形，长 3～6 毫米，被灰白色或淡褐色短柔毛。

图 7-268　红瑞木全株

图 7-269　红瑞木的枝叶和果实

叶对生，纸质，椭圆形，稀卵圆形，长 5～8.5 厘米，宽 1.8～5.5 厘米，先端突尖，基部楔形或阔楔形，边缘全缘或波状反卷（图 7-29）。上面暗绿色，有极少的白色平贴短柔毛，下面粉绿色，被白色贴生短柔毛，有时脉腋有浅褐色髯毛；中脉在上面微凹陷，下面凸起，侧脉（4～）5（～6）对，弓形内弯，在上面微凹陷，下面凸出，细脉在两面微明显。

伞房状聚伞花序顶生（图 7-270），较密，宽 3 厘米，被白色短柔毛；总花梗圆柱形，长 1.1～2.2 厘米，被淡白色短柔毛；花小，白色或淡黄白色，长 5～6 厘米，直径 6～8.2 厘米，花萼裂片 4，尖三角形，长约 0.1～0.2 厘米，短于花盘，外侧有疏生短柔毛；花瓣 4，卵

图 7-270　红瑞木的花

状椭圆形，长3～3.8厘米，宽1.1～1.8厘米，先端急尖或短渐尖，上面无毛，下面疏生贴生短柔毛；雄蕊4，长5～5.5毫米，着生于花盘外侧，花丝线形，微扁，长4～4.3厘米，无毛，花药淡黄色，2室，卵状椭圆形，长1.1～1.3厘米，丁字形着生；花盘垫状，高约0.2～0.25厘米；花柱圆柱形，长2.1～2.5厘米，近于无毛，柱头盘状，宽于花柱，子房下位，花托倒卵形，长1.2厘米，直径1厘米，被贴生灰白色短柔毛；花梗纤细，长2～6.5厘米，被淡白色短柔毛，与子房交接处有关节。核果长圆形，微扁，长约8厘米，直径5.5～6厘米，成熟时乳白色或蓝白色，花柱宿存；核棱形，侧扁，两端稍尖呈喙状，长5厘米，宽3厘米，每侧有脉纹3条；果梗细圆柱形，长3～6毫米，有疏生短柔毛。花期6～7月；果期8～10月。

生于海拔600～1700米（在甘肃可高达2700米）的杂木林或针阔叶混交林中。

红瑞木喜欢潮湿温暖的生长环境，适宜的生长温度是22～30℃，光照充足。红瑞木喜肥，在排水通畅、养分充足的环境，生长速度非常快。夏季注意排水，冬季在北方有些地区容易发生冻害。

产于黑龙江、吉林、辽宁、内蒙古、河北、陕西、甘肃、青海、山东、江苏、江西等省（区）。朝鲜及欧洲地区也有分布。

2.繁殖育苗及栽培管理技术

（1）繁殖方法　红瑞木可用播种、扦插和压条法繁殖。播种时，种子应沙藏后春播（图7-271为红瑞木播种苗）。扦插可选一年生枝，秋冬沙藏后于翌年3～4月扦插（图7-272为红瑞木扦插苗冬态）。压

图7-271　红瑞木播种苗

图7-272　红瑞木扦插苗冬态

条可在5月将枝条环割后埋入土中，生根后在翌春与母株割离分栽。

（2）栽培管理　随时摆正浇水和日常管理过程碰倒的扦插条，及时除掉鼓包和开花的花序，随时铲除杂草。通过红瑞木的扦插实践，抓好扦插前准备工作是基础，抓好扦插时必须做到的事情是关键，做好扦插后的插床管理是保证。扦插后经60天左右三分之一以上的条已生根，这时选择下雨后移植地湿透的日子，可以起出移植。要把被病菌感染底部发黑的条子拣出扔掉，要把叶新鲜、愈伤组织形成后尚未生根的条起出重新扦插。然后在叶面上喷ABT 7.5毫克/升溶液里加微量元素的肥料，继续进行正常管理。再过40天左右大部分生出了根，这时又要选择雨后移植地湿透的日子进行移植，剩余部分再过30天左右，拣出生根的进行移植，其余扔掉。移植地水分不充足时，采取浇水、灌水措施保证充足水分的前提下，配ABT 7.5毫克/升溶液并加入微肥的肥料进行一次叶面喷雾，同时在根部周围挖坑施入磷酸二铵，8月下旬和9月上旬用磷酸二氢钾进行两次叶面喷雾追肥，促进新梢木质化。

十九、沙地柏 *Sabina vulgaris*

1. 形态特征及习性

柏科圆柏属匍匐灌木（图7-273），高不及1米，稀灌木或小乔木；枝密，斜上伸展，枝皮灰褐色，裂成薄片脱落；一年生枝的分枝皆为圆柱形，径约1毫米。叶（图7-274）二型：刺叶常生于幼树上，稀在壮龄树上与鳞叶并存，常交互对生或兼有三叶交叉轮生，排列较密，向上斜展，长3～7毫米，先端刺尖，上面凹，下面拱圆，中部有长椭圆形或条形腺体；鳞叶交互对生，排列紧密或稍疏，斜方形或菱状卵形，长1～2.5毫米，先端微钝或急尖，背面中部有明显的椭圆形或卵形腺体。雌雄异株，稀同株；雄球花椭圆形或矩圆形，长2～3毫米，雄蕊5～7对，各具2～4花药，药隔钝三角形；雌球花曲垂或初期直立而随后俯垂。球果（图7-275）生于向下弯曲的小枝顶端，熟前蓝绿色，熟时褐色至紫蓝色或黑色，多少有白粉，具1～4（5）粒种子，多为2～3粒，形状各式，多为倒三角状球形，长5～8毫米，径5～9毫米；种子常为卵圆形，微扁，长4～5毫米，顶端钝或微尖，有纵脊与树脂槽。

图 7-273　沙地柏全株

图 7-274　沙地柏枝叶

图 7-275　沙地柏的果实

图 7-276　沙地柏的播种苗

主要分布于内蒙古、陕西、新疆、宁夏、甘肃、青海等地。主要培育基地有江苏、浙江、安徽、湖南等地。

2.繁殖方法及栽培管理技术

(1) 繁殖方法　播种前首先要对种子进行挑选，种子选得好不好，直接关系到播种能否成功。

对于用手或其他工具难以夹起来的细小的种子，可以把牙签的一端用水沾湿，把种子一粒一粒地粘放在基质的表面上，覆盖基质1厘米厚，然后把播种的花盆放入水中，水的深度为花盆高度的1/2～2/3，让水慢慢地浸上来（这个方法称为“盆浸法”）；对于能用手或其他工具夹起来的种粒较大的种子，直接把种子放到基质中，按3厘米×5厘米的间距点播。播后覆盖基质，覆盖厚度为种粒的2～3倍。播后可用喷雾器、细孔花洒把播种基质淋湿，以后当盆土略干时再淋水，仍要注意浇水的力度不能太大，以免把种子冲起来（图7-276）。

（2）栽培管理　沙地柏小苗移栽时，先挖好种植穴，在种植穴底部撒上一层有机肥料作为底肥（基肥），厚度约为 4～6 厘米，再覆上一层土并放入苗木，以把肥料与根系分开，避免烧根。放入苗木后，回填土壤，把根系覆盖住，并用脚把土壤踩实，浇一次透水。

二十、紫叶李 *Prunus cerasifera* Ehrhar f. *atropurpurea*

1. 形态特征及习性

蔷薇科李属灌木或小乔木（图 7-277），高可达 8 米；多分枝，枝条（图 7-278）细长，开展，暗灰色，有时有棘刺；小枝暗红色，无毛；冬芽卵圆形，先端急尖，有数枚覆瓦状排列鳞片，紫红色，有时鳞片边缘有稀疏缘毛。叶片（图 7-278）椭圆形、卵形或倒卵形，极稀椭圆状披针形，长 (2)3～6 厘米，宽 2～3 厘米，先端急尖，基部楔形或近圆形，边缘有圆钝锯齿，有时混有重锯齿，上面深绿色，无毛，中脉微下陷，下面颜色较淡，除沿中脉有柔毛或脉腋有髯毛外，其余部分无毛，中脉和侧脉均突起，侧脉 5～8 对；叶柄长 6～12 毫米，通常无毛或幼时微被短柔毛，无腺；托叶膜质，披针形，先端渐尖，边有带腺细锯齿，早落。花（图 7-278）1 朵，稀 2 朵；花梗长 1～2.2 厘米，无毛或微被短柔毛；花直径 2～2.5 厘米；萼筒钟状，萼片长卵形，先端圆钝，边有疏浅锯齿，与萼片近等长，萼筒和萼片外面无毛，萼筒内面有疏生短柔毛；花瓣白色，长圆形或匙形，边缘波状，基部楔形，着生在萼筒边缘；雄蕊 25～30，花丝长短不等，紧密地排成不规则 2 轮，比花瓣稍短；雌蕊 1，心皮被长柔毛，柱头盘状，花柱比雄蕊稍长，基部被稀长柔毛。核果近球形或椭圆形，长宽几相等，直径 1～3 厘米，黄色、红色或黑色，微被蜡粉，具有浅

图 7-277　紫叶李全株

图 7-278　紫叶李的枝叶和花

侧沟，粘核；核椭圆形或卵球形，先端急尖，浅褐带白色，表面平滑或粗糙或有时呈蜂窝状，背缝具沟，腹缝有时扩大具2侧沟。花期4月，果期8月。

生于山坡林中或多石砾的坡地以及峡谷水边等处，海拔800～2000米。

产于新疆。中亚、天山、伊朗、小亚细亚、巴尔干半岛均有分布。

2. 繁殖育苗技术

紫叶李的繁殖方法主要以嫁接、扦插为主，而在苗木生产中，因为数量多，常以扦插为主，扦插时间为秋季树木落叶至地冻前，具体扦插方法应注意以下几点。

（1）整苗床　选通风向阳的肥沃地块作苗床地，然后除草深翻整地，将地用土垄分成宽1.2米、长5米左右的长方形苗床，床内的土壤耕细耙平踩实便可。

（2）剪插穗　选当年生健壮枝条，将其剪成10～15厘米长的枝段作为插穗。插穗下端应剪成斜马蹄形，这样生根面会大些，有利于生根，插穗上端剪平，缩小剪截面，能有效降低插穗的水分流失。

（3）扦插　先给整好的苗床灌足水，待水完全渗入土壤后，即可扦插。扦插深度为插穗的三分之二，外露三分之一。一般横行扦插，株距约为3厘米，行距约为5厘米，整床插满后，床面薄撒一层细土，防止地表干裂，水分快速蒸发。

（4）搭架覆膜　扦插完毕的苗床用细竹竿相互交叉搭建简易小拱棚，用绳子紧绑竹竿交叉处，防止竹竿左右晃动，影响抵抗风雪能力。拱架搭好后，随即覆盖塑料薄膜保温保湿。

（5）通风、浇水、除草　从扦插到来年暖春，插穗已基本生根，但根系还很脆弱，还需细心管护，及时浇水等。到3月中旬左右，气候基本稳定，要早揭晚盖苗床两端的塑料薄膜，进行通风练苗。待气候稳定变暖时，再完全去除薄膜，及时拔除杂草，定期浇水，细心管护，待秋季便可分栽定植。图7-279所示为紫叶李扦插苗。

3. 栽培管理技术

要根据苗木本身的特点进行栽培管理。根据不同的地域气候对紫叶李进行不同的管理。

紫叶李喜温暖湿润气候，耐寒力不强。喜光，亦稍耐阴。具有一定的抗旱能力。

图 7-279　紫叶李扦插苗

栽植紫叶李一般在春季，秋季也可进行，最好在落叶休眠期，中小苗带土移栽，大苗尽量多带土。栽植穴内施腐熟的堆肥作基肥。进行施肥时，可在定植时向坑内施用两三锹经腐熟发酵的圈肥，以后可于每年开春时施用一些有机肥，可使植株生长旺盛，花多色艳。

花后要随时修去砧木的萌蘖，并对长枝进行适当的修剪，主要剪去植株的过密枝、下垂枝、内膛枝和病虫枝，还要结合造型，将过长的侧生枝剪掉，使植株冠型丰满。

浇水时，可于开春萌动前和秋后霜冻前各浇一次开冻水和封冻水，平时如天气不是过旱，则不用浇水，需要注意的是紫叶李不耐水淹，雨后应及时做好排水工作，以防因烂根而导致植株死亡。

第三节　常见园林藤木的栽培育苗技术

一、五叶地锦 *Parthenocissus tricuspidata*

1. 形态特征及习性

葡萄科爬山虎属多年生大型落叶木质藤本植物（图 7-280），其形态与野葡萄藤相似。藤茎可长达 18 米。表皮有皮孔，髓白色。枝条粗壮，老枝灰褐色，幼枝紫红色。枝上有卷须，卷须短，多分枝，卷须顶端及尖端有黏性吸盘（图 7-281），遇到物体便吸附在上面，无论是岩石、墙壁或是树木，均能吸附。

叶（图 7-281）互生，小叶肥厚，基部楔形，变异很大，边缘有粗锯齿，叶片及叶脉对称。花枝上的叶宽卵形，长 8～18 厘米，宽 6～

图 7-280 爬山虎垂直绿化景观造型

图 7-281 爬山虎的叶片和吸盘

图 7-282 爬山虎的花

16 厘米，常 3 裂，或下部枝上的叶分裂成 3 小叶，基部心形。叶绿色，无毛，背面具有白粉，叶背叶脉处有柔毛，秋季变为鲜红色。幼枝上的叶较小，常不分裂。

夏季开花，花小，成簇不显，黄绿色，与叶对生。花（图 7-282）多为两性，雌雄同株，聚伞花序常着生于两叶间的短枝上，长 4～8 厘米，较叶柄短；花 5 数；萼全缘；花瓣顶端反折，子房 2 室，每室有 2 胚珠。浆果小球形，熟时蓝黑色，被白粉，鸟喜食。花期 6 月，果期大概在 9～10 月。

爬山虎占地少、生长快，绿化覆盖面积大。一根茎粗 2 厘米的藤条，种植两年，墙面绿化覆盖面可达 30～50 米^2。

多攀缘于岩石、大树、墙壁上和山上。原产于亚洲东部、喜马拉雅山区及北美洲，后引入其他地区，朝鲜、日本也有分布。我国河南、辽宁、河北、山西、陕西、山东、江苏、安徽、浙江、江西、湖南、湖北、广西、广东、四川、贵州、云南、福建都有分布。

知识链接：

爬山虎适应性强，性喜阴湿环境，但不怕强光，耐寒，耐旱，耐贫瘠，气候适应性广泛，在暖温带以南冬季也可以保持半常绿或常绿状态。耐修剪，怕积水，对土壤要求不严，阴湿环境或向阳处，均能茁壮生长，但在阴湿、肥沃的土壤中生长最佳。它对二氧化硫和氯化氢等有害气体有较强的抗性，对空气中的灰尘有吸附能力。

2.繁殖育苗技术

对爬山虎可采用播种法、扦插法及压条法繁殖。

（1）播种法　采收后的种子搓去果皮果肉，洗净晒干后可放在湿沙中低温贮藏一冬，保温、保湿有利于催芽，次年早春3月上中旬即可露地播种，薄膜覆盖，5月上旬即可出苗，培养1～2年即可出圃。

（2）扦插法　早春剪取茎蔓20～30厘米，插入露地苗床，灌水，保持湿润，很快便可抽蔓成活，也可在夏、秋季用嫩枝带叶扦插，遮阴，浇水养护，也能很快抽生新枝，扦插成活率较高，应用广泛。硬枝扦插于3～4月进行，将硬枝剪成10～15厘米一段插入土中，浇透水，保持湿润。嫩枝扦插取当年生新枝，在夏季进行（图7-283）。

图7-283　爬山虎扦插通过吸盘生长

（3）压条法　可采用波浪状压条法，在雨季阴湿无云的天气进行，成活率高，秋季即可分离移栽，次年定植。

繁殖过程需要注意以下事项：

① 种子沙藏和催芽。9月份当浆果成熟呈紫蓝色时立即采下，经过清洗、阴干，用0.05%多菌灵溶液进行表面消毒，沥干后即进行湿沙层积贮藏。至翌年3月上旬，用45℃温水浸种两天，每天换水两次，然后以湿沙种子2∶1的比例拌匀，置于向阳避风的地方，上盖草包，常喷细水保持湿润。约经20天，待有20%的种子露白时即可播种。

② 播种。先把播种床整细耙平，浇透水，种子和沙一起播于床面，每平方米播种量为100克。上覆1厘米厚疏松的林下腐殖质土，上搭小拱棚，覆盖聚乙烯塑料薄膜。

③ 幼苗管理。子叶出土后，薄膜在晴天要昼揭夜盖，阴雨天全天覆盖，以提高土温，促使出苗整齐，并可预防金龟子的危害。另外，要常洒水保持土壤湿润。

④ 移栽与后期管理。待真叶展开三片后，选阴天或下午3时以后，以1尺×1尺（1尺＝0.3333米）密度移植。植后立即浇清粪水（1∶8）一次。梅雨季节切不可积水过久。2个月后，藤蔓一般长60厘米以上，此时可进行第一次摘心，以防止藤蔓互相缠绕遮光，并可促使藤苗粗壮。每月摘心一次，结合辅养。采取以上措施，到落叶时期，实生藤苗平均粗度可达0.5厘米以上，就可以出圃栽种。

⑤ 在生长期，可追施液肥2～3次。经常除草松土做围，以免被草淹没，促其健壮生长。爬山虎怕涝渍，要注意防止土壤积水。爬山虎耐修剪，在生长过程中，可酌情修剪整理枝蔓，以保持整洁、美观、方便。

⑥ 注意以下病虫害：常见病害有白粉病、叶斑病和炭疽病等；常见蚜虫危害。

3. 栽培管理技术

爬山虎可种植在阴面和阳面，寒冷地区多种植在向阳地带。爬山虎对氯化物的抵抗力较强，适合空气污染严重的工矿区栽培。幼苗生长一年后即可粗放管理。在北方冬季能忍耐－20℃的低温，不需要防寒保护。

移植或定植在落叶期进行，定植前施入有机肥料作为基肥，并剪去过长茎蔓，浇足水，容易成活。

一年生苗株高可达一米。房屋、楼墙根或院墙根处种植，应离墙基 50 厘米挖坑，株距一般以 1.5 米为宜。在楼房阳台可以盆栽，苗盆紧靠墙壁，枝蔓可迅速吸附墙壁。

二、叶子花 *Bougainvillea spectabilis* Willd.

1.形态特征及习性

紫茉莉科叶子花属藤状灌木（图 7-284）。枝、叶密生柔毛；刺腋生、下弯。叶片（图 7-285）椭圆形或卵形，基部圆形，有柄。花序（图 7-285）腋生或顶生；苞片椭圆状卵形，基部圆形至心形，长 2.5～6.5 厘米，宽 1.5～4 厘米，暗红色或淡紫红色；花被管狭筒形，长 1.6～2.4 厘米，绿色，密被柔毛，顶端 5～6 裂，裂片开展，黄色，长 3.5～5 毫米；雄蕊通常 8；子房具柄。果实长 1～1.5 厘米，密生毛。茎有弯刺，并密生茸毛。单叶互生，卵形全缘，被厚茸毛，顶端圆钝。花很细小，黄绿色，三朵聚生于三片红苞中，外围的红苞片大而美丽，有鲜红色、橙黄色、紫红色、乳白色等，被误认为是花瓣，因其形状似叶，故称其为叶子花。花期可从 11 月起至第二年 6 月。冬春之际，姹紫嫣红的苞片展现，给人以奔放、热烈的感受，因此又得名贺春红。

图 7-284　盆栽叶子花全株

图 7-285　叶子花枝叶和花

叶子花观赏价值很高，在中国南方用作围墙的攀缘花卉栽培。每逢新春佳节，绿叶衬托着鲜红色片，仿佛孔雀开屏，格外璀璨夺目。北方盆栽，置于门廊、庭院和厅堂入口处，十分醒目。在巴西，妇女常用叶子花插在头上作装饰，别具一格。欧美地区用叶子花作切花。叶子花还是一味中药，有散瘀消肿的效果。

原产于热带美洲。中国南方栽培供观赏。

性喜温暖、湿润的气候和阳光充足的环境。不耐寒，耐瘠薄，耐干旱，耐盐碱，耐修剪，生长势强，喜水但忌积水。要求充足的光照，长江流域及以北地区均盆栽养护。对土壤要求不严，但在肥沃、疏松、排水好的沙质壤土中能旺盛生长。

2.繁殖育苗及栽培管理技术

叶子花常见压条繁殖。

（1）压条时间　每年5月初至6月中旬，都是进行压条的好季节。每次压条约30～35天。

（2）压条方法　在叶子花母株上选择筷子头以上粗细的健壮枝条。选枝条时要注意两点：一是成活后便于从母株上剪断或锯断；二是枝条上部要有2～3条细枝，着生一定数量的叶片，以便进行光合作用，制造有机养料往下输送，利于生根。

选好枝条后，再估计处于营养钵中心位置的枝条部位，用小刀对枝条进行环切，去掉一圈树皮，深度要达到木质部，露出木质部，长度约为0.7～1厘米。然后根据所选枝条的粗细，取一直径约为10～15厘米的黑色软质营养钵，先将营养钵的任意一边从上至下剪开，剪开的长度根据枝条嵌入钵内的高度而定。然后在营养钵的下部周边和底部共剪5～7个小孔，作为漏水和观察用。然后将营养钵套在枝条上，使枝条的环切处位于营养钵上部1/3处，并处在营养钵的中心位置。再用木棒扎成三角架将营养钵固定，或用其他方法（如在营养钵的下方再放一个装满泥土的营养钵）固定。在原来营养钵的剪开处用细铁丝扎好，再填入干湿适度的泥土，泥土一般以园土拌腐叶土为好。填入泥土时要注意将枝条的下方填实，不留空隙，并将泥土稍微压紧。最后浇水，水要浇透。图 7-286 所示为叶子花的高空压条。

图 7-286　叶子花的高空压条

（3）压条后的管理　注意保持营养钵内泥土的湿润，根据天气情况，一般 2～3 天浇水一次，每次水要浇透。大约经过 25 天，就会发现营养钵下部的两三个小孔内伸出几根嫩嫩的白色根尖，这时，说明压条已经成功，所压枝条的环切处已经长根。再过 5～7 天，待新根长得再多一些，长一些，就可以进行移栽上盆。

（4）移栽以及移栽后的管理　移栽时要注意的一点是，打算移栽前的 2～3 天不要浇水，以便使营养钵内的泥土硬结成团，避免移栽时土壤散开，导致长出的新根与泥土分离，影响移栽后的成活和生长。移栽时，先用枝剪或小锯片在营养钵外紧挨营养钵壁的地方将枝条剪断或锯断。然后，小心地将营养钵去掉，再将植株移栽在准备好的花盆内。盆土以园土拌腐叶土或岩山土为好，盆土内最好拌上一些经过发酵的菜枯或豆饼枯之类的基肥。移栽后再在植株旁边插上木棍将植株捆扎固定。然后浇水，水要浇透。如果阳光太强，可将花盆放在阳台内遮阳 1～2 天，然后再放到阳台上晒太阳，按正常的管理方法管理。

由于这种繁殖方法使原来枝条上长的新根多，移栽时又带大量的泥土，所以移栽后基本不受什么影响，因而成活快，生长快，当年 9～10 月时即可繁花盛开，历久不衰。

三、葡萄 *Vitis vinifera*

1. 形态特征及习性

葡萄科葡萄属植物。葡萄为木质藤本（图 7-287）。小枝圆柱形，有纵棱纹，无毛或被稀疏柔毛。卷须 2 叉分枝，每隔 2 节间断与叶对生，叶（图 7-288）卵圆形，显著 3～5 浅裂或中裂，长 7～18 厘米，宽 6～16 厘米，中裂片顶端急尖，裂片常靠合，裂缺狭窄，间或宽阔，基部深心形，基缺凹成圆形，两侧常靠合，边缘有 22～27 个锯齿，齿

图 7-287　葡萄造型全株

图 7-288　葡萄叶片

深而粗大，不整齐，齿端急尖，上面绿色，下面浅绿色，无毛或被疏柔毛；基生脉 5 出，中脉有侧脉 4～5 对，网脉不明显突出。叶柄长 4～9 厘米，托叶早落。

圆锥花序（图 7-289）密集或疏散，多花，与叶对生，基部分枝发达，长 10～20 厘米，花序梗长 2～4 厘米，几无毛或疏生蛛丝状茸毛。花梗长 1.5～2.5 毫米，无毛；花蕾倒卵圆形，高 2～3 毫米，顶端近圆形；萼浅碟形，边缘呈波状，外面无毛；花瓣 5，呈帽状黏合脱落；雄蕊 5，花丝丝状，长 0.6～1 毫米，花药黄色，卵圆形，长 0.4～0.8 毫米，在雌花内显著短而败育或完全退化；花盘发达，5 浅裂；雌蕊 1，在雄花中完全退化，子房卵圆形，花柱短，柱头扩大。

果实（图 7-290）球形或椭圆形，直径 1.5～2 厘米；种子倒卵形、椭圆形，顶短近圆形，基部有短喙，种脐在种子背面中部呈椭圆形，种脊微突出，腹面中棱脊突起，两侧洼穴宽沟状，向上达种子 1/4 处。颜色有紫色、绿色、白色等。

花期 4～5 月，果期 8～9 月。

图 7-289　葡萄的花

图 7-290　葡萄的果实

葡萄种植要求海拔高度一般在400～600米之间。喜光，喜温暖，对土壤的适应性较强。

原产于亚洲西部地区，世界上大部分葡萄园分布在北纬20°～52°之间及南纬30°～45°之间，绝大部分在北半球。中国葡萄多在北纬30°～43°之间。

2.繁殖育苗技术

（1）扦插繁殖　扦插繁殖就是直接利用葡萄枝蔓进行扦插培育苗木的方法。根据枝条类型不同，扦插育苗可以分为硬枝扦插和嫩枝扦插（图7-291、图7-292），生产上常用的是硬枝扦插。

图7-291　葡萄硬枝扦插

图7-292　葡萄嫩枝扦插

葡萄枝蔓的节上生根较多，这是因为节的横隔膜内储藏的营养物质较多，而相对无横隔膜的节间生根就较差。从枝龄上看，一年生枝条和嫩枝生根较好，而多年生蔓生根较差。

葡萄枝蔓的节间不能产生不定芽，所以扦插条必须要有一个饱满的芽。葡萄的根不能产生不定芽，因此葡萄不能用根插。

葡萄的枝蔓在其形态顶端抽生新梢，在其形态下端抽生新根，这种现象称为“极性”，扦插时要特别注意不能倒插。

（2）压条繁殖　枝蔓不与母体分离，将枝蔓部分埋入土中，待其生根后，剪离母体，成为一个独立的新株，这种繁殖方法即压条繁殖。压条可就地或用小木箱、花盆等物作培养地，在木箱、花盆中装入土挂在葡萄架下，将枝蔓埋入木箱、花盆土中，灌足水，待生根后能独立成活时与母体剪离，待适宜季节植入生长地。图7-293所示为葡萄的空中压条。

图 7-293　葡萄的空中压条

3.栽培管理技术

葡萄是多年生藤本植物，寿命较长，定植后要在固定位置生长结果多年，需要有较大的地下营养体积。而葡萄根系幼嫩组织是肉质的，其生长点向下向外伸展遇到阻力就停止前进，为了使葡萄根系在土壤中占据较大的营养面积，达到“根深叶茂”，在栽植葡萄前要挖好定植沟。

（1）定植沟　挖定植沟时间，北方地区一般在秋后至上冻前进行为好。山地葡萄园挖定植沟要适当深和宽些，一般深、宽均为 1 米为宜，平地可挖各 0.8 米深的沟。先按行距定线，再按沟的宽度挖沟，将表土放到一面，心土放另一面，然后进行回填土。回填土时，先在沟底填一层 20 厘米的有机物。平原地块，若地下水位较高，可填 20 厘米炉渣或垃圾，以作滤水层。再往上填一层表土、一层粪肥，或粪肥和表土混合填入。每公顷需要 7500 千克优质粪肥，另外加入 250 千克磷肥。回填土时要根据不同土壤类型进行改良，若土壤黏重要适当掺沙子回填，改善土壤结构，以利于根系生长发育。当回填到离地表 10 厘米时，灌水沉实定植沟，再回填与地表相平，进行栽苗。

（2）栽苗　选好合格苗木，要求根系完整有 5 条以上，侧根直径在 2～3 毫米。苗粗度在 5 毫米以上完全成熟木质化，其上有 3 个以上的饱满芽，苗木应无病虫危害，若嫁接苗，则砧木类型应符合要求，嫁接口完全愈合无裂缝。栽苗时期：北京地区在春季 3 月下旬至 4 月上旬为宜，长江以南地区可秋季栽苗，一般在 11～12 月较合适。栽苗前要对苗木进行适当修剪，剪去枯桩，对过长的根系留 20～30 厘米剪截。然后放清水浸泡 24 小时，使其充分吸水。栽苗时挖穴，将苗木根系向四周散开，不要圈根，覆土踩实，使根系与土壤紧密结合。栽植深度不宜过深或过浅，过深地温较低，不利于缓苗；过浅根系容易露出地面而风干。一般嫁接苗覆土至嫁接口下部1厘米处，扦插苗以原根际与定植沟面平齐为宜。栽后灌透水一次，待水渗后再覆土，不让根系外露。在干旱地区栽苗后用沙壤土埋上，培土高度以超过最上1个芽眼2厘米为适宜，以防芽眼抽干，隔5天再灌水1次，这样才能确保苗木成活。最好采用地膜覆盖，以利于提高地温和保墒，促进根系生长。

(3) 定植苗木当年管理技术　定植苗木抹芽、定枝、摘心非常重要，当芽眼萌发时，嫁接苗要及时抹除嫁接口以下部位的萌发芽，以免萌蘖生长消耗养分，影响接穗芽眼萌发和新梢生长。待苗高20厘米时，根据栽植密度进行定枝、疏枝，若株距较大一般留2枝，反之，则可留1枝。抹除多余的枝，留壮枝不留弱枝，使养分集中供给保留下来的枝，以利于植株生长。当苗木1米高时，要进行主梢摘心和副梢处理，首先要抹除距地面30厘米以下的副梢，其上副梢一般留1～2片叶反复摘心，较粗壮的副梢可留4～5片叶反复摘心控制。当主梢长度达1.5米时再次摘心。北京地区苗木管理较好的到9月上旬一般植株可达2米左右，还要进行最后一次主梢摘心。通过多次反复摘心，可以促进苗木加粗，枝条木质化和花芽分化。冬剪时在充分成熟的直径在1厘米以上的主蔓上剪截，一般主蔓留长度在1～1.2米。主梢上抽发的副梢粗度在0.5厘米时，可留1～2芽短截，作为下年的结果母枝。

(4) 肥水管理　早期丰产栽培技术最关键的是肥水管理。当苗高在40～50厘米时要进行第1次追肥。由于定植苗木根系很小，吸收营养元素的量也较少，因此，要勤追少施，年追施2～3次即可，追肥时间20～30天一次，前期追施以氮肥为主，后期追施以磷钾肥为主，追肥后要及时灌水、松土、中耕除草，还要注意病虫害防治。

四、金银花 *Lonicera japonica* Thunb

1. 形态特征及习性

忍冬科忍冬属多年生半常绿缠绕及匍匐茎的灌木（图7-294）。

金银花幼枝红褐色，密被黄褐色、开展的硬直糙毛、腺毛和短柔毛，下部常无毛。叶纸质，卵形至矩圆状卵形，有时卵状披针形，稀圆卵形或倒卵形，极少有一至数个钝缺，长3～5厘米，顶端尖或渐尖，少有钝、圆或微凹缺，基部圆形或近心形，有糙缘毛，上面深绿

图 7-294 金银花全株

图 7-295 金银花的花

色，下面淡绿色，小枝上部叶通常两面均密被短糙毛，下部叶常平滑无毛而下面多少带青灰色；叶柄长 4～8 毫米，密被短柔毛。

总花梗通常单生于小枝上部叶腋，与叶柄等长或稍较短，下方者则长达 2～4 厘米，密被短柔毛，并夹杂腺毛；苞片大，叶状，卵形至椭圆形，长达 2～3 厘米，两面均有短柔毛或有时近无毛；小苞片顶端圆形或截形，长约 1 毫米，为萼筒的 1/2～4/5，有短糙毛和腺毛；萼筒长约 2 毫米，无毛，萼齿卵状三角形或长三角形，顶端尖而有长毛，外面和边缘都有密毛。花冠白色，有时基部向阳面呈微红，后变黄色，长（2)3～4.5(6) 厘米，唇形，筒稍长于唇瓣，很少近等长，外被倒生的开展或半开展糙毛和长腺毛，上唇裂片顶端钝形，下唇带状而反曲；雄蕊和花柱均高出花冠（图 7-295）。花蕾呈棒状，上粗下细。外面黄白色或淡绿色，密生短柔毛。花萼细小，黄绿色，先端 5 裂，裂片边缘有毛。开放花朵筒状，先端二唇形，雄蕊 5，附于筒壁，黄色，雌蕊 1，子房无毛。气清香，味淡，微苦。

果实圆形，直径 6～7 毫米，熟时蓝黑色，有光泽；种子卵圆形或椭圆形，褐色，长约 3 毫米，中部有 1 凸起的脊，两侧有浅的横沟纹。

花期 4～6 月（秋季亦常开花），果熟期 10～11 月。

金银花适应性很强，喜阳，耐阴，耐寒性强，也耐干旱和水湿，对土壤要求不严，但以湿润、肥沃的深厚沙质壤土生长最佳，每年春夏两次发梢。根系繁密发达，萌蘖性强，茎蔓着地即能生根。喜阳光和温和、湿润的环境，生活力强，适应性广，在荫蔽处，生长不良。生于山坡灌丛或疏林、乱石堆、山足路旁及村庄篱笆边，海拔最高达 1500 米。

中国各省均有分布。朝鲜和日本也有分布。在北美洲逸生成为难除的杂草。在中国，金银花的种植区域主要集中在山东、陕西、河南、河北、湖北、江西、广东等地。

2.繁殖育苗技术

（1）种子繁殖　4月播种，将种子在35～40℃温水中浸泡24小时，取出用2～3倍湿沙催芽，等裂口达30%左右时播种。在畦上按行距21～22厘米开沟播种，覆土1厘米，每2天喷水1次，10余日即可出苗，秋后或第2年春季移栽，每公顷用种子15千克左右。图7-296所示为金银花播种苗。

（2）扦插繁殖　一般在雨季进行。在夏秋阴雨天气，选健壮无病虫害的1～2年生枝条截成30～35厘米，摘去下部叶子作插穗，随剪随用（图7-297）。在选好的土地上，按行距1.6米、株距1.5米挖穴，穴深16～18厘米，每穴5～6根插穗，分散斜立着埋入土内，地上露出7～10厘米左右，填土压实（透气透水性好的沙质土为佳）。扦插的枝条生根之前应注意遮阴，避免阳光直晒造成枝条干枯。

图7-296　金银花播种苗

图7-297　金银花插穗

也可挖沟进行扦插育苗。在7～8月间，按行距23～26厘米开沟，深16厘米左右，株距2厘米，把插条斜立着放到沟里，填土压实，以透气透水性好的沙质土为育苗土，生根最快，并且不易被病菌侵害而造成枝条腐烂。栽后喷一遍水，以后干旱时，每隔2天要浇水1遍，半月左右即能生根，第2年春季或秋季移栽。

3.栽培管理技术

栽植后的头1～2年内，是金银花植株发育定型期，多施一些人畜粪、草木灰、尿素、硫酸钾等肥料。栽植2～3年后，每年春初，应多施畜杂肥、厩肥、饼肥、过磷酸钙等肥料。第一茬花采收后即应追适量氮、磷、钾复合肥料，为下茬花提供充足的养分。每年早春萌芽后和第一批花收完时，开环沟浇施人粪尿、化肥等。每种肥料施用250克，施肥处理对金银花营养生长的促进作用大小顺序为：尿素＋磷酸二氢铵，硫酸钾复合肥，尿素，碳酸氢铵。其中尿素＋磷酸二氢铵、硫酸钾复合肥、尿素能够显著提高金银花产量，结合营养生长和生殖生长状况以及施肥成本，追肥以追施尿素＋磷酸二氢铵（150克＋100克）或250克硫酸钾复合肥为好。

五、猕猴桃 *Actinidia chinensis*

1.形态特征

猕猴桃为猕猴桃科猕猴桃属大型落叶木质藤本植物（图7-298），雌雄异株。雄株多毛叶小，雄花较早出现于雌花；雌株少毛或无毛，花叶均大于雄株。枝呈褐色，有柔毛，髓白色，层片状。幼枝或厚或薄地被有灰白色星状茸毛或褐色长硬毛或铁锈色硬毛状刺毛，老时秃净或留有断损残毛；花枝短的4～5厘米，长的15～20厘米，直径4～6毫米；隔年枝完全秃净无毛，直径5～8毫米，皮孔长圆形，比较显著或不甚显著；髓白色至淡褐色，片层状。图7-299所示为猕猴桃枝条冬态。

叶（图7-300）为纸质，无托叶，倒阔卵形至倒卵形或阔卵形至近圆形，长6～17厘米，宽7～15厘米，顶端截平形，中间凹入或具突尖、急尖至短渐尖，基部钝圆形、截平形至浅心形，边缘具脉出的直伸的睫状小齿，腹面深绿色，无毛或中脉和侧脉上有少量软毛或散被短糙毛，背面苍绿色，密被灰白色或淡褐色星状茸毛，侧脉5～8对，常在中部以上分成叉状，横脉比较发达，易见，网状小脉不易见；叶柄长3～6（10）厘米，被灰白色茸毛或黄褐色长硬毛或铁锈色硬毛状刺毛。

花为聚伞花序，花1～3朵，花序柄长7～15毫米，花柄长9～15毫米；苞片小，卵形或钻形，长约1毫米，均被灰白色丝状茸毛或黄褐色茸毛；花开时乳白色，后变淡黄色，有香气，直径1.8～3.5厘米，单生或数朵生于叶腋。萼片3～7片，通常5片，阔卵形至卵状长圆形，长6～10毫米，两面密被压紧的黄褐色茸毛；花瓣5片，有时少至3～4片或多至6～7片，阔倒卵形，有短爪；雄蕊极多，花药黄色，长圆形，长1.5～2毫米，基部叉开或不叉开，丁字着生；子

图 7-298　猕猴桃全株

图 7-299　猕猴桃枝条冬态

图 7-300　猕猴桃叶片

图 7-301　猕猴桃果实

房上位，球形，径约 5 毫米，密被金黄色的压紧交织茸毛或不压紧不交织的刷毛状糙毛；花柱狭条形，花柱丝状，多数。浆果（图 7-301）卵形或长圆形，横截面半径约 3 厘米，密被黄棕色有分枝的长柔毛。花期为 5～6 月，果熟期为 8～10 月。

知识链接：

中国是猕猴桃的原生中心，世界猕猴桃原产地在湖北宜昌市夷陵区雾渡河镇。猕猴桃生于山坡林缘或灌丛中，有些园圃栽培。猕猴桃属共有 66 个种，其中 62 个种自然分布在中国，世界上生产栽培的主要是美味猕猴桃和中华猕猴桃两个种。美味猕猴桃枝干和果实外表皮覆有茸毛（如秦美、徐香、海沃德等），中华猕猴桃枝干和果实外表皮比较光滑（如红阳、黄金果等）。在我国，这两个栽培种主要分布在华中地区的长江流域和秦岭及其以南、横断山脉以东的地区。

2.繁殖育苗及栽培管理技术

猕猴桃常见扦插繁殖。利用当年的新梢扦插繁殖猕猴桃苗，不仅比播种繁殖成本低、周期短、苗木质量好，而且有利于保持品种的特性。其方法如下：

① 扦插时间。以7月初至9月下旬进行为宜。因此时母树的枝条已停止生长，但尚未木质化，扦插后成活率达95%以上。

② 准备插壤。用砖或石块砌筑插床边沿，床宽1.2米，高0.3米，下面铺砾石粗沙厚0.1米，上面铺插壤厚0.2米，插壤由森林腐殖土、过筛火烧土、细沙混合而成，比例为3∶3∶4。混合插壤时，喷1%高锰酸钾溶液或用五氯硝基苯进行消毒，然后用薄膜密封3～4天，揭开晾晒1～2天，再铺于床中，整平。

③ 剪取插条。应从中壮年优良单株上选择健壮、无病虫危害、半木质化的嫩枝，从下往上逐段剪截插穗。每段插穗径粗0.6厘米左右，长4～6厘米，有3个节并带1～2个腋芽，上端留1片叶，以利于进行光合作用。剪穗时，剪口要光滑，上剪口靠近腋芽基部。将插穗20～30支捆成一扎。捆扎时，插穗下端要理整齐，以利于蘸药液。

④ 插条处理。用ABT生根粉1号配100毫克/千克的药液，将插穗基部3厘米插入药液中浸泡0.5～1小时。或用50毫克/千克的萘乙酸溶液泡12小时，取出放置片刻后插植，生根率可达95%以上。

⑤ 扦插方法。扦插株距8～10厘米，行距15～20厘米。先用木签打好深度适当的斜插孔，再将插穗下端2/3斜插入土，以露出上端腋芽和叶片为度，然后稍压实四周土壤，最后用浓度为500毫克/千克的多菌灵溶液浇透，以达到定根兼土壤消毒的作用（图7-302、图7-303）。

图7-302　猕猴桃扦插苗

图7-303　猕猴桃扦插生根

⑥ 插后管理。一是遮阴与喷水。在距床面高 0.3 米和 1.7 米处，各搭荫棚一个，均盖上透光度为 30%的竹帘或遮阳网，棚内温度调控在 24～28℃，相对湿度 85%以上。晴天每天喷水 2～3 次，要求前期土壤含水率 90%，中后期 70%～80%。高荫棚晨盖夜揭。一般扦插后 10 天就能形成愈伤组织，20 天左右即可生根成活。二是施肥与喷药。插条长出 2～3 片叶后，可追施 10%清水粪，每月 2～3 次。苗期每月最好喷 1～2 次 50%多菌灵可湿性粉剂 1000 倍液，或喷 0.5%波尔多液，以防赤叶斑病和立枯病。苗期虫害主要有蚜虫、卷叶虫、食叶虫，可选用除虫菊酯类和有机磷类农药防治。株高 30 厘米以上即可带土移栽，出圃定植。

六、凌霄 *Campsis grandiflora* (Thunb.) Schum

1. 形态特征及习性

紫葳科凌霄属攀缘藤本（图 7-304）；茎（图 7-305）木质，表皮脱落，枯褐色，以气生根攀附于他物之上。

叶（图 7-305）对生，为奇数羽状复叶；小叶 7～9 枚，卵形至卵状披针形，顶端尾状渐尖，基部阔楔形，两侧不等大，长 3～6(9) 厘米，宽 1.5～3(5) 厘米，侧脉 6～7 对，两面无毛，边缘有粗锯齿；叶轴长 4～13 厘米；小叶柄长 5（～10）毫米。

顶生疏散的短圆锥花序（图 7-305），花序轴长 15～20 厘米。花萼钟状，长 3 厘米，分裂至中部，裂片披针形，长约 1.5 厘米。花冠内面鲜红色，外面橙黄色，长约 5 厘米，裂片半圆形。雄蕊着生于花冠筒近基部，花丝线形，细长，长 2～2.5 厘米，花药黄色，个字形

图 7-304　凌霄全株

图 7-305　凌霄花

图 7-306　凌霄的枝叶

着生。花柱线形，长约 3 厘米，柱头扁平，2 裂。蒴果顶端钝。花期 5～8 月。

凌霄喜充足阳光，也耐半阴。适应性较强，耐寒、耐旱、耐瘠薄、耐盐碱，病虫害较少，但不适宜暴晒或无阳光。

产自长江流域各地，以及河北、山东、河南、福建、广东、广西、陕西，在台湾有栽培；日本也有分布，越南、印度、巴基斯坦均有栽培。

2. 繁殖育苗技术

凌霄　主要用扦插、压条繁殖，也可分株或播种繁殖。扦插多选带气生根的硬枝春插，夏季压条，分株多用根蘖，播种繁殖的幼苗应遮阴，每年需要冬剪，疏除过干枯枝。花前追肥水，可促其叶茂花繁。

（1）扦插繁殖　可在春季或雨季进行，北京地区适宜在 7～8 月。截取较坚实粗壮的枝条，每段长 10～16 厘米，扦插于沙床，上面用玻璃覆盖，以保持足够的温度和湿度。一般温度在 23～28℃，插后 20 天即可生根，到翌年春即可移入大田，行距 60 厘米，株距 30～40 厘米。南方温暖地区，可在春天将头年的新枝剪下，直接插入地边，即可生根成活（图 7-307）。

（2）压条繁殖　在 7 月间将粗壮的藤蔓拉到地表，分段用土堆埋，露出芽头，保持土壤湿润，约 50 天即可生根，生根后剪下移栽。南方亦可在春天压条。图 7-308 所示为凌霄高空压条。

图 7-307　凌霄扦插成活

图 7-308　凌霄高空压条

（3）分根繁殖　宜在早春进行，即将母株附近由根芽生出的小苗挖出栽种。

3. 栽培管理技术

早期管理要注意浇水，后期管理可粗放些。植株长到一定程度，要设立支杆。每年发芽前可进行适当疏剪，去掉枯枝和过密枝，使树形合理，利于生长。开花之前施一些复合肥、堆肥，并进行适当灌溉，使植株生长旺盛、开花茂密。

盆栽宜选择5年以上植株，将主干保留30～40厘米短截，同时修根，保留主要根系，上盆后使其重发新枝。萌出的新枝只保留上部3～5个，下部的全部剪去，使其成伞形，控制水肥，经一年即可成型。搭好支架任其攀附，次年夏季现蕾后及时疏花，并施一次液肥，则花大而艳丽。冬季置不结冰的室内越冬，严格控制浇水，早春萌芽之前进行修剪。

七、藤本月季 Morden cvs. of Chlimbers and Ramblers

1. 形态特征及习性

蔷薇科蔷薇属落叶藤性灌木（图7-309、图7-310），以茎上的钩刺或蔓靠他物攀缘。单数羽状复叶，小叶5～9片，小而薄，托叶附着于叶柄上，叶梗附近长有直立棘刺1对，通常有5枚边缘有细齿且带尖端的卵形小叶，互生（图7-311）。花单生、聚生或簇生（图7-312）。

适应性强，耐寒，耐旱，对土壤要求不严格，喜日照充足、空气流通、排水良好而避风的环境，盛夏需适当遮阴。多数品种最适温度白天15～26℃，夜间10～15℃。较耐寒，冬季气温低于5℃即进入休眠状态。如夏季高温持续30℃以上，则多数品种开花减少，品质降低，进入半休眠状态。一般品种可耐－15℃低温。要求富含有机质、肥沃、疏松的微酸性土壤，但对土壤的适应范围较宽。空气相对湿度宜保持在75%～80%，但稍干、稍湿也可。有连续开花的特性。需要保持空气流通，无污染，若通气不良易发生白粉病，空气中的有害气体，如二氧化硫、氯、氟化物等均对月季花有毒害。

图7-309　直立性藤本月季

图7-310　攀缘性藤本月季

图7-311　藤本月季叶片

图7-312　藤本月季花色丰富

原种主产于北半球温带、亚热带，中国为原种分布中心。现代杂交种类广布欧洲、美洲、亚洲、大洋洲，尤以西欧、北美和东亚为多。中国各地多栽培，以河南南阳最为集中，耐寒（比原种稍弱）。

2.繁殖育苗及栽培管理技术

藤本月季扦插难以成活，常用嫁接等无性繁殖方法进行繁殖。在苏中地区多以野蔷薇为砧木，因野蔷薇能适应恶劣环境且容易成活。枝接、芽接、根接均可。枝接要先将砧木沙藏。芽接一年四季均可进行，且随时取芽随时接，常用U形接法。图7-313所示为藤本月季的嫁接苗。

图7-313 藤本月季的嫁接苗

藤本月季在整个生活期中都不能失水，从萌芽到放叶、开花阶段，应注意供应充足水分。尤其是在花期需水特多，要经常保持土壤湿润，以保证花朵肥大、鲜艳。进入休眠期后，需水相对减少，应适当控制水分。由于藤本月季开花多，需肥量大，所以在冬季休眠期应施足底肥。生长季应及时施肥，一般在5月盛花后追肥，以利于夏季开花和秋季花盛。秋末应控制施肥，防止秋梢过旺而受到霜冻。春季开始展叶时，由于新根大量生长，注意不要使用浓肥，以免新根受损，影响生长。藤本月季适应性广，对土壤要求不严格，但以疏松、肥沃、富含有机质的土壤较为适宜。它性喜温暖、日照充足、排水良好的环境，最佳生长温度为15～25℃，低于5℃开始休眠，高于33℃花质较差；光照不足时茎蔓变细弱，花朵变小，花量减少，花色变淡；不耐积水，若长期排水不良，会造成生长不好，易烂根。喜肥水，在肥水丰富的条件下，枝叶茂盛，花盛色艳；反之，花朵变小，花色转淡。有很强的耐旱、耐寒和抗病虫害能力，根系发达，长势强壮，枝条萌发迅速，分枝力强，再生力好，每株年萌发主枝7～8个，每个主枝又可萌发若干侧枝。

第一节 新优园林乔木的繁殖培育技术

一、深山含笑 *Michelia maudiae* Dunn

1. 形态特征及习性

木兰科木兰属常绿乔木（图 8-1），高达 20 米，各部均无毛；树皮薄，浅灰色或灰褐色平滑不裂；芽、嫩枝、叶下面、苞片均被白粉。

叶（图 8-2）互生，革质深绿色，叶背淡绿色，长圆状椭圆形，很少卵状椭圆形，长 7～18 厘米，宽 3.5～8.5 厘米，先端骤狭短渐尖或短渐尖而尖头钝，基部楔形、阔楔形或近圆钝，上面深绿色，有光泽，下面灰绿色，被白粉，侧脉每边 7～12 条，直或稍曲，至近叶缘开叉网结，网眼致密。叶柄长 1～3 厘米，无托叶痕。

花梗绿色具 3 环状苞片脱落痕，佛焰苞状苞片淡褐色，薄革质，长约 3 厘米；花（图 8-3）芳香，花被片 9 片，纯白色，基部稍呈淡红色，外轮的倒卵形，长 5～7 厘米，宽 3.5～4 厘米，顶端具短急尖，基部具长约 1 厘米的爪，内两轮则渐狭小，近匙形，顶端尖；雄蕊长 1.5～2.2 厘米，药隔伸出长 1～2 毫米的尖头，花丝宽扁，淡紫

图 8-1　深山含笑全株

图 8-2　深山含笑叶片及果实

图 8-3　深山含笑的花

图 8-4　深山含笑的种子

色，长约 4 毫米；雌蕊群长 1.5～1.8 厘米；雌蕊群柄长 5～8 毫米。心皮绿色，狭卵圆形，连花柱长 5～6 毫米。

聚合果（图 8-2）长 7～15 厘米，蓇葖长圆体形、倒卵圆形、卵圆形，顶端圆钝或具短突尖头。种子（图 8-4）红色，斜卵圆形，长约 1 厘米，宽约 5 毫米，稍扁。

花期 2～3 月，果期 9～10 月。

喜温暖、湿润环境，有一定耐寒能力。喜光，幼时较耐阴。自然更新能力强，生长快，适应性广。抗干热，对二氧化硫的抗性较强。喜土层深厚、疏松、肥沃而湿润的酸性沙质土。根系发达，萌芽力强。

产于浙江南部、福建、湖南、广东（北部、中部及南部沿海岛屿）、广西、贵州。

2.繁殖育苗及栽培管理技术

深山含笑常行播种繁殖。种子（图 8-4）可随采随播，也可用湿沙贮藏到早春2月下旬至3月上旬播种。为了提高种子的发芽率，减少种子沙藏的麻烦，种子阴干后即可直接播种。播种前用浓度为0.5%的高锰酸钾溶液浸种消毒2小时，放入温水中催芽24小时，待种子吸水膨胀后捞出种子放置于竹箩内晾干。种子晾干后用钙镁磷肥拌种。

深山含笑属浅根性树种，苗圃地应选择排灌条件好、阳光中等、土层深厚肥沃且水源充足、排水良好的沙质壤土。

播种前圃地进行深翻，整地要细致，做到“三耕三耙”。施足基肥，每亩施栏肥2500千克，同时用70%甲基硫菌灵5千克进行土壤消毒和施90%敌百虫2千克进行土壤灭虫。土壤消毒后开始筑床，床高25厘米，床宽110～120厘米，步行沟宽30～35厘米。床面略带龟背形，四周开好排水沟，做到雨停沟不积水。

采用条播，条距25厘米，播种量8～10千克/亩。播种沟深1.5～2厘米，播种后用焦泥灰覆盖种子，厚度约1厘米，然后盖黄心土1～2厘米。为保持苗木土壤疏松、湿润，有利于种子发芽出土，需覆盖狼衣草，其厚度以不见泥土为度。播种后要加强苗圃田间管理，除在四周、步行道撒放毒鼠物外，及时做好雨天清沟排水和干燥天气的洒水保湿工作。

4月初，当平均气温在15℃左右时，种子开始破土发芽。当70%～80%的幼苗出土后就可以在阴天或晴天傍晚揭去狼衣草，揭草后第2天用70%甲基硫菌灵0.125%溶液和0.5%等量式波尔多液交替喷雾2～3次，预防病害的发生。

深山含笑生长初期（4～6月中旬）高生长量占全年生长量的3.6%，苗木生长较慢，抗逆性差，应做好除草、松土、适量施肥等工作。在4月下旬至5月下旬每隔10～15天施浓度为3%～5%的稀薄人粪尿和2%腐熟饼肥。6月以后用0.2%的复合肥浇苗根周围，溶液尽量不要浇到叶片上。

二、白楠 *Phoebe neurantha* (Hemsl.) Gamble

1.形态特征及习性

樟科楠属大灌木至乔木（图8-5），通常高3～14米；树皮灰黑色。小枝初时疏被短柔毛或密被长柔毛，后变近无毛。叶（图8-6）革

图 8-5　白楠全株

图 8-6　白楠叶片

质，狭披针形、披针形或倒披针形，长 8～16 厘米，宽 1.5～4(5) 厘米，先端尾状渐尖或渐尖，基部渐狭下延，极少为楔形，上面无毛或嫩时有毛，下面绿色或有时苍白色，初时疏或密被灰白色柔毛，后渐变为仅被散生短柔毛或近于无毛，中脉上面下陷，侧脉通常每边 8～12 条，下面明显突起，横脉及小脉略明显；叶柄长 7～15 毫米，被柔毛或近于无毛。圆锥花序长 4～10(12) 厘米，在近顶部分枝，被柔毛，结果时近无毛或无毛；花长 4～5 毫米，花梗被毛，长 3～5 毫米；花被片卵状长圆形，外轮较短而狭，内轮较长而宽，先端钝，两面被毛，内面毛被特别密；各轮花丝被长柔毛，腺体无柄，着生在第三轮花丝基部，退化雄蕊具柄，被长柔毛；子房球形，花柱伸长，柱头盘状。果卵形，长约 1 厘米，直径约 7 毫米；果梗不增粗或略增粗；宿存花被片革质，松散，有时先端外倾，具明显纵脉。花期 5 月，果期 8～10 月。

该物种为耐阴树种，适生于气候温暖湿润、土壤肥沃的地方，土层深厚疏松、排水良好、中性或微酸性的壤质土壤上生长尤佳。深根性树种，根部有较强的萌生力，能耐间歇性的短期水浸。产于江西、湖北、湖南、广西、贵州、陕西、甘肃、四川、云南。生于山地密林中。

2.繁殖育苗及栽培管理技术

白楠 4 月开花，种子成熟期在“小雪”前后，果皮由青转变为蓝黑色，即达成熟。采种选 20 年生以上的优良母树，用钩刀或高枝剪剪下果枝，采取果实。采集的果实要及时处理，处理的方法是将果实放在箩筐或木桶中捣动，脱出果皮，再用清水漂洗干净，置室内阴干，切忌暴晒，水迹稍干，即可贮藏。一般 100 千克果可出种子 40～

50 千克。种子纯度 92%～99%，千粒重 200～345 克，场圃发芽率达 80%～95%。种子含水量较高（20%～40%），容易失水开裂，子叶发霉，丧失发芽力，因此，处理好的种子须马上用潮湿河沙分层贮藏。如需催芽，可贮放在温度较高或有阳光照射的地方，这样“立春”前后种子开始大量萌动，用来播种能提早数天发芽。

白楠幼苗初期生长缓慢，喜阴湿，宜选择日照时间短、排灌方便、肥沃湿润的土壤作圃地。土质黏重，排水不良，易发生烂根；土壤干燥缺水，则幼苗生长不良，又易造成灼伤。播种从“大寒”至“雨水”均可进行。播种前，圃地要施足基肥，整地筑床要细致。一般条播，条距 15～20 厘米，条宽 6～10 厘米。每亩播种量 15～20 千克。播后覆盖火烧土 1～2 厘米，再盖草或锯屑、谷壳，以保持苗床湿润。幼苗出土后，要及时进行除草、松土、施肥和灌溉。在平地育苗，由于日照时间长，地表温度高，在暑天，易遭日灼为害，因此尚需给以适当遮阴。但据福建三明莘口林场试验，选背阴圃地，适当提高留苗密度，使床面保持一定的覆盖，不遮阴亦可避免幼苗灼伤。间苗应分期进行，要量少次多。7 月苗高达 10 厘米左右时，即可定苗。每亩留苗 3 万株。8～10 月为白楠幼苗速生期，在此期间，应加强苗圃水肥管理，以加速苗木生长，提高苗木质量。11 月份还有部分植株抽梢生长，因此在苗圃后期管理中，要注意不使幼苗越冬时受冻害。1 年生壮苗造林比 2 年生苗造林效果好。一些生长细弱的苗木，可留圃一年再造林。

白楠喜湿耐阴，立地条件要求较高，造林地以选择土层深厚、肥润的山坡、山谷冲积地为宜。造林地条件差则不易成林。整地要求细致，一般林地用带状深翻，肥沃林地可穴垦。穴径 50 厘米，深 30 厘米以上。造林季节，从“冬至”到“雨水”均可，但早造比迟造好。据福建三明莘口林场经验：“大寒”造林成活率比“雨水”高 25%。2 年生苗可提早到“大雪”造林。白楠幼年期生长较慢，冠幅也较窄，初植密度可适当加大，以每亩 167～200 株为宜。植苗造林栽植前要适当修剪部分枝叶和过长根系。1 年生苗侧根虽较多，但比较嫩，容易干枯，所以起苗要随即打好泥浆，加强保护，尽量做到随起苗随造林。栽植时，选阴天和小雨天，严格掌握苗正、根舒、深栽、打紧等技术措施，以保证成活。

由于白楠初期生长慢，易遭杂草压盖而影响成活和生长，因此需加强抚育管理。造林后3～5年内，每年抚育两次，山坡下部及山谷杂草繁茂地带还应适当增加抚育次数。抚育时间应安排在白楠生长高峰季节到来之前，即第一次抚育在4～5月，第二次抚育在7～8月。白楠树冠发育较慢，幼年又较耐阴，所以幼林严禁打枝，抚育时也不得损伤树皮，否则将显著减弱其生长。白楠林在树冠完全郁闭，林下杂草消灭，出现较多的被压木时，应进行抚育间伐。采用弱度的下层抚育法，即伐去明显的被压木、双杈木以及优良木周围的竞争木。间伐强度，应视具体情况而定，一般林地较肥沃，初植密度较大的（如每亩222株），可伐去株数30%左右。

三、香花槐 *Robinia pseudoacacia* cv. *idaho*

1.形态特征及习性

豆科槐属乔木（图8-7），树皮褐至灰褐色，原香花槐树皮褐色，光滑。株高10～12米，生长快，是普通刺槐的2～3倍。叶互生，有7～19片小叶组成羽状复叶；小叶椭圆形至长圆形，长4～8厘米，比刺槐叶大，光滑，鲜绿色。总状花序（图8-8）腋生，作下垂状，长8～12厘米，花红色，芳香，在北方每年5月和7月开两次花，在南方每年开3～4次花。花期：5月份30天左右，7月份20天左右，8月份15天左右，9月份10天左右。香花槐具有花朵大、花形美、花量多、花期长等特点。花不育，无荚果，不结种子。

图8-7　香花槐全株

图8-8　香花槐的花

香花槐喜光、耐寒，能抗－33℃低温，耐干旱瘠薄，耐盐碱，能吸声，病虫害少，抗病力强，萌芽、根蘖性强，保持水土能力强。枝繁叶大，叶柄凸出不易脱落，根系发达，主侧根健壮，萌蘖快，可有效地防风和保持水土。

原产于西班牙，20世纪60年代引进朝鲜。我国南方、华北、西北地区都生长良好。

2.繁殖育苗技术

香花槐一般采用埋根和枝插法繁殖，但其中以埋根繁殖为主。埋根繁殖选用1～2年生香花槐主、侧根，直径0.5～1.5厘米为宜。春季在香花槐萌动前，将侧根20～30厘米处剪断，剪根量不宜超过侧根的一半，以不影响植株正常生长及开花。将剪断的根挖出，避免损伤根皮，扦插前可沙藏或埋土，以防脱水。4月中旬将根取出，剪成8～10厘米的插根，用平埋法将插根埋入畦床内，埋深5厘米左右，株行距20厘米×30厘米。枝插法选用一年生硬枝，于春季4月中旬将枝条剪成10～12厘米的插条，每50株1捆，用ABT 2号生根粉50毫克/升浸根2～4小时，捞出沥干即可扦插。插畦地铺塑料薄膜，以提高地温和保湿。将插条45°斜插于畦床内，株行距20厘米×20厘米。扦插后，经常保持土壤湿润，当年扦插苗可长到1～1.5米高。香花槐繁殖快，每株成品苗利用根插法第2年可繁殖苗木30～40株（图8-9）。

图8-9 香花槐扦插苗

3.栽培管理技术

出苗后及时揭膜、浇水，遇连续阴雨则应注意排水。幼苗期要及时拔草，抹掉侧芽，浅松表土，切勿伤及嫩弱短根。在植物表面喷施新高脂膜，能防止病菌侵染，提高抗自然灾害能力，提高光合作用强度，保护幼苗茁壮成长。

适量施肥，久旱时则以清粪水抗旱兼施追肥，促苗健壮，保持合理的水肥情况下，适时喷施新高脂膜，保肥保墒。苗木于当年秋末落叶后或下年春季萌芽前移栽定植。按规划打穴、施肥，栽植后填土压实，浇透定根水，成活率一般95%以上。秋后树高可达2～3米，胸径3～5厘米，第2年开花。香花槐树干挺拔、树冠开张、树形优美、花朵艳丽、香气袭人。

知识链接：

香花槐最具观赏价值的是红色的花朵，可同时盛开200～500朵红花，非常壮观美丽。最有栽培价值的是一年两季盛花，可谓是“初秋园林赏美景，香槐盛开别样红”。最具推广价值的特点是其耐寒抗旱，适应性强，南北皆宜。由于香花槐具有独特的观赏和园林绿化价值，发展前景极其广阔，是一个亟待开发的木本花卉新品种（图8-10）。

图8-10　香花槐常见树形

四、乔松 *P. griffithii* McClelland

1.形态特征及习性

松科松属乔木（图8-11），高达70米，胸径1米以上；树皮暗灰褐色，裂成小块片脱落。枝条（图8-12）广展，形成宽塔形树冠；一年生枝绿色（干后呈红褐色），无毛，有光泽，微被白粉。冬芽圆柱状倒卵圆形或圆柱状圆锥形，顶端尖，微有树脂，芽鳞红褐色，渐尖，先端微分离。针叶（图8-12）5针一束，细柔下垂，长10～20

厘米，径约1毫米，先端渐尖，边缘具细锯齿，背面苍绿色，无气孔线，腹面每侧具4～7条白色气孔线；横切面三角形，单层皮下层细胞，在背面偶尔出现单个或2～3个细胞宽的第二层细胞，树脂道3个，边生，稀腹面1个中生。球果（图8-13）圆柱形，下垂，中下部稍宽，上部微窄，两端钝，具树脂，长15～25厘米，果梗长2.5～4厘米，种鳞张开前径3～4厘米，张开后径5～9厘米；中部种鳞长3～5厘米，宽2～3厘米，鳞盾淡褐色，菱形，微成蚌壳状隆起，有光泽，常有白粉，上部宽三角状半圆形，边缘薄，两侧平，下部底边宽楔形，鳞脐暗褐色，薄，微隆起，先端钝，显著内曲；种子褐色或黑褐色，椭圆状倒卵形，长7～8毫米，径4～5毫米，种翅长2～3厘米，宽8～9毫米。花期4～5月，球果第二年秋季成熟。

图8-11 乔松全株

图8-12 乔松枝叶

图8-13 乔松的果实

乔松生长快，幼树阶段生长缓慢，且栽培环境直接影响生长速度。在西藏地区 10 年生乔松，高度 4～11 米，胸径 4.8～15.6 厘米；50 年生胸径可达 38～50 厘米；100 年生平均高度达 41 米，胸径 57 厘米。高生长以 10～15 年间最快，径以 15～25 年间增长最快。喜温暖湿润的气候，适生于片岩、沙叶岩和变质岩发育的山地棕壤或黄棕壤中，耐干旱瘠薄，喜光。据北京引种栽培情况观察，幼苗阶段不耐高温干燥气候，需庇荫，对中性或微碱性土质尚能适应。

主要产于阿富汗、巴基斯坦、印度、尼泊尔、不丹及缅甸等国，在中国主要分布在西藏南部和云南南部，是喜马拉雅山脉分布最广的森林树种。山东滕州有引进。

2. 繁殖育苗及栽培管理技术

乔松常行播种繁殖。

北美乔松播种可在 4 月中下旬、地温在 15℃左右时进行。过早则地温低，种子发芽慢；过晚也影响种子发芽，幼苗生长弱，不整齐。辽南适宜播种时间为 4 月 10 日左右。

圃地选择土层深厚肥沃、排水良好的沙质壤土，最好采用上床。床高 20 厘米，宽 1 米，苗床长度不限，一般 5～10 米，床面要平整。播种前，先将圃地耙平整细，施足底肥，然后开沟，沟深 2～4 厘米，行距 15 厘米。然后播种子，播种量 30～50 克/米^2。接着耙平，压实，上面再覆 1 厘米厚的沙子或者稻草。播完后，浇透水，以后每天浇水 1～2 次，注意每次浇水要浇透，经常保持床面湿润，直到苗出整齐为止。

幼苗出土以后，前期也应保持床面湿润，做到每天至少浇 1 次透水，幼苗生长半个月以后，可每隔 1 天浇透水 1 次，在每次浇水后，要及时松土。要做好幼苗蔽荫设施，架遮阳网防日灼。全光育苗也可以，但必须保证做到及时浇水，保持床面湿润。及时除草和松土，保持床面无杂草，浇水后，次日要及时松土，防止土壤板结。乔松幼苗在生长期内，要追施 2～3 次速效肥料，根据美国造林学介绍，对北美乔松幼苗追施 0.03%氮、0.035%磷、0.015%钾和 0.2%钙效果好。每次追肥量不宜多，最好使用液肥追苗。在幼苗出土后 20 天左右进行。第二次在6月下旬，第三次在7月上旬至中旬进行。每次追肥数量可稍有增加。追后要及时喷水，防止烧伤幼苗。乔松幼苗主要常见的病害是松苗立枯病。一是在播种前要做好预防工作，苗床地用3%硫酸亚铁溶液消毒，改良土壤的酸度，可抑制病菌的生长和增强苗木的抵抗性。二是种子可用250～500倍硫酸铜水溶液浸种3～5小时，处理后播种能杀死种子外部病原菌。幼苗出土后也可用3%硫酸亚铁液喷浇小苗，但浇后，应喷水把苗上药液洗去，出苗后还可喷0.5%石灰等量式波尔多液（硫酸铜：生石灰=1.1），每隔7～10天防治1次，以免立枯病继续发生和蔓延。发生病苗以后，除了用药剂进行积极防治以外，要及时除掉病株苗木，以防扩展蔓延。

五、七叶树 Aesculus chinensis

1. 形态特征及习性

七叶树科七叶树属落叶乔木（图8-14），高达25米，树皮深褐色或灰褐色，小枝圆柱形，黄褐色或灰褐色，无毛或嫩时有微柔毛，有圆形或椭圆形淡黄色的皮孔。冬芽大形，有树脂。掌状复叶（图8-15），由5～7小叶组成，叶柄长10～12厘米，有灰色微柔毛；小叶纸质，长圆披针形至长圆倒披针形，稀长椭圆形，先端短锐尖，基部楔形或阔楔形，边缘有钝尖形的细锯齿，长8～16厘米，宽3～5厘米，上面深绿色，无毛，下面除中脉及侧脉的基部嫩时有疏柔毛外，其余部分无毛；中脉在上面显著，在下面凸起，侧脉13～17对，在上面微显著，在下面显著；中央小叶的叶柄长1～1.8厘米，两侧的小叶柄长5～10毫米，有灰色微柔毛。

图8-14 七叶树全株

图8-15 七叶树树干和叶片

花序（图 8-17）圆筒形，连同长 5～10 厘米的总花梗在内共长 21～25 厘米，花序总轴有微柔毛，小花序常由 5～10 朵花组成，平斜向伸展，有微柔毛，长 2～2.5 厘米，花梗长 2～4 毫米。花杂性，雄花与两性花同株，花萼管状钟形，长 3～5 毫米，外面有微柔毛，不等地 5 裂，裂片钝形，边缘有短纤毛；花瓣 4，白色，长圆倒卵形至长圆倒披针形，长约 8～12 毫米，宽 5～1.5 毫米，边缘有纤毛，基部爪状；雄蕊 6，长 1.8～3 厘米，花丝线状，无毛，花药长圆形，淡黄色，长约 1～1.5 毫米；子房在雄花中不发育，在两性花中发育良好，卵圆形，花柱无毛。果实（图 8-16）球形或倒卵圆形，顶部短尖或钝圆，而中部略凹，直径 3～4 厘米，黄褐色，无刺，具很密的斑点，果壳干后厚 5～6 毫米；种子常 1～2 粒发育，近于球形，直径 2～3.5 厘米，栗褐色，种脐白色，约占种子体积的 1/2。花期 4～5 月，果期 10 月。

图 8-16　七叶树的果实

图 8-17　七叶树的花

喜光，也耐半阴，喜温和湿润气候，不耐严寒，喜肥沃深厚土壤。

河北南部、山西南部、河南北部、陕西南部均有栽培，仅秦岭有野生的。

2. 繁殖育苗及栽培管理技术

（1）繁殖方法　七叶树以种子繁殖为主，也可扦插繁殖。果实成熟后湿沙贮藏，待翌年春季播种。该树淀粉含量高，沙藏时应注意检查贮藏温湿度，防止种子霉烂，播种时注意覆土不要过厚。幼苗生长注意遮阴，防止日灼，小中苗忌涝，应栽培在地势高的地块，注意雨季及时排水。幼苗喜光，稍耐半阴，耐旱、耐寒、耐干冷（北方地区应注意防风），耐轻度盐碱（北方应注意土壤 pH 值与全盐的含量）。扦插养殖可采用夏季嫩枝扦插或冬季一年生枝条硬枝扦插，使用激素可以提高扦插成活率。嫁接可以增强长势，幼苗嫁接成活率高。此树属于深根性，不宜多次移植，移植时应带土球，以提高成活率。

（2）栽培管理　为提高苗木越冬的抗低温、干旱的能力，9 月中旬以后应停止施肥。为有利于来年苗木移植，可在 11～12 月，在离根部 20～30 厘米处呈 45°角用起苗铲快速将主根截断，这样，既可控制苗木对水分的吸收，又可促进苗木木质化，并使多生长吸收根。七叶树大多数是用于庭园、公园绿化及行道树的栽植，因此需要培育成大苗以供绿化工程用。1 年生苗木在春季进行移栽，以后每隔 1 年栽 1 次。幼苗喜湿润，喜肥。小苗移植的株行距可视苗木在圃地留床的时间而定，留床时间长的株行距可以大一些，一般为 1.5 米×1.5 米。小苗移植和大苗移栽前都应施足基肥，移植时间一般为冬季落叶后至翌年春季（3 月前）苗木未发芽时进行。移植时均应带土球，土球的大小一般为树（苗）木胸径的 7～10 倍。为防止树皮灼裂可以将树干用草绳围住。成年树木每年冬季落叶后应在树木四周开沟施肥，最好施用有机肥，以利于翌年多发枝、多开花。

六、栾树 *Koelreuteria paniculata* Laxm.

1. 形态特征及习性

无患子科栾树属乔木（图 8-18）。叶（图 8-19）丛生于当年生枝上，平展，一回、不完全二回或偶有为二回羽状复叶的，长可达 50 厘

图 8-18　栾树全株

图 8-19　栾树枝叶

米；小叶（7)11～18片（顶生小叶有时与最上部的一对小叶在中部以下合生），无柄或具极短的柄，对生或互生，纸质，卵形、阔卵形至卵状披针形，长（3)5～10厘米，宽3～6厘米，顶端短尖或短渐尖，基部钝至近截形，边缘有不规则的钝锯齿，齿端具小尖头，有时近基部的齿疏离呈缺刻状，或羽状深裂达中脉而形成二回羽状复叶，上面仅中脉上散生皱曲的短柔毛，下面在脉腋具髯毛，有时小叶背面被茸毛。

聚伞圆锥花序（图8-20）长25～40厘米，密被微柔毛，分枝长而广展，在末次分枝上的聚伞花序具花3～6朵，密集呈头状；苞片狭披针形，被小粗毛；花淡黄色，稍芬芳；花梗长2.5～5毫米；萼裂片卵形，边缘具腺状缘毛，呈啮蚀状；花瓣4，开花时向外反折，线状长圆形，长5～9毫米，瓣爪长1～2.5毫米，被长柔毛，瓣片基部的鳞片初时黄色，开花时橙红色，参差不齐的深裂，被疣状皱曲的毛；雄蕊8枚，在雄花中的长7～9毫米，雌花中的长4～5毫米，花丝下半部密被白色、开展的长柔毛；花盘偏斜，有圆钝小裂片；子房三棱形，除棱上具缘毛外无毛，退化子房密被小粗毛。

蒴果（图8-21）圆锥形，具3棱，长4～6厘米，顶端渐尖，果瓣卵形，外面有网纹，内面平滑且略有光泽；种子近球形，直径6～8毫米。花期6～8月，果期9～10月。

图8-20　栾树的花

图8-21　栾树果实

喜光，稍耐半阴的植物；耐寒；栽植注意土地，耐干旱和瘠薄，但是不耐水淹，对环境的适应性强，喜欢生长于石灰质土壤中，耐盐渍及短期水涝。栾树具有深根性，萌蘖力强，生长速度中等，幼树生长较慢，以后渐快，有较强抗烟尘能力。在中原地区尤其是许昌鄢陵多有栽植。

栾树产于中国北部及中部大部分地区，世界各地有栽培。中国自东北部辽宁起经中部至西南部的云南均有栽培，以华中、华东较为常见，主要繁殖基地有江苏、浙江、江西、安徽，河南也是栾树生产基地之一。日本、朝鲜也有分布。

2.繁殖育苗技术

（1）播种繁殖　栾树果实于9～10月成熟。选生长良好、干形通直、树冠开阔、果实饱满、处于壮龄期的优良单株作为采种母树，在果实显红褐色或橘黄色而蒴果尚未开裂时及时采集，不然将自行脱落。但也不宜采得过早，否则种子发芽率低。

果实采集后去掉果皮、果梗，应及时晾晒或摊开阴干，待蒴果开裂后，敲打脱粒，用筛选法净种。种子黑色，圆球形，径约0.6厘米，出种率约20%，千粒重150克左右，发芽率60%～80%。

栾树种子的种皮坚硬，不易透水，如不经过催芽管理，第二年春播常不发芽或发芽率很低。所以，当年秋季播种，让种子在土壤中完成催芽阶段，可省去种子贮藏、催芽等工序。经过一冬后，第2年春天，幼苗出土早而整齐，生长健壮（图8-22）。

在晚秋选择地势高燥、排水良好、背风向阳处挖坑。坑宽1～1.5米，深在地下水位之上，冻层之下，大约1米，坑长视种子数量而定。坑底可铺1层石砾或粗沙，约10～20厘米厚，坑中插1束草把，以便通气。将消毒后的种子与湿沙混合，放入坑内，种子和沙体积比为1∶3或1∶5，或1层种子1层沙交错层积。每层厚度约为5厘米。沙子湿度以用手能握成团、不出水、松手触之即散开为宜。装到离地面20厘米左右为止，上覆5厘米河沙和10～20厘米厚的秸秆等，四周挖好排水沟。

栾树一般采用大田育苗（图8-23）。播种地要求土壤疏松透气，整地要平整、精细，对干旱少雨地区，播种前宜灌好底水。栾树种子的发芽率较低，用种量宜大，一般每平方米需50～100克。

春季3月播种，取出种子直接播种。在选择好的地块上施基肥，撒呋喃丹颗粒剂或锌硫磷颗粒剂每亩3000～4000克用于杀虫。采用阔幅条播，既利于幼苗通风透光，又便于管理。干藏的种子播种前45

图 8-22　栾树种子催芽

图 8-23　栾树播种苗

天左右，采用阔幅条播。播种后，覆一层 1～2 厘米厚的疏松细碎土，防止种子干燥失水或受鸟兽危害。随即用小水浇一次，然后用草、秸秆等材料覆盖，以提高地温，保持土壤水分，防止杂草滋长和土壤板结，约 20 天后苗出齐，撤去稻草。

（2）扦插繁殖

① 插条的采集。在秋季树木落叶后，结合一年生小苗平茬，把基径 0.5～2 厘米的树干收集起来作为种条，或采集多年生栾树的当年萌蘖苗干、徒长枝作种条，边采集边打捆。整理好后立即用湿土或湿沙掩埋，使其不失水分以备作插穗用。

② 插穗的剪取。取出掩埋的插条，剪成 15 厘米左右的小段，上剪口平剪，距芽 1.5 厘米，下剪口在靠近芽下剪切，下剪口斜剪。

③ 插穗的冬藏。冬藏地点应选择不易积水的背阴处，沟深 80 厘米左右，沟宽和长视插穗量而定。在沟底铺一层深约 2～3 厘米的湿沙，把插穗竖放在沙藏沟内。注意叶芽方向向上，单层摆放，再覆盖 50～60 厘米厚的湿沙。

④ 扦插。插壤以含腐殖质较丰富、土壤疏松、通气性好、保水性好的壤质土为好，施腐熟有机肥。插壤秋季准备好，深耕细作，整平整细，翌年春季扦插。株行距 30 厘米×50 厘米，先用木棍打孔，直插，插穗外露 1～2 个芽。

⑤ 插后管理。保持土壤水分，适当搭建荫棚并施氮肥、磷肥，进行适当灌溉并追肥，苗木硬化期时，控水控肥，促使木质化。

3. 栽培管理技术

（1）遮阴　遮阴时间、遮阴度应视当时当地的气温和气候条件而定，以保证其幼苗不受日灼危害为度。进入秋季要逐步延长光照时间和光照强度，直至接受全光，以提高幼苗的木质化程度。

（2）间苗、补苗　幼苗长到5～10厘米高时要间苗，以株距10～15厘米间苗后结合浇水施追肥，每平方米留苗12株左右。间苗要求间小留大，去劣留优，间密留稀，全苗等距，并在阴雨天进行为好。结合间苗，对缺株进行补苗处理，以保证幼苗分布均匀。

（3）苗木移植与日常管理　芽苗移栽能促使苗木根系发达，一年生苗高50～70厘米。栾树属深根性树种，宜多次移植以形成良好的有效根系。播种苗于当年秋季落叶后即可掘起入沟假植，翌春分栽。由于栾树树干不易长直，第一次移植时要平茬截干，并加强肥水管理。春季从基部萌蘖出枝条，选留通直、健壮者培养成主干，则主干生长快速、通直。第一次截干达不到要求的，第二年春季可再行截干处理。以后每隔3年左右移植一次，移植时要适当剪短主根和粗侧根，以促发新根。栾树幼树生长缓慢，前两次移植宜适当密植，利于培养通直的主干，节省土地。此后应适当稀疏，培养完好的树冠。要经常松土、除草、浇水，保持床面湿润，发芽后要经常抹芽，只留最强壮的一芽培养成主干。生长期经常松土、锄草、浇水、追肥，至秋季就可养成通直的树干。

（4）施肥　施肥是培育壮苗的重要措施。幼苗出土长根后，宜结合浇水勤施肥。在生长旺期，应施以氮为主的速效性肥料，促进植株的营养生长。入秋，要停施氮肥，增施磷、钾肥，以提高植株的木质化程度，提高苗木的抗寒能力。冬季，宜施农家有机肥料作为基肥，既可为苗木生长提供持效性养分，又可起到保温、改良土壤的作用。随着苗木的生长，要逐步加大施肥量，以满足苗木生长对养分的需求。第一次追肥量应少，每亩2500～3000克氮素化肥，以后隔15天施一次肥，肥量可稍大。

七、珙桐 *Davidia involucrata* Baill.

1. 形态特征及习性

蓝果树科珙桐属落叶乔木（图8-24），高15～20米，稀达25米；

图 8-24　珙桐全株

图 8-25　珙桐叶片

图 8-26　珙桐的花

图 8-27　珙桐的果实

胸高直径约 1 米。树皮深灰色或深褐色，常裂成不规则的薄片而脱落。幼枝圆柱形，当年生枝紫绿色，无毛，多年生枝深褐色或深灰色。冬芽锥形，具 4～5 对卵形鳞片，常成覆瓦状排列。叶（图 8-25）纸质，互生，无托叶，常密集于幼枝顶端，阔卵形或近圆形，常长 9～15 厘米，宽 7～12 厘米，顶端急尖或短急尖，具微弯曲的尖头，基部心脏形或深心脏形，边缘有三角形而尖端锐尖的粗锯齿，上面亮绿色，初被很稀疏的长柔毛，渐老时无毛，下面密被淡黄色或淡白色丝状粗毛，中脉和 8～9 对侧脉均在上面显著，在下面凸起；叶柄圆柱形，长 4～5 厘米，稀达 7 厘米，幼时被稀疏的短柔毛。两性花与雄花同株，由多数的雄花与 1 个雌花或两性花成近球形组成头状花序（图 8-26），直径约 2 厘米，着生于幼枝的顶端，两性花位于花序的顶端，雄花环绕于其周围，基部具纸质、矩圆状卵形或矩圆状倒卵形花瓣状的苞片 2～3 枚，长 7～15 厘米，稀达 20 厘米，宽 3～5 厘米，稀达 10 厘米，初淡绿色，继变为乳白色，后变为棕黄色而脱落。雄花无花萼及花瓣，有雄蕊 1～7，长 6～8 毫米，花丝纤细，无毛，花药椭圆形，紫色；雌花或两性花具下位子房，6～10室，与花托合生，子房的顶端具退化的花被及短小的雄蕊，花柱粗壮，分成6～10枝，柱头向外平展，每室有1枚胚珠，常下垂。果实（图8-27）为长卵圆形核果，长3～4厘米，直径15～20毫米，紫绿色具黄色斑点，外果皮很薄，中果皮肉质，内果皮骨质具沟纹，种子3～5枚；果梗粗壮，圆柱形。花期4月，果期10月。

珙桐喜欢生长在海拔1500～2200米的润湿的常绿阔叶、落叶阔叶混交林中。多生于空气阴湿处，喜中性或微酸性腐殖质深厚的土壤，在干燥多风、日光直射之处生长不良，不耐瘠薄，不耐干旱。幼苗生长缓慢，喜阴湿，成年树趋于喜光。

珙桐分布区的气候为凉爽湿润型，湿潮多雨，夏凉，冬季较温和，年平均气温8.9～15℃，1月平均气温0.43～3.60℃，7月平均气温18.4～22.5℃，年降水量600～2600.9毫米，大于10℃活动积温2897.0～5153.3℃。珙桐分布区的土壤多为山地黄壤和山地黄棕壤，pH在4.5～6.0，土层较厚，多为含有大量砾石碎片的坡积物，基岩为沙岩、板岩和页岩。珙桐多分布在深切割的山间溪沟两侧、山坡沟谷地段，山势非常陡峻，坡度约在30°以上。

知识链接：

珙桐有“植物活化石”之称，是国家8种一级重点保护植物中的珍品，因其花形酷似展翅飞翔的白鸽而被西方植物学家命名为“中国鸽子树”。由于森林的砍伐破坏及挖掘野生苗栽植，数量较少，分布范围也日益缩小，若不采取保护措施，有被其他阔叶树种更替的危险。珙桐是距今6000万年前新生代第三纪古热带植物区系的孑遗种。

2.繁殖育苗及栽培管理技术

（1）播种繁殖及栽培管理技术　选择排水良好、既肥沃又湿润的沙壤土或壤土作苗床，苗床四周开沟深度不得低于40厘米。土壤pH值要求不严，即使含盐量0.15%的土壤，珙桐树苗亦能生长发育。

播种要用代森锌、多菌灵、托布津、福尔马林等药剂进行土壤消毒并深翻。播种前在苗田开沟，深10～15厘米，宽5～8厘米，再将处理好的种子按10～15厘米距离放入沟中，覆土压实并浇透水。图8-28所示为珙桐播种苗。

图8-28 珙桐播种苗

珙桐种子破壳萌芽时不耐水湿，刚出土的幼苗若长时间在阴湿环境中，则根、茎、叶易腐烂，且死亡率高。排水良好的坡地作为苗床出苗率高。因此，种子萌发至出现真叶前应注意土壤不能太湿。如遇长时间阴雨天气，除注意做好排水防涝工作外，还要喷1000倍液的托布津或500倍液的代森锌。一般情况下，珙桐种子在月平均气温0.56℃，旬平均气温－0.43℃时开始萌动。月平均气温达到2.3℃，旬平均气温为3.5℃时幼苗即开始出土。但刚出土的幼苗不耐低温，如遇寒潮，应当预先架设密封的塑料薄膜棚防寒。幼苗真叶出齐后，即可施一次0.5%～1%的复合液肥或低浓度人粪尿液壮苗，同时除净田间杂草。当年幼苗即可长到30～50厘米高，第二年一般可长到120～150厘米。幼苗长到30厘米以上，地径粗达0.4厘米时就可出圃移栽定植。移苗时间宜选在落叶后或翌春萌芽前，注意起苗时勿碰伤根皮和顶芽。对过于细长的侧根和侧枝可进行适当回缩修剪。珙桐根系发达，移植时栽植穴要求穴大底平，必须苗正根展。回填土要分层捣实，根茎培土应比原土位高出15～20厘米。移栽完毕要浇透定根水，使土壤与根系充分密接。小苗移栽成片定植，应架设遮阳棚，使小苗安全过夏。珙桐喜凉爽湿润环境，最好是与其他阔叶乔木或常绿乔木混栽。

(2)扦插繁殖　育苗用一年生枝条作插穗，长15～20厘米，直径0.3厘米以上，每个插穗上至少要有2个节间、2个芽，切口平滑不伤皮。3月上旬，在土壤刚化冻、芽萌动前扦插。插前细致整地，施足基肥，使土壤疏松、水分充足。行距20厘米，株距10厘米。

以直插为主，插条深度因环境条件而异。过深土壤氧气不足，不利于插穗生根；过浅枝条外露多，蒸发量大，插穗易失水干枯。如在扦插时气候寒冷而干燥，插后上端应适当覆土；在温暖、湿润条件下，上面第一个芽子微露地表即可。由于枝条有极性现象，扦插时，切勿倒插。插后要踏实，使插穗和土壤密接，严防插穗下端蹬空，插后立即灌透水。插穗成活后，要适时灌溉、松土、除草、施肥和防治病虫。扦插育苗成苗率在60%左右。扦插前若用ABT生根粉对插穗进行处理，成苗率可提高10%～20%。图8-29所示为珙桐扦插苗。

图8-29 珙桐扦插苗

(3) 嫁接繁殖 珙桐嫁接宜选用2～3年生的实生苗作砧木。在穗条的选择上，最好选取开花树的树冠外围、向阳、无病虫害、健壮的当年生枝条，在落叶后采集，最迟在枝条萌发前2～3周采集。嫁接的方法主要采取枝接和T字形芽接两种办法，枝接在砧木树液开始流动时进行，T字形芽接一般在7～9月树木生长旺盛季节进行。T字形芽接法适合粗壮的砧木。

八、楸树 *Catalpa bungei* C. A. Mey

1. 形态特征及习性

紫葳科梓属小乔木（图8-30），高8～12米。如图8-31所示为楸树树干。叶（图8-32）三角状卵形或卵状长圆形，长6～15厘米，宽达8厘米，顶端长渐尖，基部截形、阔楔形或心形，有时基部具有1～2牙齿，叶面深绿色，叶背无毛；叶柄长2～8厘米。

图 8-30　楸树全株

图 8-31　楸树树干

顶生伞房状总状花序（图 8-33），有花 2～12 朵。花萼蕾时圆球形，2 唇开裂，顶端有 2 尖齿。花冠淡红色，内面具有 2 黄色条纹及暗紫色斑点，长 3～3.5 厘米。蒴果线形，长 25～45 厘米，宽约 6 毫米。种子狭长椭圆形，长约 1 厘米，宽约 2 厘米，两端生长毛。花期 5～6 月，果期 6～10 月。

图 8-32　楸树枝叶

图 8-33　楸树的花

喜光，较耐寒，适生长于年平均气温 10～15℃、降水量 700～1200 毫米的环境。喜深厚肥沃湿润的土壤，不耐干旱、积水，忌地下水位过高，稍耐盐碱。萌蘖性强，幼树生长慢，10 年以后生长加快，侧根发达。耐烟尘，抗有害气体能力强。寿命长。自花不孕，往往开花而不结实。

产于河北、河南、山东、山西、陕西、甘肃、江苏、浙江、湖南。在广西、贵州、云南有栽培。

2.繁殖育苗及栽培管理技术

（1）繁殖方法　常见嫁接繁殖，冬季和春季均可进行，以劈接和芽接为主。劈接时先将接穗留一轮芽，在芽上部0.5厘米和下部0.5～12.5厘米处剪下，下部修成楔形口中待接。将砧木距地表3～12.5厘米处剪去，选光滑面沿髓心劈开，拔刀时用拇指和食指捏紧接穗插入刀口。注意接穗和砧木的形成层要对好。若砧木和接穗夹得不紧牢，可用麻绳和塑料条捆绑，然后用湿土封好伤口。10～15天即可萌芽抽梢。芽接以嵌芽接为主。芽接从春季到晚秋均可进行。冬季利用农闲时间，挖出梓砧在室内嫁接，接后在室内或窑内堆放整齐，湿沙贮藏，促进其接口愈合。早春转入圃地定植，株行距1米×0.4米，每亩1500～2000株。春季“清明”前后嫁接为好。在苗圃地随平茬，随嫁接，随封土，嫁接成活率一般在90%左右。

(2) 栽培管理技术　楸树对水分的要求比较严格，在日常养护中应加以重视。以春天栽植的苗子为例，除浇好头三水外，还应该于5月、6月、9月、10月备浇到两次透水，7月和8月是降水丰沛期，如果不是过于干旱则可以不浇水，12月初要浇足浇透防冻水。第二年春天3月初应及时浇返青水，4月、5月、6月、9月、10月浇两次透水，12月初浇防冻水。第三年可按第二年的方法浇水。第四年后除浇好返青水和防冻水外，可靠自然降水生长，但降水少天气过于干旱时仍应浇水，对生长多年的行道树也应在干旱时浇水，这样有利于植株的生长和延长寿命。楸树喜肥，除在栽植时施足基肥外，还应于每年秋末结合浇防冻水施些经腐熟发酵的芝麻酱渣或牛马粪，在5月初给植株施用些尿素，可使植株枝叶繁茂，加速生长，7月下旬施用些磷钾肥，能有效提高植株枝条的木质化程度，利于植株安全越冬。

九、梓树 *Catalpa ovata* G. Don.

1.形态特征及习性

梓树属于紫葳科梓属落叶乔木（图8-34），一般高6米，最高可达15米。树冠伞形，主干通直平滑，呈暗灰色或者灰褐色，嫩枝具稀疏柔毛。

叶（图8-35）对生或近于对生，有时轮生，叶阔卵形，长宽相近，长约25厘米，顶端渐尖，基部心形，全缘或浅波状，常3浅裂，叶片上面及下面均粗糙，微被柔毛或近于无毛，侧脉 4～6 对，基部掌状脉 5～7 条；叶柄长 6～18 厘米。

圆锥花序（图 8-36）顶生，长 10～18 厘米，花序梗微被疏毛，长 12～28 厘米；花梗长 3～8 毫米，疏生毛；长 6～8 毫米；花萼圆球形，花萼 2 裂，裂片广卵形，顶端锐尖；花冠钟状，浅黄色，长约 2 厘米，二唇形，上唇 2 裂，长约 5 毫米，下唇 3 裂，中裂片长约 9 毫米，侧裂片长约 6 毫米，边缘波状，筒部内有 2 黄色条带及暗紫色斑点，长约 2.5 厘米，直径约 2 厘米。能育雄蕊 2，花丝插生于花冠筒上，花药叉开；退化雄蕊 3。子房上位，棒状。花柱丝形，柱头 2 裂。蒴果（图 8-37）线形，下垂，深褐色，长 20～30 厘米，粗 5～7 毫米，冬季不落。种子长椭圆形，两端密生长柔毛，连毛长约 3 厘米，宽约 3 毫米，背部略隆起。花期 6～7 月，果期 8～10 月。

图 8-34　梓树全株

图 8-35　梓树枝叶

图 8-36　梓树的花

图 8-37　梓树的蒴果

梓树适应性较强，喜温暖，也能耐寒。土壤以深厚、湿润、肥沃的夹沙土较好。不耐干旱瘠薄。抗污染能力强，生长较快。可利用边角隙地栽培。

生于海拔 500～2500 米的低山河谷，湿润土壤，野生者已不可见，多栽培于村庄附近及公路两旁。

分布于中国长江流域及以北地区、东北南部、华北、西北、华中、西南。日本也有分布。

2. 繁殖育苗及栽培管理技术

（1）繁殖方法　采用种子繁殖、育苗移栽。3～4 月在整好的地上做 1.3 米宽的畦，在畦上开横沟，沟距 33 厘米，深约 7 厘米，插幅约 10 厘米，施人畜粪水，把种子混合于草木灰内，每公顷用种子 15 千克左右，均匀撒入沟里，上盖草木灰或细土 1 层，并盖草，至发芽时揭去。培育 1 年即可移栽。在冬季落叶后至早春发芽前挖起幼苗，将根部稍加修剪，在选好的地上，按株行距各约 2～3 米开穴，每穴栽植 1 株，盖土压紧，浇水。

播种繁殖 9 月底至 11 月采种，日晒开裂，取出种子干藏，翌年 3 月将种子混湿沙催芽，待种子有 30％以上发芽时条播，覆土厚度 2～3 厘米；发芽率 40％～50％，当年苗高可达 1 米左右。图 8-38 所示为梓树播种苗。

图 8-38　梓树播种苗

扦插繁殖嫩枝扦插于夏季 6～7 月采取当年生半木质化枝条，剪成长 12～15 厘米的插穗，基部速蘸 500 毫克/升吲哚乙酸，插入扦插床内，保温保湿，遮阳，约20天即可生根。

（2）栽培管理　种子发芽后，要注意除草，苗高7～10厘米时匀苗，每隔7～10厘米，有苗1株，并行，中耕、除草、追肥1次，在6～7月再行中耕、除草1次。第2年春季中耕、除草、追肥1次。移栽后的3～5年内，每年都要松穴除草3次，在春、夏、冬季进行。并自第3年起每年冬季要适当剪去侧枝，培育主干，以利于生长。移栽定植宜在早春萌芽前进行。定植株行距为12.5厘米×17.5厘米，生长期应适时灌水、中耕、除草，随时剪除萌蘖。6～7月结合浇水追肥；8月停施氮肥，增施1次磷钾肥；后期生长控制浇水，以促使其木质化，利于越冬。由于梓树幼苗冬季易失水抽条，因此幼苗宜入冬起苗假植越冬，翌年春重新栽植。1～2年生苗木每年均需越冬保护，以防抽条影响其主干生长。梓树生长迅速，材质较软，易受吉丁虫和天牛为害，应注意及时防治。若发现有虫孔和木屑时，应立即用黄磷、硫酸或烟油等填入孔中，再用黏泥封口使虫窒息。此外，也可用细铜丝钩将虫刺死拖出，再填泥封口。

十、北美香柏 *Thuja occidentalis* L.

1. 形态特征及习性

柏科崖柏属乔木（图8-39），在原产地高达20米；树皮红褐色或橘红色，稀呈灰褐色，纵裂成条状块片脱落；枝条开展，树冠塔形；当年生小枝扁，2～3年后逐渐变成圆柱形。叶（图8-40）鳞形，先端尖，小枝上面的叶绿色或深绿色，下面的叶灰绿色或淡黄绿色，中央的叶楔状菱形或斜方形，长1.5～3毫米，宽1.2～2毫米，尖头下方有透明隆起的圆形腺点，主枝上鳞叶的腺点较侧枝的为大，两侧的叶船形，叶缘瓦覆于中央叶的边缘，常较中央的叶稍短或等长，尖头内弯。球果（图8-41）幼时直立，绿色，后呈黄绿色、淡黄色或黄褐色，成熟时淡红褐色，向下弯垂，长椭圆形，长8～13毫米，径6～10毫米；种鳞通常5对，稀4对，薄木质，靠近顶端有突起的尖头，下部2～3对种鳞能育，卵状椭圆形或宽椭圆形，各有1～2粒种子，上部2对不育，常呈条形，最上一对的中下部常结合而生。种子（图8-42）扁，两侧具翅。

图 8-39 北美香柏全株

图 8-40 北美香柏枝叶

图 8-41 北美香柏果实

图 8-42 北美香柏种子

喜光，耐阴，对土壤要求不严，能生长于温润的碱性土中。耐修剪，抗烟尘和有毒气体的能力强。生长较慢，寿命长。

2.繁殖育苗及栽培管理技术

常用扦插繁殖，亦可播种和嫁接。研究结果表明，处理时间、插穗年龄、激素浓度等对北美香柏的扦插成活都有着非常重要的影响。

十一、日本厚朴 *Magnolia hypoleuca*

1.形态特征及习性

木兰科木兰属落叶乔木（图 8-43），高达 30 米，小枝初绿后变紫色，无毛，芽无毛。叶（图 8-44）假轮生集聚于枝端，倒卵形，长 20～38(45) 厘米，宽 12～18(20) 厘米，先端短急尖，基部楔形或阔楔形，上面绿色，下面苍白色，被白色弯曲长柔毛，侧脉每边 20～24 条，叶柄长 2.5～4.5(7) 厘米，初被白色长柔毛，托叶痕为叶柄长之半或过半。花（图 8-45）乳白色，杯状，直立，香气浓，直径 14～20 厘米，花被片 9～12，外轮 3 片较短，黄绿色，背面染红色，内轮 6 片或 9 片，倒卵形或椭圆状倒卵形，长 8.5～12 厘米，宽 1.5～4.5 厘米；雄蕊长 1.5～2 厘米，花丝紫红色，药隔伸出成钝尖；雌蕊群长 3 厘米。聚合果（图 8-46）熟时鲜红色，圆柱状长圆形，长 12～20 厘米，直径 6 厘米，下垂；蓇葖具长喙，最下部蓇葖基部沿果托下延而形成聚合果的基部尖；种子外种皮鲜红色，内种皮黑色。花期 6～7 月，果期 9～10 月。

原产于千岛群岛以南，我国东北、青岛、北京及广州有栽培。

图 8-43　日本厚朴的全株

图 8-44　日本厚朴的叶片

图 8-45　日本厚朴的花

图 8-46　日本厚朴的果实

2. 繁殖育苗及栽培管理技术

常见种子繁殖、分株繁殖或压条繁殖等方法。

（1）种子繁殖

① 选种。选择树龄 15 年以上的树采种。为保证种子质量，在初

开花时，每株留少数花，其余的花均采摘入药。10 月中下旬当果皮微露出红色种子时，采下果实，选择果大、饱满无病虫害的作种。采集时连同聚合果采下，放在通风处，取出种子，每千克含 3000～3200 粒种子，把种子贮于干燥处，以备播种用。

② 种子处理。播种前需对种子外皮进行脱脂处理。一般将种子在冷水中浸泡 1～3 天，然后捞出，用粗沙将外表红色假种皮搓掉，以提高发芽率，一般可达 70%～80%，最高可达 90%。

③ 整地。育苗地可选择低海拔的坡地或平地，施足有机肥，深翻 30 厘米，然后耙细整平，做成宽 1.2 米的高畦，作为苗床。

图 8-47　日本厚朴的播种苗

④ 播种。次年 2～3 月雨季前进行条播，行距 30 厘米，深 5 厘米，将种子均匀播于沟内，覆细土 3～4 厘米厚，镇压，浇水湿润，每亩播种量 12～15 千克（图 8-47）。

⑤ 育苗期管理。日本厚朴抗寒、抗热性强，怕旱。育苗期，夏季高温干旱时，应均匀浇水，保持土壤湿润，以利于发芽，并用草覆盖保墒；幼苗期应及时拔除地内杂草，清除残叶杂物，苗长到高达 6～8 厘米，追肥 1 次，以后每次除草、松土后，均应适当施肥。

（2）分株繁殖　在种子缺少的地方，可采取留桩萌条法繁殖，将剥皮后的树干从地面处砍伐，树桩用细土堆盖，当年可从树基部萌发出 4～6 个枝条，高达 50 厘米。次年春，将新枝条连带老桩上的少许树皮一同砍下，以保证营养来源，然后用细土原地堆壅好，新株伤部即可长出新根，当年秋季就可移栽。

（3）压条繁殖　在 10 年左右的植株上，近地面处选 1～2 年生优良枝条，于 11 月至翌年早春，按曲枝压条法繁殖。翌年春生根发芽，长至 30～40 厘米时即可栽植。

另外，还可在早春冰雪融化后，挖取老树基部萌生带有须根的苗，将其与地面成 15°的角斜栽，茎露出地面，不久茎基可抽出一直立侧茎且生长旺盛，当年可达 130 厘米。

十二、火炬树 *Rhus typhina* Nutt

1. 形态特征及习性

火炬树为漆树科盐肤木属落叶小乔木（图 8-48），高达 12 米。柄下芽。小枝密生灰色茸毛。奇数羽状复叶（图 8-49），小叶（图 8-49）19～23（11～31），长椭圆状披针形，长 5～13 厘米，缘有锯齿，先端长渐尖，基部圆形或宽楔形，上面深绿色，下面苍白色，两面有茸毛，老时脱落，叶轴无翅。

圆锥花序（图 8-49、图 8-50）顶生，密生茸毛，花淡绿色，雌花花柱有红色刺毛。

核果深红色，密生茸毛，花柱宿存，密集成火炬形。花期 6～7 月，果期 8～9 月。图 8-51 所示为火炬树秋景。

喜光，耐寒，对土壤适应性强，耐干旱瘠薄，耐水湿，耐盐碱。根系发达，萌蘖性强，四年内可萌发 30～50 萌蘖株。浅根性，生长

图 8-48　火炬树全株

图 8-49　火炬树枝叶和花

图 8-50　火炬树的花

图 8-51　火炬树秋景

快，寿命短。

2.繁殖育苗及栽培管理技术

（1）种子繁殖　火炬树种子较小，种皮坚硬，其外部被红色针刺毛。播前用碱水揉搓，去其种皮外红色茸毛和种皮上的蜡质。然后用85℃热水浸烫5分钟，捞出后混湿沙埋藏，置于20℃室内催芽，视水分蒸发状况适量洒水。20天露芽时即可播种。每亩播种量3.5～5千克，行距35厘米。将种子撒入深2厘米的沟内，再覆细土，做成小埂，以利于保墒。要适当喷水，保持土壤湿润。20天后基本出齐。当年苗高80厘米，地径1～1.5厘米（图8-52）。

（2）根插　火炬树侧根多，且水平延伸。每年苗木出圃时，选择粗度在1厘米以上的侧根，剪成20厘米长的根段，按根的极性，顶部向上，茎部向下，以40厘米×30厘米的株距，直插在整好的圃地上。插后根段顶部覆2～4厘米薄土，经常喷水保持湿润。一般是先发不定芽，破土长出新枝，然后生根成活。当年苗高1米以上。

（3）根蘖繁殖　两年生以上的火炬树周围，常萌发许多根蘖苗，可按行距选留，注意修除根蘖及过多的侧枝，培育成树形良好的壮苗。当年苗高可达1.5～2米。繁殖后第二年3月中旬即可移栽，定植株行距50厘米×40厘米。做好浇水、松土、除草工作，5～6月间各追肥一次，7月底前停止水肥。火炬树一般不发生病害。图8-53所示为火炬树根蘖苗。

图8-52　火炬树播种苗

图8-53　火炬树根蘖苗

播种苗及根插苗3年、根蘖苗2年胸径可达3～5厘米，可供造林。

十三、椴树 *Tilia tuan* Szyszyl.

1.形态特征及习性

椴树（原变种）为椴树科椴树属乔木（图8-54），高20米，树皮灰色，直裂；小枝近秃净，顶芽无毛或有微毛。叶（图8-55）卵圆形，长7～14厘米，宽5.5～9厘米，先端短尖或渐尖，基部单侧心形或斜截形，上面无毛，下面初时有星状茸毛，以后变秃净，在脉腋有毛丛，干后灰色或褐绿色，侧脉6～7对，边缘上半部有疏而小的齿突；叶柄长3～5厘米，近秃净。聚伞花序长8～13厘米，无毛；花柄长7～9毫米；苞片狭窄倒披针形，长10～16厘米，宽1.5～2.5厘米，无柄，先端钝，基部圆形或楔形，上面通常无毛，下面有星状柔毛，下半部5～7厘米与花序柄合生；萼片长圆状披针形，长5毫米，被茸毛，内面有长茸毛；花瓣长7～8毫米；退化雄蕊长6～7毫米；雌蕊长5毫米；子房有毛，花柱长4～5毫米（图8-56）。果实球形，宽8～10毫米，无棱，有小突起，被星状茸毛。花期7月。

图8-54　椴树全株

图8-55　椴树叶片

图8-56　椴树的花

图8-57　椴树播种苗

椴树适生于深厚、肥沃、湿润的土壤，山谷、山坡均可生长。深根性，生长速度中等，萌芽力强。椴木喜光，幼苗、幼树较耐阴，喜温凉湿润气候。常单株散生于红松阔叶混交林内。椴木对土壤要求严格，喜肥沃、排水良好的湿润土壤，不耐水湿沼泽地，耐寒，抗毒性强，虫害少。

主要分布于北温带和亚热带。产于江苏、浙江、福建、陕西、湖北、四川、云南、贵州、广西、湖南、江西。在黑龙江省纵贯鸡西、双鸭山两市辖区的完达山脉及密山、虎林、宝清、饶河境内的穆棱河与挠力河之间的那丹哈达拉岭，椴树的分布最多。

2.繁殖育苗及栽培管理技术

椴树常见播种繁殖。

（1）采种　当种子微变黄褐色时采集，阴干，除去果柄、苞片等。种子采集后经日晒，去杂，可得到纯净种子。贮藏种子的适宜含水量为 10%～12%。种子纯度要求 75%～90%。

（2）催芽　椴树种子有休眠特性，不经催芽处理，发芽不良，甚至当年不发芽。播种前 90～100 天进行种子处理，先用 40℃温水浸种 3 昼夜，捞出种子。晒干后用 0.5%高锰酸钾水溶液浸种 5 小时，然后捞出种子，晒干后准备催芽。催芽方法如下。在室内，按种沙体积比 1∶2 均匀混拌，沙湿度保持 60%。先进行暖湿阶段处理，种子温度 15～20℃，持续时间为 45 天左右，然后转入冷湿阶段处理，种沙温度 3～5℃，持续时间 45 天以上。经常翻动种子，待种子裂口率 30%时即可播种。

（3）整地做床　选择土壤肥沃、结构疏松、含腐殖质多、排水良好的沙质壤土地块进行整地、做床育苗。春播前 5 天进行整地，将石块和杂灌杂草连根彻底清除，施足肥，浅翻细耙，做高 15～20 厘米、宽 1.2 厘米、长 20～30 米的苗床。床面耙细整平，然后浇 1 次透水，待水渗透床面稍干时即可播种。

（4）播种　垄作或床作。播种地每公顷施腐熟基肥 6 万～7 万千克，春播垄作较好。垄宽 60 厘米，垄台宽 30 厘米，垄高 15 厘米。播种后覆土 10～15 厘米。用木磙镇压一两次。出苗前需要保持土壤湿润。播种量及覆土厚度根据种子大小决定。紫椴每亩播种5千克左右，覆土厚1厘米。处理良好的种子播种后15～20天大多数发芽出土，幼苗需搭荫棚以防日灼。图8-57所示为椴树播种苗。

十四、栎树 Quercus Linn

1.形态特征及习性

栎树为壳斗科栎属落叶或常绿乔木（图8-58），少数为灌木，高达25米。树皮暗灰褐色，略平滑，有些弯曲，顺风向有些倾斜，比较粗糙。小枝褐色，无毛。一般树干较为发黑。

叶片（图8-59）叶缘有锯齿，少有全缘。叶片在秋季落叶前会呈红褐色，从远处看十分美观。雄花柔荑花序下垂，雌花单生于总苞内。

坚果（图8-59）单生，果皮内壁无毛，不发育的胚珠位于种子基部的外侧。

栎树的分布与地势有一定的关系。在亚洲、欧洲、非洲、美洲均有分布，资源丰富，约有300种。中国有栎树60余种，以黑龙江、辽宁、吉林、内蒙古、山东、河南、贵州、广西、安徽、陕西、四川等省（区）为多。

图8-58 栎树全株

图8-59 栎树的枝叶和果实

2.繁殖育苗及栽培管理技术

种子繁殖，种子不需要处理即可发芽，但发芽时间较长。若播种前在5℃条件下处理30～45天，可以提高发芽率，2～3周即可发芽。每亩播种量在100～250千克，播种时应将种子横放，以利于胚根向下生长。覆土厚度 2～5 厘米，当年苗高可达 20～40 厘米。

栎树抗逆性强，耐干燥、高温和水湿，抗霜冻和城市环境污染，抗风性强，喜排水良好的土壤，但在黏重土壤中也能生长。生长速度中等，在潮湿、排水良好的土壤上每年长高 60 厘米。喜沙壤土或排水良好的微酸性土壤，耐环境污染，对贫瘠、干旱、偏酸性或碱性土壤适应能力强。

十五、花楸 *Sorbus pohuashanensis*

1. 形态特征及习性

蔷薇科花楸属落叶乔木（图 8-60），高达 10 米。小枝粗壮，圆柱形，灰褐色，具灰白色细小皮孔，嫩枝具茸毛，逐渐脱落，老时无毛。冬芽长大，长圆卵形，先端渐尖，具数枚红褐色鳞片，外面密被灰白色茸毛。奇数羽状复叶（图 8-61），连叶柄在内长 12～20 厘米，叶柄长 2.5～5 厘米；小叶片（图 8-61）5～7 对，间隔 1～2.5 厘米，基部和顶部的小叶片常稍小，卵状披针形或椭圆披针形，长 3～5 厘米，宽 1.4～1.8 厘米，先端急尖或短渐尖，基部偏斜圆形，边缘有细锐锯齿，基部或中部以下近全缘，上面具稀疏茸

图 8-60　花楸全株

图 8-61　花楸的枝叶和果实

图 8-62　花楸的花

毛或近于无毛，下面苍白色，有稀疏或较密集茸毛，间或无毛，侧脉9～16对，在叶边稍弯曲，下面中脉显著突起；叶轴有白色茸毛，老时近于无毛；托叶草质，宿存，宽卵形，有粗锐锯齿。

复伞房花序（图8-62）具多数密集花朵，总花梗和花梗均密被白色茸毛，成长时逐渐脱落；花梗长3～4毫米；花直径6～8毫米；萼筒钟状，外面有茸毛或近无毛，内面有茸毛；萼片三角形，先端急尖，内外两面均具茸毛；花瓣宽卵形或近圆形，长3.5～5毫米，宽3～4毫米，先端圆钝，白色，内面微具短柔毛；雄蕊20，几与花瓣等长；花柱3，基部具短柔毛，较雄蕊短。果实（图8-61）近球形，直径6～8毫米，红色或橘红色，具宿存闭合萼片。花期6月，果期9～10月。

性喜湿润土壤，多沿着溪涧山谷的阴坡生长。分布于我国东北、华北及甘肃、新疆等。

2.繁殖育苗技术

播种繁殖，种子采后须先沙藏层积，春天播种。

（1）采种　花楸果实9月成熟，但可在树上宿存，可延至冬季采集。

（2）调制　9～10月，将采收后的果实堆放在室内或装筐，待果实变软后将其捣碎，用水浮出果皮与果肉，晾干、去除杂质后可得到成熟种子。

花楸种子处理，强调冷、湿二字，温度超过5℃以上则停止发芽，因此种子处理最好于播种前4个月进行。方法是将种子用40℃温水浸泡24小时，再用0.5%的高锰酸钾水溶液消毒3小时后，捞出种子用清水冲洗数次，按种沙比例1∶3混合后置于0～5℃条件下，种沙湿度为饱和持水量的80%，要经常翻动，70天后种子陆续发芽，70～100天种子发芽率达到高峰。播种前一周取出种子，放入室内阴凉处，并检查发芽情况，准备播种。花楸种子可春播或秋播。

3.栽培管理技术

水分状况对播种苗的生长至关重要，秋播育苗，如果到翌年4月下旬天还不下雨，土层干燥，就要进行浇水，保持床面湿润，到5月上旬幼苗陆续出齐，这时取掉遮阴网，根据天气和土壤水分状况，适时浇水。春播育苗采取同样的管理方法。

幼苗出齐后应及时松土、除草，保持床面干净、土壤疏松、透水透气，促进苗木生长。尤其是7月份，苗木进入速生期，杂草较多，要及时清除。结合松土除草，可适当间苗，间去过密及病弱苗木，保证通风和光照。

第二节 新优园林灌木的繁殖培育技术

一、垂丝海棠 *Malus halliana* Koehne

1. 形态特征及习性

蔷薇科苹果属落叶大灌木（图8-63），高达5米，树冠疏散，枝开展。小枝细弱，微弯曲，圆柱形，最初有毛，不久脱落，紫色或紫褐色。冬芽卵形，先端渐尖，无毛或仅在鳞片边缘具柔毛，紫色。叶片（图8-64）卵形或椭圆形至长椭圆形，长3.5～8厘米，宽2.5～4.5厘米，先端长渐尖，基部楔形至近圆形，锯齿细钝或近全缘，质较厚实，表面有光泽，中脉有时具短柔毛，其余部分均无毛，上面深绿色，有光泽并常带紫晕。叶柄长5～25毫米，幼时被稀疏柔毛，老时近于无毛。托叶小，膜质，披针形，内面有毛，早落。

伞房花序（图8-64），花序中常有1～2朵花无雌蕊，具花4～6朵，花梗细弱，长2～4厘米，下垂，有稀疏柔毛，紫色；花直径3～3.5厘米。萼筒外面无毛；萼片三角卵形，长3～5毫米，先端钝，全缘，外面无毛，内面密被茸毛，与萼筒等长或稍短。花瓣倒卵形，长约1.5厘米，基部有短爪，粉红色，常在5数以上。雄蕊20～25，花丝长短不齐，约等于花瓣之半。花柱4或5，较雄蕊为长，基部有长茸毛，顶花有时缺少雌蕊。果实梨形或倒卵形，直径6～8毫米，略带紫色，成熟很迟，萼片脱落。果梗长2～5厘米。花期3～4月，果期9～10月。

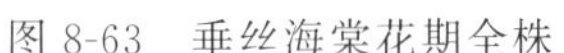

图 8-63　垂丝海棠花期全株　　　图 8-64　垂丝海棠的花和枝叶

垂丝海棠性喜阳光，不耐阴，也不甚耐寒，爱温暖湿润环境，适生于阳光充足、背风之处。土壤要求不严，微酸或微碱性土壤均可成长，但以土层深厚、疏松、肥沃、排水良好、略带黏质的生长更好。此花生性强健，栽培容易，不需要特殊技术管理，唯不耐水涝，盆栽须防止水渍，以免烂根。

产于江苏、浙江、安徽、陕西、四川、云南。生于山坡丛林中或山溪边，海拔 50～1200 米。

2. 繁殖育苗技术

垂丝海棠的繁殖，可采用扦插、分株、压条等方法。

（1）扦插　扦插以春插为多，方法是惊蛰时在室内进行，先在盆中装入疏松的沙质土壤，再从母株株丛基部取 12～16 厘米长的侧枝，插入盆土中，插入的深度约为 1/3～1/2，然后将土稍加压实，浇一次透水，放置遮阴处，此后注意经常保持土壤湿润，约经 3 个月可以生根。清明后移出温室，置背风向阳处。立夏以后视生根情况，若植株长至超过 25 厘米时，须进行摘心，10 天后即施第一次追肥（熟透稀粪液）；夏至过后换一次盆；立冬时移入室内。若盆土干燥须浇些水，但勿过多。次年清明移出温室，不久即可绽蕾开花。

夏插一般在入伏后进行。先选准母株株丛中中等枝条（基部已开始木质化的），剪取带 2～3 个叶的枝梢，插入盆土（如春插法养护），4～5 周即可生根。此时开始逐渐增加阳光，并注意保持盆土湿润。

立冬时移入低温室（不可高温）。来年即可开花。

（2）分株　分株方法简易，只需在春季3月间将母株根际旁边萌发出的小苗轻轻分离开来，尽量注意保留分出枝干的须根，剪去干梢，另植在预先准备好的盆中，注意保持盆土湿润。冬入室，夏遮阴，适当按时浇施肥液，2年即可开花。

（3）压条　压条在立夏至伏天之间进行，最为相宜。压条时，选取母株周围1～2个小株的枝条拧弯，压埋土中，深约12～16厘米，使枝梢大部分仍向上露出地面。待来年清明后切离母株，栽入另一新盆中。

3.栽培管理技术

垂丝海棠宜生活在光照充足、空气流通的环境。生长适温为15～28℃，地栽植株冬季能耐－15℃的低温，盆栽能耐－5℃的低温。夏季盆栽要适当遮阳，同时喷水增湿降温。冬季一般无须放进室内，将盆埋于土中即可。生长季节要有充足的水分供应，以不积水为准。春、夏应多浇水，夏季高温时早晚各浇一次水；梅雨期间及遇到久雨不晴要注意排水，防止盆内积水烂根；秋季减少浇水量，抑制生长，有利于越冬。

垂丝海棠盆栽（图8-65）在生长季节应每月追施一次稀薄的饼肥水；在现花蕾时追施一次速效磷肥；在花芽分化期间，连续追施2～3次速效磷肥，如0.2%磷酸二氢钾加0.1%尿素混合液，用以促进花芽分化的完成；秋季落叶后至春季萌动前，应停止追肥。修剪宜在花

图8-65　垂丝海棠盆栽

后或休眠期进行，剪短过长枝条，促生侧枝，增加花芽的形成，促进植株形成良好的株形。宜在早春、深秋翻盆，可结合翻盆整理根系、修剪枝条，在盆底放置腐熟的饼肥或厩肥为基肥。盆栽可通过冬季加温的措施，使其提前开花。

二、米兰 *Aglaia odorata* Lour

1. 形态特征及习性

楝科米仔兰属灌木或小乔木（图 8-66）；茎多小枝，幼枝顶部被星状锈色的鳞片。叶（图 8-67）长 5～12(16）厘米，叶轴和叶柄具狭翅，有小叶 3～5 片；小叶对生，厚纸质，长 2～7(11）厘米，宽 1～3.5(5）厘米，顶端 1 片最大，下部的远较顶端的为小，先端钝，基部楔形，两面均无毛，侧脉每边约 8 条，极纤细，和网脉均于两面微凸起。圆锥花序（图 8-67）腋生，长 5～10 厘米，稍疏散无毛；花芳香，直径约 2 毫米；雄花的花梗纤细，长 1.5～3 毫米，两性花的花梗稍短而粗；花萼 5 裂，裂片圆形；花瓣 5，黄色，长圆形或近圆形，长 1.5～2 毫米，顶端圆而截平；雄蕊管略短于花瓣，倒卵形或近钟形，外面无毛，顶端全缘或有圆齿；花药 5，卵形，内藏；子房卵形，密被黄色粗毛。果（图 8-68）为浆果，卵形或近球形，长 10～12 毫米，初时被散生的星状鳞片，后脱落；种子有肉质假种皮。花期 5～12 月，果期 7 月至翌年 3 月。

喜温暖湿润和阳光充足的环境，不耐寒，稍耐阴，土壤以疏松、肥沃的微酸性土壤为最好，冬季温度不低于 10℃，北方置于不低于 5℃的地方。

图 8-66　米兰全株

图 8-67　米兰的花和叶

图 8-68　米兰的果实　　　　图 8-69　米兰嫩枝扦插苗

产于广东、广西。常生于低海拔山地的疏林或灌木林中。福建、四川、贵州和云南等省常有栽培。分布于东南亚各国。

2.繁殖育苗及栽培管理技术

（1）繁殖方法　常用压条和扦插繁殖。压条，以高空压条为主，在梅雨季节选用一年生木质化枝条，于基部 20 厘米处作环状剥皮 1 厘米宽，用苔藓或泥炭敷于环剥部位，再用薄膜上下扎紧，2～3 个月可以生根。扦插，于 6～8 月剪取顶端嫩枝 10 厘米左右，插入泥炭中，2 个月后开始生根（图 8-69）。

（2）栽培管理技术　盆栽米兰幼苗注意遮阴，切忌强光暴晒，待幼苗长出新叶后，每 2 周施肥 1 次，但浇水量必须控制，不宜过湿。除盛夏中午遮阴以外，应多见阳光，这样米兰不仅开花次数多，而且香味浓郁。长江以北地区冬季必须搬入室内养护。米兰喜湿润，生长期间浇水要适量。若浇水过多，易导致烂根，使叶片黄枯脱落；开花期浇水太多，易引起落花落蕾；浇水过少，又会造成叶子边缘干枯、枯蕾。因此，夏季气温高时，除每天浇灌 1～2 次水外，还要经常用清水喷洗枝叶并向地面洒水，提高空气湿度。同时，施肥也要适当。由于米兰一年内开花次数较多，所以每开过一次花之后，都应及时追施 2～3 次充分腐熟的稀薄液肥，这样才能开花不绝，香气浓郁。米兰喜酸性土，盆栽宜选用以腐叶土为主的培养土。生长旺盛期，每周喷施一次 0.2% 硫酸亚铁液，则叶绿花繁。

三、猬实 *Kolkwitzia amabilis* Graebn

1. 形态特征及习生

忍冬科猬实属多分枝直立灌木（图 8-70），高达 3 米；幼枝红褐色，被短柔毛及糙毛，老枝光滑，茎皮剥落。叶（图 8-71）椭圆形至卵状椭圆形，长 3～8 厘米，宽 1.5～2.5 厘米，顶端尖或渐尖，基部圆或阔楔形，全缘，少有浅齿状，上面深绿色，两面散生短毛，脉上和边缘密被直柔毛和睫毛；叶柄长 1～2 毫米。伞房状聚伞花序（图 8-72）具长 1～1.5 厘米的总花梗，花梗几不存在；苞片披针形，紧贴子房基部；萼筒外面密生长刚毛，上部缢缩似颈，裂片钻状披针形，长 0.5 厘米，有短柔毛；花冠淡红色，长 1.5～2.5 厘米，直径 1～1.5 厘米，基部甚狭，中部以上突然扩大，外有短柔毛，裂片不等，其中两枚稍宽短，内面具黄色斑纹；花药宽椭圆形；花柱有软毛，柱头圆形，不伸出花冠筒外。果实密被黄色刺刚毛，顶端伸长如角，冠以宿存的萼齿（图 8-73）。花期 5～6 月，果熟期 8～9 月。

图 8-70　猬实全株

图 8-71　猬实枝叶

图 8-72　猬实的花

图 8-73　猬实的种子

分布区属冬春干燥寒冷、夏秋炎热多雨的半湿润、半干旱气候。极端最低温可达−21℃，年平均温度12～15℃，年降水量500～1100毫米，多集中于7～8月。土壤多为褐色土，呈微酸性至微碱性。在土层薄、岩石裸露的阳坡亦能正常生长，湿地则侧根易腐烂而逐渐枯死。猬实具有耐寒、耐旱的特性，在相对湿度过大、雨量多的地方，常生长不良，易患病虫害。猬实为喜光树种，在林荫下生长细弱，不能正常开花结实。

猬实为我国特有种。产于山西、陕西、甘肃、河南、湖北及安徽等省。模式标本采自陕西华山。

2. 繁殖育苗技术

对猬实可采用播种、扦插、分株、压条繁殖。播种应在9月采收成熟果实，取种子用湿沙层积贮藏越冬，春播后发芽整齐。扦插可在春季选取粗壮休眠枝，或在6～7月间用半木质化嫩枝，露地苗床扦插，容易生根成活。分株于春、秋两季均可，秋季分株后假植到春天栽植，易于成活。

3. 栽培管理技术

（1）移栽　播种幼苗高6～10厘米左右时进行间苗或移栽。扦插苗从扦插床移入大田时，应给予1周左右的遮阴，使其能尽快缓苗。苗木移栽一般在春季3～4月进行，选择排水良好、疏松肥沃的土壤为宜。移栽时要带土球，小苗裸根移栽也可，但要保持根系完整，蘸泥浆，并进行重剪，以减少蒸腾量。

（2）施肥　定植时最好施入一定量的基肥，生长期施氮肥，秋末改施磷钾肥，秋天施1次腐熟的有机肥，以保证花芽生长发育的需要，促使其花繁叶茂。

（3）管理　苗期应保持土壤湿润，经常中耕除草。生长季及干旱天气注意及时浇水，并进行中耕除草，增强土壤透气性，防止土壤板结。大苗移栽后连续浇4～5次透水，每次间隔7～10天。雨季应注意排水，积水易引起烂根。

四、火棘 *Pyracantha fortuneana* (Maxim.) Li

1. 形态特征及习性

蔷薇科火棘属常绿灌木（图8-74），高达3米；侧枝短，先端成

图 8-74　火棘全株

图 8-75　火棘的花

图 8-76　火棘的枝叶和果实

刺状，嫩枝外被锈色短柔毛，老枝暗褐色，无毛；芽小，外被短柔毛。叶片（图 8-76）倒卵形或倒卵状长圆形，长 1.5～6 厘米，宽 0.5～2 厘米，先端圆钝或微凹，有时具短尖头，基部楔形，下延连于叶柄，边缘有钝锯齿，齿尖向内弯，近基部全缘，两面皆无毛；叶柄短，无毛或嫩时有柔毛。

花集成复伞房花序（图 8-75），直径 3～4 厘米，花梗和总花梗近于无毛，花梗长约 1 厘米；花直径约 1 厘米；萼筒钟状，无毛；萼片三角卵形，先端钝；花瓣白色，近圆形，长约 4 毫米，宽约 3 毫米；雄蕊 20，花丝长 3～4 毫米，花药黄色；花柱 5，离生，与雄蕊等长，子房上部密生白色柔毛。果实（图 8-76）近球形，直径约 5 毫米，橘红色或深红色。花期 3～5 月，果期 8～11 月。

喜强光，耐贫瘠，抗干旱，不耐寒；黄河以南露地种植，华北需盆栽，塑料棚或低温温室越冬，温度可低至 0℃。对土壤要求不严，而以排水良好、湿润、疏松的中性或微酸性壤土为好。

分布于中国黄河以南及广大西南地区。全属 10 个种，中国产 7 个种。国外已培育出许多优良栽培品种。产于陕西、江苏、浙江、福建、湖北、湖南、广西、四川、云南、贵州等省（区）。

图 8-77 火棘种子

2. 繁殖育苗技术

(1) 种子繁殖 火棘果实10月成熟，可在树上宿存到次年2月，采收种子以10～12月为宜，采收后及时除去果肉，将种子冲洗干净，晒干备用（图8-77）。火棘以秋播为好，播种前可用万分之二浓度的赤霉素处理种子，在整理好的苗床上按行距20～30厘米，开深5厘米的长沟，撒播沟中，覆土3厘米。图8-78所示为火棘播种苗。

(2) 扦插繁殖 1～2年生枝，剪成长12～15厘米的插穗，下端马耳形，在整理好的插床上开深10厘米的小沟，将插穗呈30°斜角摆放于沟边，穗条间距10厘米，上部露出床面2～5厘米，覆土踏实。扦插时间从11月至翌年3月均可进行，成活率一般在90%以上（图8-79）。

图 8-78 火棘播种苗

图 8-79 火棘扦插苗

3. 栽培管理技术

(1) 施肥 火棘施肥应依据不同的生长发育期进行。移栽定植时要下足基肥，基肥以豆饼、油柏、鸡粪和骨粉等有机肥为主，定植成活3个月再施无机复合肥。之后，为促进枝干的生长发育和植株尽早成型，施肥应以氮肥为主。植株成型后，每年在开花前，应适当多施磷、钾肥，以促进植株生长旺盛，有利于植株开花结果。开花期间为促进坐果，提高果实质量和产量，可酌施0.2%磷酸二氢钾水溶液。冬季停止施肥，将有利于火棘度过休眠期。

（2）浇水　火棘耐干旱，但春季土壤干燥，可在开花前浇水1次，要灌足。开花期保持土壤偏干，有利于坐果，故不要浇水过多。如果花期正值雨季，还要注意挖沟排水，避免植株因水分过多造成落花。果实成熟收获后，在进入冬季休眠前要灌足越冬水。

五、风箱果 *Physocarpus amurensis*（Maxim.） Maxim

1. 形态特征及习性

蔷薇科风箱果属灌木（图8-80），高达3米；小枝圆柱形，稍弯曲，无毛或近于无毛，幼时紫红色，老时灰褐色，树皮成纵向剥裂；冬芽卵形，先端尖，外面被短柔毛。叶片（图8-81）三角卵形至宽卵形，长3.5～5.5厘米，宽3～5厘米，先端急尖或渐尖，基部心形或近心形，稀截形，通常基部3裂，稀5裂，边缘有重锯齿，下面微被星状毛与短柔毛，沿叶脉较密；叶柄长1.2～2.5厘米，微被柔毛或近于无毛；托叶线状披针形，顶端渐尖，边缘有不规则尖锐锯齿，长6～7毫米，无毛或近于无毛，早落。花序（图8-82）伞形总状，直径3～4厘米，花梗长1～1.8厘米，总花梗和花梗密被星状柔毛；苞片披针形，顶端有锯齿，两面微被星状毛，早落；花直径8～13毫米；萼筒杯状，外面被星状茸毛；萼片三角形，长约3～4毫米，宽约2毫米，先端急尖，全缘，内外两面均被星状茸毛；花瓣倒卵形，长约4毫米，宽约2毫米，先端圆钝，白色；雄蕊20～30，着生在萼筒边缘，花药紫色；心皮2～4，外被星状柔毛，花柱顶生。蓇葖果（图8-83）膨大，卵形，具长渐尖头，熟时沿背腹两缝开裂，外面微被星状柔毛，内含光亮黄色种子2～5枚。花期6月，果期7～8月。

图8-80　风箱果全株

图8-81　风箱果叶片

图 8-82　风箱果的花

图 8-83　风箱果果实

喜光，也耐半阴，耐寒性强，要求土壤湿润，但不耐水渍。

产于黑龙江（帽儿山）、河北（雾灵山、承德）。生于山沟中，在阔叶林边常丛生，常生于山顶、山沟、山坡林缘、灌丛中。

2.繁殖育苗及栽培管理技术

（1）繁殖方法　可播种、扦插繁殖（图 8-84、图 8-85），但以播种为多。

图 8-84　风箱果播种苗

图 8-85　风箱果扦插苗

风箱果一般采用种子繁殖，小兴安岭地区一般 10 月上旬采种，将种子脱粒后风干至含水量 7%～8%，去除空瘪粒，放于低温干燥处保存。翌年 5 月上旬将存贮的种子放于 35～40℃的温水中浸泡 12 小时，取出后置于 25～30℃的室内催芽，保持种子表面湿润，5～7 天后有 50%的露白后即可播种。每平方米撒播 3.5～4 克种子，每平方米用 3～5 克的五氯硝基苯拌 1～2 千克毒土覆盖，最后覆土 0.4 厘米。10 天即可出苗。

（2）栽培管理技术　出苗前注意保持土表湿润，幼苗期苗木根系不发达，应注意小水勤灌，后期若遇长期干旱适当浇水，一般情况下不用浇水。幼苗前期应注意氮肥的施用，一般每隔2周施1次尿素，每亩3～5千克。在8月中旬每亩叶面喷施含0.5克的磷酸二氢钾液2～3千克，以利于苗木顺利越冬。

播种后，出苗期每亩用60～90毫升的果尔500～800倍液喷洒床面，可防早期杂草，经除草剂处理的苗床，杂草较少，当年除草2～3次即可。

风箱果当年生苗秋季可达35～45厘米，其抗寒性极强，一般可露地越冬，不需特殊处理。

六、红花檵木 *Loropetalum chinense* var. *rubrum*

1.形态特征及习性

金缕梅科檵木属灌木（图8-86），有时为小乔木，多分枝，小枝有星毛。叶（图8-87）革质，卵形，长2～5厘米，宽1.5～2.5厘米，先端尖锐，基部钝，不等侧，上面略有粗毛或秃净，干后暗绿色，无光泽，下面被星毛，稍带灰白色，侧脉约5对，在上面明显，在下面突起，全缘；叶柄长2～5毫米，有星毛；托叶膜质，三角状披针形，长3～4毫米，宽1.5～2毫米，早落。花3～8朵簇生，有短花梗，白色，比新叶先开放，或与嫩叶同时开放，花序柄长约1厘米，被毛；苞片线形，长3毫米；萼筒杯状，被星毛，萼齿卵形，长约2毫米，花后脱落；花瓣4片，带状，长1～2厘米，先端圆或钝；雄蕊4个，花丝极短，药隔突出成角状；退化雄蕊4个，鳞片状，与雄蕊互生；子房完全下位，被星毛；花柱极短，长约1毫米；胚珠1个，垂生于心皮内上角。

图8-86　红花檵木全株

图8-87　红花檵木的叶片

喜光，稍耐阴，但阴时叶色容易变绿。适应性强，耐旱。喜温暖，耐寒冷。萌芽力和发枝力强，耐修剪。耐瘠薄，但适宜在肥沃、湿润的微酸性土壤中生长。

主要分布于长江中下游及以南地区。印度北部也有分布。产于湖南浏阳、长沙以及江苏苏州、无锡、宜兴、溧阳、句容等。

2. 繁殖育苗技术

（1）嫁接繁殖　主要用切接和芽接2种方法。嫁接于2～10月均可进行，切接以春季发芽前进行为好，芽接则宜在9～10月。以白檵木中、小型植株为砧木进行多头嫁接，加强水肥和修剪管理，1年内可以出圃。图8-88所示为高杆嫁接红花檵木。

（2）扦插繁殖　3～9月均可进行，选用疏松的黄土为扦插基质，确保扦插基质通气透水和较高的空气湿度，保持温暖但避免阳光直射，同时注意扦插环境通风透气。红花檵木插条在温暖湿润条件下，20～25天形成红色愈合体，1个月后即长出0.1厘米粗、1～6厘米长的新根3～9条。扦插法繁殖系数大，但长势较弱，出圃时间长，而多头嫁接的苗木生长势强，成苗出圃快，却较费工。嫩枝扦插于5～8月，采用当年生半木质化枝条，剪成7～10厘米长的插穗，插入土中1/3。插床基质可用珍珠岩或用2份河沙、6份黄土或山泥混合。插后搭棚遮阴，适时喷水，保持土壤湿润，30～40天即可生根（图8-89）。

图8-88　高杆嫁接红花檵木

图8-89　红花檵木扦插生根

（3）播种繁殖　春夏播种，红花檵木种子发芽率高，播种后25天左右发芽，1年能长到6～20厘米高，抽发3～6个枝。红花檵木实生苗新根呈红色、肉质，前期必须精细管理，直到根系木质化并变褐色时，方可粗放管理。有性繁殖因其苗期长，生长慢，且有白檵木苗出现（返祖现象），一般不用于苗木生产，而用于红花檵木育种研究。一般在10月采收种子，11月份冬播或将种子密封干藏至翌春播种，种子用沙子擦破种皮后条播于半沙土苗床，播后25天左右发芽，发芽率较低。1年生苗高可达6～20厘米，抽发3～6个枝，2年后可出圃定植。

3.栽培管理技术

红花檵木移栽前，施肥要选腐熟有机肥为主的基肥，结合撒施或穴施复合肥，注意充分拌匀，以免伤根。生长季节用中性叶面肥800～1000倍稀释液进行叶面追肥，每月喷2～3次，以促进新梢生长。南方梅雨季节，应注意保持排水良好，高温干旱季节，应保证早、晚各浇水1次，中午结合喷水降温；北方地区因土壤、空气干燥，必须及时浇水，保持土壤湿润，秋冬及早春注意喷水，保持叶面清洁、湿润。

七、雪球海棠 *Malus snowdrift*

1.形态特征及习性

蔷薇科苹果属灌木或小乔木（图8-90），高5～7米，树冠密集，规则对称，刺状短枝发达。叶片（图8-91）亮绿色，椭圆形，锯齿尖，先端渐尖，秋叶变黄。在临沂世纪果树苗木基地经过种子、花期及幼苗的筛选，幼苗的花蕾粉红色，开后白色，直径3.5厘米，花柱3(4)，略高于雄蕊（图8-91）。花梗毛稀，萼筒光滑无毛，花朵繁密。果实（图8-92）球形，直径0.8厘米，橙色，经冬不落。花期4月中下旬，果熟期8月，宿存。

图8-90　雪球海棠全株

图8-91　雪球海棠的枝叶和花

图 8-92　雪球海棠的果实

喜光，耐寒，耐旱，忌水湿。

2. 繁殖育苗技术

（1）扦插　扦插以采用春插为多，于惊蛰时在室内进行。夏插一般在入伏后进行。

（2）压条　压条在立夏至伏天之间进行，最为相宜。

（3）嫁接　多以野海棠（湖北海棠）或山荆子的实生苗为砧木。3 月份进行切接，6～7 月进行芽接。

3. 栽培管理技术

一般栽植的大苗要带土球，小苗要根据情况留宿土。苗木栽植后要加强抚育管理，经常保持土壤疏松肥沃。每年秋、冬季可在根际处换培一批塘泥或肥土。在落叶后至早春萌芽前进行修剪，把病枯枝剪除，以保持树冠疏散，通风透光。为促进植株开花旺盛，要把徒长枝短截，使所留的腋芽均可获得较多营养物质，形成较多的开花结果枝。

八、金缕梅 *Hamamelis mollis* Oliver

1. 形态特征及习性

金缕梅科金缕梅属落叶灌木或小乔木（图 8-93、图 8-94），高达 8 米；嫩枝有星状茸毛，老枝秃净；芽体长卵形，有灰黄色茸毛。叶（图 8-95）纸质或薄革质，阔倒卵圆形，长 8～15 厘米，宽 6～10 厘米，先端短急尖，基部不等侧心形，上面稍粗糙，有稀疏星状毛，不发亮，下面密生灰色星状茸毛；侧脉 6～8 对，最下面 1 对侧脉有明显的第二次侧脉，在上面很显著，在下面突起；边缘有波状钝齿；叶

图 8-93　金缕梅全株

图 8-94　金缕梅冬态

图 8-95　金缕梅叶片

图 8-96　金缕梅的花

柄长 6～10 毫米，被茸毛；托叶早落。头状或短穗状花序（图 8-96）腋生，有花数朵，无花梗，苞片卵形，花序柄短，长不到 5 毫米；萼筒短，与子房合生，萼齿卵形，长 3 毫米，宿存，均被星状茸毛；花瓣带状，长约 1.5 厘米，黄白色；雄蕊 4 个，花丝长 2 毫米，花药与花丝几等长；退化雄蕊 4 个，先端平截；子房有茸毛，花柱长 1～1.5 毫米。蒴果卵圆形，长 1.2 厘米，宽 1 厘米，密被黄褐色星状茸毛，萼筒长约为蒴果 1/3。种子（图 8-97）椭圆形，长约 8 毫米，黑

图 8-97　金缕梅种子

色，发亮。花期5月。

多生于山坡、溪谷、阔叶林缘、灌丛中；为高山树种，垂直分布常在海拔600～1600米。金缕梅系暖地树种，耐寒力较强，在－15℃气温下能露地生长。喜光，但幼年阶段较耐阴，能在半阴条件下生长。对土壤要求不严，在酸性、中性土壤中都能生长，尤以肥沃、湿润、疏松且排水好的沙质土中生长最佳。

分布于四川、湖北、安徽、浙江、江西、湖南及广西等省（区）。

2. 繁殖育苗及栽培管理技术

金缕梅的繁殖，多用种子播种育苗。在秋季果实成熟后，连果枝采集回来，放在阳光下晒2～3天，果壳开裂，取出种子。播种后15～20天，发芽出土达1/3～1/2，趁阴天或晴天傍晚，轻轻揭除盖草。此后及时做好松土、除草、追肥、抗旱等工作，就能培育出好苗木。在苗木落叶后到翌年春发叶前的期间开始运苗木，裸根定植或移植，可以获得高成活率。也可用压条（高压）、嫁接、扦插等无性繁殖方法来增加种群数量。

第三节 新优园林藤木的繁殖培育技术

一、铁线莲 *Clematis florida* Thunb.

1. 形态特征及习性

毛茛科铁线莲属草质藤本（图8-98），长约1～2米。茎棕色或紫红色，具六条纵纹，节部膨大，被稀疏短柔毛。二回三出复叶（图8-99），连叶柄长达12厘米；小叶片狭卵形至披针形，长2～6厘米，宽1～2厘米，顶端钝尖，基部圆形或阔楔形，边缘全缘，极稀有分裂，两面均不被毛，脉纹不显；小叶柄清晰能见，短或长达1厘米；叶柄长4厘米。

花（图8-100）单生于叶腋；花梗长约6～11厘米，近于无毛，在中下部生一对叶状苞片；苞片宽卵圆形或卵状三角形，长2～3厘米，基部无柄或具短柄，被黄色柔毛；花开展，直径约5厘米；萼片

图 8-98　铁线莲全株

图 8-99　铁线莲枝叶

6 枚，白色，倒卵圆形或匙形，长达 3 厘米，宽约 1.5 厘米，顶端较尖，基部渐狭，内面无毛，外面沿三条直的中脉形成一线状披针形的带，密被茸毛，边缘无毛；雄蕊紫红色，花丝宽线形，无毛；花药侧生，长方矩圆形，较花丝为短；子房狭卵形，被淡黄色柔毛，花柱短，上部无毛，柱头膨大成头状，微 2 裂。

图 8-100　铁线莲的花

瘦果倒卵形，扁平，边缘增厚，宿存花柱伸长成喙状，细瘦，下部有开展的短柔毛，上部无毛，膨大的柱头 2 裂。

花期 1～2 月，果期 3～4 月。

喜肥沃、排水良好的碱性壤土，忌积水，不适宜于夏季干旱而不能保水的土壤。耐寒性强，可耐－20℃低温。

分布于广西、广东、湖南、江西。生于低山区的丘陵灌丛中，以及山谷、路旁及小溪边。

2. 繁殖育苗技术

播种、压条、嫁接、分株或扦插繁殖均可。

原种可以播种法繁殖。子叶出土类型的种子（瘦果较小，果皮较薄），如在春季播种，约 3～4 周可发芽。在秋季播种，要到春暖时萌发。子叶留土类型的种子（较大，种皮较厚），要经过一个低温春化阶段才能萌发，第一对真叶出生。有的种类要经过两个低温阶段，才能萌发，如转子莲。春化处理如用0～3℃低温冷藏种子40日，发芽约需9～10个月。也可用一定浓度的赤霉素处理。

（1）播种　春播种子要进行催芽处理。先将种子用40℃温水浸泡24小时，捞出控干，闷种催芽，待种子大部分“吐白”即可播种。一般北疆适播期为4月初，南疆适播期为3月初。播种前精细整地，达到地势平整、土壤细碎。然后打埂做畦，畦长6米，宽4米。铁线莲通常采用条播，行距50～60厘米，沟深2厘米，播种后覆土，厚度1.5厘米，略加镇压。

秋播不经催芽，直接播种，一般在11月初进行。翌年春季出苗。秋播一般比春播出苗整齐、生长快。

（2）压条　3月份用上一年生成熟枝条压条。通常在1年内生根。

（3）扦插　杂交铁线莲栽培变种以扦插为主要繁殖方法。7～8月取半成熟枝条，在节间（即上下两节的中间）截取，节上具2芽。介质用泥炭和沙各半。扦插深度为节上芽刚露出土面。底温15～18℃。生根后上3寸（1寸＝3.33厘米）盆，在防冻的温床或温室内越冬。春季换4～5寸盆，移出室外。夏季需遮阴防阵雨，10月底定植。图8-101所示为铁线莲扦插生根。

图8-101　铁线莲扦插生根

3.栽培管理技术

庭院栽培铁线莲应选择地势稍高，排水良好，并有少量遮阴、无西晒的地方。挖60厘米×60厘米见方、45厘米深的定植穴，先用石块或瓦砾垫底以利于排水，将挖出的土壤和腐殖土按1∶1体积比混合，拌入少量复合肥后回填。将铁线莲小苗脱盆连同土球完整定植到穴内，浇透水，定植穴周围做15厘米高的土埂以便于干旱时浇水灌溉。以后水分管理要见干见湿，保持土壤湿润即可。夏季暴雨多应特别注意排水。春秋生长旺盛季节追施复合肥2～3次。

春花类型铁线莲是新梢成花，因此春季萌发的新梢只可以适时绑缚引导枝条，以保证株形丰满美观，提高观赏效果；而不可修剪，以防剪除花芽，导致当年无花可赏。一般可在秋季植株进入休眠后进行轻度修剪，只剪除过于密集、纤细和病虫茎蔓即可，对于过长的、徒长茎蔓，也可进行短缩。铁线莲的茎细而脆容易折断，应注意对茎蔓的绑缚牵引。对于要保留的枝条，操作时要注意保护，以防折断。

园林栽培中可用木条、竹材等搭架让铁线莲新生的茎蔓缠绕其上生长，构成塔状；也可栽培于绿廊支柱附近，让其攀附生长；还可布置在稀疏的灌木篱笆中，任其攀爬在灌木篱笆上，将灌木绿篱变成花篱；也可布置于墙垣、棚架、阳台、门廊等处，效果显得格外优雅别致。

二、南蛇藤 *Celastrus orbiculatus* Thunb.

1. 形态特征及习性

卫矛科南蛇藤属藤木（图8-102）。小枝光滑无毛，灰棕色或棕褐色，具稀而不明显的皮孔；腋芽小，卵状到卵圆状，长1～3毫米。叶（图8-103）通常阔倒卵形，近圆形或长方椭圆形，长5～13厘米，宽3～9厘米，先端圆阔，具有小尖头或短渐尖，基部阔楔形到近钝圆形，边缘具锯齿，两面光滑无毛或叶背脉上具稀疏短柔毛，侧脉3～5对；叶柄细长，1～2厘米。

图8-102　南蛇藤全株

图8-103　南蛇藤叶片和果实

图 8-104 南蛇藤枝干和果实

聚伞花序腋生，间有顶生，花序长 1～3 厘米，小花 1～3 朵，偶仅 1～2 朵，小花梗关节在中部以下或近基部。雄花萼片钝三角形；花瓣倒卵状椭圆形或长方形，长 3～4 厘米，宽 2～2.5 毫米；花盘浅杯状，裂片浅，顶端圆钝；雄蕊长 2～3 毫米，退化雌蕊不发达。雌花花冠较雄花窄小，花盘稍深厚，肉质，退化雄蕊极短小；子房近球状，花柱长约 1.5 毫米，柱头 3 深裂，裂端再 2 浅裂。

蒴果（图 8-103、图 8-104）近球状，直径 8～10 毫米；种子椭圆状稍扁，长 4～5 毫米，直径 2.5～3 毫米，赤褐色。花期 5～6 月，果期 7～10 月。

一般多野生于山地沟谷及林缘灌木丛中。垂直分布可达海拔 1500 米。性喜阳，耐阴，分布广，抗寒耐旱，对土壤要求不严。栽植于背风向阳、湿润而排水好的肥沃沙质壤土中生长最好，若栽于半阴处，也能生长。

南蛇藤产于黑龙江、吉林、辽宁、内蒙古、河北、山东、山西、河南、陕西、甘肃、江苏、安徽、浙江、江西、湖北、四川，为我国分布最广泛的种之一。朝鲜、俄罗斯、日本也有分布。

2. 繁殖育苗及栽培管理技术

南蛇藤的繁殖可采用压条、分株、播种三种方法。

（1）压条繁殖　在 4 月或 5～6 月间进行，选用 1～2 年生的枝条，将枝条部分压弯埋入土中。翌春可掘出定植。

（2）分株繁殖　在 3～4 月份进行，将母株周围的萌蘖小植株掘出，每丛 2～3 个枝干，另植他处。

（3）播种繁殖　在 3 月上旬，用温水浸种一天，然后将种子混入

2～3倍的沙中沙藏，并经常翻倒，待种子萌动后，播于苗床中，秋后可假植越冬，翌春移植于苗圃中，两年可出圃。栽培养护粗放，只要注意修剪枝藤，控制蔓延，或设攀附物，或靠墙垣、山石栽植即可。

三、扶芳藤 *Euonymus fortunei* (Turcz.) Hand

1.形态特征及习性

卫矛科卫矛属常绿藤本灌木（图8-105），高1至数米；小枝方棱不明显。叶（图8-106）薄革质，椭圆形、长方椭圆形或长倒卵形，宽窄变异较大，可窄至近披针形，长3.5～8厘米，宽1.5～4厘米，先端钝或急尖，基部楔形，边缘齿浅不明显，侧脉细微，小脉全不明显；叶柄长3～6毫米。

图8-105 扶芳藤全株

图8-106 扶芳藤叶片

聚伞花序（图8-107）3～4次分枝；花序梗长1.5～3厘米，第一次分枝长5～10毫米，第二次分枝5毫米以下，最终小聚伞花密集，有花4～7朵，分枝中央有单花，小花梗长约5毫米；花白绿色，4数，直径约6毫米；花盘方形，直径约2.5毫米；花丝细长，长2～5毫米，花药圆心形；子房三角锥状，四棱，粗壮明显，花柱长约1毫米。蒴果粉红色，果皮光滑，近球状，直径6～12毫米；果序梗长2～3.5厘米；小果梗长5～8毫米；种子长方椭圆状，棕褐色，假种皮鲜红色，全包种子。花期6月，果期10月。

图8-107 扶芳藤的花

性喜温暖、湿润环境，喜阳光，亦耐阴。在雨量充沛、云雾多、土壤和空气湿度大的条件下，植株生长健壮。对土壤适应性强，酸碱及中性土壤均能正常生长，可在沙石地、石灰岩山地栽培，适于在疏松、肥沃的沙壤土中生长，适生温度为15～30℃

产于中国江苏、浙江、安徽、江西、湖北、湖南、四川、陕西等省。生长于山坡丛林中。

2. 繁殖育苗及栽培管理技术

选择背风向阳、近水源、土壤疏松肥沃、排水良好的东面或东南面坡地作苗圃，先耙平整细，后起畦。一年四季均可育苗，但以2～4月为好，如夏季育苗需搭荫棚，冬季育苗应有塑料大棚保温。选择1～2年生无病虫害、健壮、半木质化的成熟藤茎，剪下后截成长约10厘米的枝条作插穗，插穗上端剪平，下端剪成斜口，切勿压裂剪口。上部保留2～3片叶，下部叶片全部除去，扦插前选用500毫升/升萘乙酸浸泡插条下部15～20秒。按行距为5厘米开沟，将插穗以3厘米的株距整齐斜摆在沟内，插的深度以插条下端2/3入土为宜，插后覆土压实插条四周土壤，并淋透定根水。一般插后25～30天即可生根，成活率达90%以上。苗床要经常淋水，土壤持水量保持在50%～60%之间，空气湿度保持在85%以上，温度控制在25～30℃以内。注意根除杂草，每隔10天除草1次，插后40天结合除草每公顷施稀薄粪水15000千克，以后每隔20天施1次肥，以稀薄农家粪水为主，每100千克粪水外加尿素0.2千克，溶解均匀后淋施。扦插后5～6个月，幼苗高20厘米以上且有2个以上分枝时，可以出圃种植。图8-108所示为扶芳藤扦插苗。

图8-108　扶芳藤扦插苗

扦插苗生根快，根系多，一年四季均可种植。选择3月上旬到4月下旬的阴雨天或晴天下午移栽为宜。按行距25～30厘米开沟，以株距约15厘米摆放，以30厘米×（15～20）厘米开穴种植，每穴种苗1～2株，淋足定根水。苗木移栽5～6天后即可恢复生长。

定植后如遇天旱，每天淋水1次，1周后每周淋水1次，直至成活。也可用秸秆或杂草覆盖树盘，成活后一般不用淋水。种植成活后，如发现有缺株，应及时补上同龄苗木，以保证全苗生产。由于扶芳藤前期生长较慢，杂草较多，每月应进行1～2次中耕除草。施肥以腐熟农家肥为主，严禁使用未腐熟农家肥、城镇生活垃圾肥、工业废弃物和排泄物。禁止单纯使用化肥，限制使用硝态氮肥。化肥可与农家肥、微生物肥配合施用，有机氮与无机氮之比以1∶1为宜。定植后第1年，当苗高1米左右时，结合除草、培土，每公顷施入腐熟农家肥30000千克、尿素300千克或生物有机肥750千克，行间开沟施用；穴栽的可在植株根部开穴施肥，每穴施入农家肥0.5千克。第2年以后，每年春夏季（4～5月）、冬季（11～12月）各施肥1次，并结合除草、松土，采用行间开沟施肥方式，以腐熟农家肥为主，每公顷用量为30000～37500千克，如春季施肥，每公顷宜追加复合肥300千克或生物有机肥750千克。

四、鸡血藤 *Kadsura interior*

1. 形态特征及习性

五味子科崖豆藤属常绿木质藤本（图8-109），无毛，新枝暗绿色，基部宿存有数枚三角状芽鳞。茎暗紫绿色，有灰白色皮孔，主根黄褐色，横切面暗紫色。叶（图8-110）纸质，椭圆形或卵状椭圆形，长6～13厘米，宽3～6厘米，先端骤狭短急尖或渐尖，基部阔楔形或圆钝，全缘或有疏离的胼胝质小齿，侧脉每边7～10条，干后两面近同色，下面具密被极细的白腺点。

图8-109　鸡血藤全株

图8-110　鸡血藤叶片和花

花（图 8-110）单性同株。雄花：花被片乳黄色，14～18 片，具透明细腺点及缘毛，中轮最大 1 片，卵形或椭圆形，长 10～17 毫米，宽 8～10 毫米；花托椭圆形，顶端伸长圆柱形，圆锥状凸出于雄蕊群外；雄蕊群椭圆体形或近球形，直径 6～8 毫米，具雄蕊约 60 枚；雄蕊长 0.8～1.5 毫米；花丝与药隔连成宽扁倒梯形，顶端横长椭圆形，药室长为雄蕊长的 2/3，具明显花丝；花梗长 7～15 毫米。雌花：花被片与雄花的相似而较大；雌蕊群卵圆形或近球形，直径 8～10 毫米，具雌蕊 60～70 枚，花柱顶端具柱头冠，中部向下延长至基部，胚珠 3～5 枚，叠生于腹缝线上。聚合果近球形，直径 5～10 厘米，成熟心皮倒卵圆形，顶端厚革质，具 4～5 角。花期 5～6 月，果熟期 9 月。

分布于云南西南部（保山、凤庆、临沧、耿马）、广西。缅甸东北部也有分布。

生长于海拔 1800 米以下的林中。

2. 繁殖育苗及栽培管理技术

多用播种繁殖，也有用扦插和分株繁殖者。

播种繁殖，果熟期荚果由绿色变为黑褐色时应及时采收，否则荚果扭裂，种子易弹出散失。将收集的种子放在阳光下暴晒数日，干燥后贮于密闭的容器内过冬。

鸡血藤种子属硬皮种子类型，春播前要在温水中浸种 1～2 天，软化种皮，使种子吸足水分，捞出置于温暖处催芽，种子露白时即可播种。

知识链接：

鸡血藤叶片青葱浓绿，光泽可鉴，圆锥花序紫色或红色，长达 20 厘米，盛夏开花，红绿相衬，浓荫盖地，是一种美丽的庭院垂直绿化植物。可用于攀缘花架、栅栏、凉廊、树木，也适用于坡地、山石间种植。

参考文献

[1] 成仿云. 园林苗圃学. 北京：中国林业出版社，2012.

[2] 丁彦芬. 园林苗圃学. 南京：东南大学出版社，2003.

[3] 邹志荣. 园艺设施学. 北京：中国农业出版社，2005.

[4] 邹志荣. 现代园艺设施. 北京：中央广播电视大学出版社，2002.

[5] 陈又生. 观赏灌木与藤本花卉. 合肥：安徽科学技术出版社，2003.

[6] 叶要妹. 160种园林绿化苗木繁育技术. 北京：化学工业出版社，2011.

[7] 郑宴义. 园林植物繁殖栽培实用新技术. 北京：中国农业出版社，2006.

[8] 徐晔春，吴棣飞. 观赏灌木. 北京：中国电力出版社，2013.

[9] 毛龙生. 观赏树木学. 南京：东南大学出版社，2003.

[10] 沈海龙. 苗木培育学. 北京：中国林业出版社，2009.

[11] 郑志新. 园林植物育苗. 北京：化学工业出版社，2012.

[12] 丁梦然. 园林苗圃植物病虫害无公害防治. 北京：中国农业出版社，2004.

[13] 许传森. 林木工厂化育苗新技术. 北京：中国农业科学技术出版社，2006.

[14] 韩召军. 园艺昆虫学. 北京：中国农业出版社，2008.

[15] 徐晔春. 观叶观果植物1000种经典图鉴. 长春：吉林科学技术出版社，2011.

[16] 孟月娥. 彩叶植物新品种繁育技术. 郑州：中原农民出版社，2008.

[17] 张耀钢. 观赏苗木育苗关键技术. 南京：江苏科学技术出版社，2003.

[18] 张天麟. 园林树木1600种. 北京：中国建筑工业出版社，2010.

[19] 闫双喜，等. 景观园林植物图鉴. 郑州：河南科学技术出版社，2013.

[20] 陈志远，陈红林等. 常用绿化树种苗木繁育技术. 北京：金盾出版社，2008.

[21] 陈发棣. 观赏园艺学通论. 北京：中国林业出版社，2011.

[22] 张洁. 银杏栽培技术. 北京：金盾出版社，2010.

[23] 牛焕琼. 观赏植物苗木繁殖技术. 北京：中国林业出版社，2013.

[24] 方伟民，陈发棣. 观赏苗木繁殖与培育技术. 北京：金盾出版社，2004.

[25] 范双喜，李光晨. 园艺植物栽培学. 北京：中国农业出版社，2007.